U0569961

"十四五"时期国家重点出版物出版专项规划项目

化肥和农药减施增效理论与实践丛书

丛书主编　吴孔明

柑橘黄龙病综合防控技术研究与应用

周常勇　王雪峰　邓晓玲　袁会珠 等 编著

科 学 出 版 社

北 京

内 容 简 介

本书针对柑橘黄龙病研究和防控中的瓶颈,以"基础研究、技术研发、机制创新、集成示范"相结合的思路,系统介绍了柑橘黄龙病病原细菌-媒介-寄主的互作关系、柑橘黄龙病病原检测鉴定、柑橘木虱发生与病害流行的关系、柑橘木虱综合防控技术、柑橘黄龙病分区治理体系构建与示范等方面的进展。

本书可供植物保护学、果树学等相关专业高校和科研院所师生、科研人员阅读,也可供柑橘生产一线的技术人员、管理人员和果农参考。

图书在版编目(CIP)数据

柑橘黄龙病综合防控技术研究与应用 / 周常勇等编著. -- 北京:科学出版社,2025. 1. --(化肥和农药减施增效理论与实践丛书 / 吴孔明主编). -- ISBN 978-7-03-080462-4

Ⅰ. S436.66

中国国家版本馆 CIP 数据核字第 2024VB2397 号

责任编辑:陈 新 郝晨扬/责任校对:郑金红
责任印制:赵 博/封面设计:无极书装

科学出版社 出版
北京东黄城根北街 16 号
邮政编码:100717
http://www.sciencep.com

涿州市般润文化传播有限公司印刷
科学出版社发行 各地新华书店经销
*

2025 年 1 月第 一 版 开本:787×1092 1/16
2025 年 1 月第一次印刷 印张:15 1/2
字数:310 000
定价:198.00 元
(如有印装质量问题,我社负责调换)

"化肥和农药减施增效理论与实践丛书"编委会

主　编　吴孔明

副主编　宋宝安　张福锁　杨礼胜　谢建华　朱恩林
　　　　　陈彦宾　沈其荣　郑永权　周　卫

编　委（以姓名汉语拼音为序）

曹坳程　陈立平　陈万权　董丰收　段留生
冯　固　戈　峰　郭良栋　何　萍　胡承孝
黄啟良　姜远茂　蒋红云　兰玉彬　李　忠
刘凤权　刘永红　鲁传涛　鲁剑巍　陆宴辉
吕仲贤　孟　军　乔建军　邱德文　阮建云
孙　波　孙富余　谭金芳　王福祥　王　琦
王源超　王朝辉　谢丙炎　谢江辉　熊兴耀
徐汉虹　严海军　颜晓元　易克贤　张　杰
张礼生　张　民　张　昭　赵秉强　赵廷昌
郑向群　周常勇

《柑橘黄龙病综合防控技术研究与应用》编著者名单

主要编著者　周常勇　王雪峰　邓晓玲　袁会珠

其他编著者（以姓名汉语拼音为序）

白先进　岑伊静　陈慈相　淳长品　冯晓东

傅仕敏　贾东升　姜　培　李为民　刘永忠

娄兵海　卢占军　邱宝利　冉　春　宋　震

王联德　王　年　吴丰年　郑　正　邹修平

丛 书 序

我国化学肥料和农药过量施用严重，由此引起环境污染、农产品质量安全和生产成本较高等一系列问题。化肥和农药过量施用的主要原因：一是对不同区域不同种植体系肥料农药损失规律和高效利用机理缺乏深入的认识，无法建立肥料和农药的精准使用准则；二是化肥和农药的替代产品落后，施肥和施药装备差、肥料损失大，农药跑冒滴漏严重；三是缺乏针对不同种植体系肥料和农药减施增效的技术模式。因此，研究制定化肥和农药施用限量标准、发展肥料有机替代和病虫害绿色防控技术、创制新型肥料和农药产品、研发大型智能精准机具，以及加强技术集成创新与应用，对减少我国化肥和农药的使用量、促进农业绿色高质量发展意义重大。

按照 2015 年中央一号文件关于农业发展"转方式、调结构"的战略部署，根据国务院《关于深化中央财政科技计划（专项、基金等）管理改革的方案》的精神，科技部、国家发展改革委、财政部和农业部（现农业农村部）等部委联合组织实施了"十三五"国家重点研发计划试点专项"化学肥料和农药减施增效综合技术研发"（后简称"双减"专项）。

"双减"专项按照《到 2020 年化肥使用量零增长行动方案》《到 2020 年农药使用量零增长行动方案》《全国优势农产品区域布局规划（2008—2015 年）》《特色农产品区域布局规划（2013—2020 年）》，结合我国区域农业绿色发展的现实需求，综合考虑现阶段我国农业科研体系构架和资源分布情况，全面启动并实施了包括三大领域 12 项任务的 49 个项目，中央财政概算 23.97 亿元。项目涉及植物病理学、农业昆虫与害虫防治、农药学、植物检疫与农业生态健康、植物营养生理与遗传、植物根际营养、新型肥料与数字化施肥、养分资源再利用与污染控制、生态环境建设与资源高效利用等 18 个学科领域的 57 个国家重点实验室、236 个各类省部级重点实验室和 434 支课题层面的研究团队，形成了上中下游无缝对接、"政产学研推"一体化的高水平研发队伍。

自 2016 年项目启动以来，"双减"专项以突破减施途径、创新减施产品与技术装备为抓手，聚焦主要粮食作物、经济作物、蔬菜、果树等主要农产品的生产需求，边研究、边示范、边应用，取得了一系列科研成果，实现了项目目标。

在基础研究方面，系统研究了微生物农药作用机理、天敌产品货架期调控机制及有害生物生态调控途径，建立了农药施用标准的原则和方法；初步阐明了我国不同区域和种植体系氮肥、磷肥损失规律和无效化阻控增效机理，提出了肥料养分推荐新技术体系和氮、磷施用标准；初步阐明了耕地地力与管理技术影响化肥、农药高效利用的机理，明确了不同耕地肥力下化肥、农药减施的调控途径与技术原理。

在关键技术创新方面，完善了我国新型肥药及配套智能化装备研发技术体系平台；打造了万亩方化肥减施 12%、利用率提高 6 个百分点的示范样本；实现了智能化装备减施 10%、利用率提高 3 个百分点，其中智能化施肥效率达到人工施肥 10 倍以上的目标。农药减施关键技术亦取得了多项成果，万亩示范方农药减施 15%、新型施药技术田间效率大于 30 亩/h，节省劳动力成本 50%。

在作物生产全程减药减肥技术体系示范推广方面，分别在水稻、小麦和玉米等粮食主产区，蔬菜、水果和茶叶等园艺作物主产区，以及油菜、棉花等经济作物主产区，大面积推广应用化肥、农药减施增效技术集成模式，形成了"产学研"一体的纵向创新体系和分区协同实施的横向联合攻关格局。示范应用区涉及 28 个省（自治区、直辖市）1022 个县，总面积超过 2.2 亿亩次。项目区氮肥利用率由 33% 提高到 43%、磷肥利用率由 24% 提高到 34%，化肥氮磷减施 20%；化学农药利用率由 35% 提高到 45%，化学农药减施 30%；农作物平均增产超过 3%，生产成本明显降低。试验示范区与产业部门划定和重点支持的示范区高度融合，平均覆盖率超过 90%，在提升区域农业科技水平和综合竞争力、保障主要农产品有效供给、推进农业绿色发展、支持现代农业生产体系建设等方面已初显成效，为科技驱动产业发展提供了一项可参考、可复制、可推广的样板。

科学出版社始终关注和高度重视"双减"专项取得的研究成果。在他们的大力支持下，我们组织"双减"专项专家队伍，在系统梳理和总结我国"化肥和农药减施增效"研究领域所取得的基础理论、关键技术成果和示范推广经验的基础上，精心编撰了"化肥和农药减施增效理论与实践丛书"。这套丛书凝聚了"双减"专项广大科技人员的多年心血，反映了我国化肥和农药减施增效研究的最新进展，内容丰富、信息量大、学术性强。这套丛书的出版为我国农业资源利用、植物保护、作物学、园艺学和农业机械等相关学科的科研工作者、学生及农业技术推广人员提供了一套系统性强、学术水平高的专著，对于践行"绿水青山就是金山银山"的生态文明建设理念、助力乡村振兴战略有重要意义。

吴孔明

中国工程院院士

2020 年 12 月 30 日

前　　言

科技部、国家发展改革委、财政部和农业部（现农业农村部）等部委联合组织实施的"十三五"国家重点研发计划试点专项"化学肥料和农药减施增效综合技术研发"于2016年正式启动。2016年、2017年启动实施了34个项目，"柑橘黄龙病综合防控技术集成研究与示范"是2018年启动的15个项目之一。该项目由西南大学牵头，中国农业科学院植物保护研究所、中国农业科学院生物技术研究所、华中农业大学、华南农业大学等28家单位参与。该项目围绕病原检测鉴定、柑橘木虱发生与病害流行关系、柑橘木虱综合防控技术、分区治理体系等核心问题开展研究，通过互作基础研究、防控技术研发、防控模式构建与集成示范，推进分区治理技术模式的大规模推广应用，实现黄龙病可持续治理的目标。

通过项目的实施，我们建立了黄龙病病原细菌半离体培养技术，构建了全国黄龙病和柑橘木虱的监测预警系统，研发出柑橘木虱抗性监测和快速选药试剂盒，筛选到高效绿色防控药剂，配套精准化和智能化施药装备，创新黄龙病防控机制，集成构建了华南黄龙病重度流行区、华东与华中低度流行区、四川宜宾屏山阻截带及非疫区防控技术模式4套，并在广东博罗、福建永春、江西赣州、浙江台州、广西桂林等优势产区集成示范，有力遏制了我国柑橘黄龙病的流行态势。

《柑橘黄龙病综合防控技术研究与应用》是在"化肥和农药减施增效理论与实践丛书"编委会的指导下，由西南大学主持，全国从事柑橘黄龙病研究和技术推广的科技工作者通力协作编著而成。本书以我国已有的黄龙病研究为基础，汇聚了该项目的最新研发成果，从柑橘黄龙病发生分布与流行趋势、柑橘黄龙病病原生物学及检测技术、柑橘木虱生物学与监测技术、柑橘黄龙病病原细菌-媒介-寄主互作机制研究、柑橘黄龙病防控技术研究进展、柑橘黄龙病防控机制创新、柑橘黄龙病分区防控技术模式构建与应用等7个方面总结了当前柑橘黄龙病发生与检测监测、防控技术研发与示范的最新进展。本书的出版将为从事柑橘黄龙病和柑橘木虱生物学、病原检测与柑橘木虱监测、互作机制与抗性种质创制、综合防控技术应用等方面工作的科研工作者、高校师生、农业技术人员及广大果农提供翔实参考，对我国柑橘产业的可持续发展和助力乡村振兴具有积极意义。

在本书编写过程中，项目办主任王雪峰研究员主动承担了组织和带头撰稿等方面的主要工作，亦得到了该项目课题主持人、项目组部分成员及其团队成员等的关心和支持。本书主要的审改和校对工作由项目负责人周常勇研究员和项目办傅仕敏副研究员完成。本书的出版由周常勇研究员和王雪峰研究员所主持的项目经费资助。在此，一并表示由衷的感谢。

本书初稿完成于2021年，后受新冠疫情影响，出版时间有所延后。在审校过程中，更新了第一章部分数据，以利于读者了解新近动态，其余章侧重于项目科技成果总结，受时效影响小，故维持了初稿数据状态。特此说明。

　　受限于本书篇幅和编著者学术水平，难以对我国近期确定的一类病害（柑橘黄龙病）研究和防控技术进行全面系统介绍，不足之处恐难避免，敬请广大读者批评指正。

编著者

2023 年 8 月

目　　录

第1章 柑橘黄龙病发生分布与流行趋势

1.1 全球柑橘黄龙病发生分布与流行趋势

柑橘是全球第一大水果。柑橘黄龙病是全球柑橘产业头号检疫性病害，该病由黄龙病病原细菌亚洲种、非洲种和美洲种引起，其中黄龙病病原细菌亚洲种由亚洲柑橘木虱传播、黄龙病病原细菌非洲种由非洲柑橘木虱传播。该病在亚洲发生已逾百年，20 世纪 90 年代以前，柑橘黄龙病仅在亚洲、非洲发生，2004 年 7 月、2005 年 9 月分别在巴西圣保罗州、美国佛罗里达州这两个全球重要的柑橘产区发现了柑橘黄龙病。

1.1.1 全球柑橘黄龙病发生分布

目前，柑橘黄龙病在亚洲、非洲、美洲和大洋洲的 50 余个国家和地区有不同程度的发生，包括亚洲的中国、印度尼西亚、泰国、柬埔寨、东帝汶、老挝、缅甸、越南、菲律宾、孟加拉国、马来西亚、尼泊尔、巴基斯坦、伊朗、斯里兰卡、沙特阿拉伯、不丹、也门等国家；非洲的南非、布隆迪、喀麦隆、中非、埃塞俄比亚、肯尼亚、马达加斯加、马拉维、毛里求斯、法属留尼旺岛、卢旺达、索马里、南非、斯威士兰、坦桑尼亚、乌干达和津巴布韦等；美洲的美国、巴西、墨西哥、巴巴多斯、古巴、多米尼加、法属西印度群岛、法属瓜德罗普岛、洪都拉斯、牙买加、法属马提尼克岛、波多黎各、美属维尔京群岛、阿根廷、哥伦比亚、巴拉圭和委内瑞拉；大洋洲的巴布亚新几内亚局部地区。此外，亚洲的日本在冲绳岛、奄美大岛发现有局部疫情点；欧洲的荷兰曾经报道发生，但荷兰国家植物保护组织（National Plant Protection Organization，NPPO）在 2013 年监测没有再发现黄龙病。

1.1.2 全球主要柑橘生产区黄龙病为害与流行趋势

随着全球气候变暖、柑橘果品流通加快和种质资源交流频繁，柑橘黄龙病和柑橘木虱的发生区域不断扩大，流行风险加剧。

佛罗里达州、加利福尼亚州和得克萨斯州是美国的主要柑橘生产区。佛罗里达州于 1998 年发现柑橘木虱，2005 年发生柑橘黄龙病，目前 90% 以上田间植株感染黄龙病，且病害仍在流行，柑橘产量锐减 75% 以上。美国糖业公司等企业近些年尝试在大型网室内种植柑橘，但受飓风影响，该措施无法推广，对佛罗里达州柑橘产业几乎造成毁灭性打击。加利福尼亚州于 2008 年发现柑橘木虱，2012 年首次在洛杉矶县哈仙达岗社区发现黄龙病，现已确认感染黄龙病的柑橘有 1100 余株，均在加利福尼亚州南部的居民区，尚未在商业化果园发现病树，但柑橘木虱已从加利福尼亚州南部扩展到中部的圣华金河谷柑橘主产区，黄龙病暴发流行风险较大。得克萨斯州于 2001 年发现柑橘木虱，2012～2019 年果园监测数据表明约 40% 果园有不同程度的黄龙病发生。

全球最大的橙汁生产国巴西，自 2004 年 3 月首次在圣保罗州发现该病，当年 9 月调查发现部分苗圃发病率超过 50%，表明在 2004 年以前已有该病感染。截至 2019 年，已累计砍除病树 5000 余万株。圣保罗州和米纳斯吉拉斯州的整体发病率从 2008 年的 0.61% 上升到 2018 年的 18.15%，前者近两年又呈流行态势（2022 年达到 24.42%、2023 年达到 38.08%）。巴西的大型果园虽然通过加强病害调查、柑橘木虱监测防控和病树铲除等措施，使得产量有所回升，但近十年回升降落仍呈波浪式，目前田间带病树再度超过 5000 万株，对产业影响仍然巨大。2012 年调查人员首次在世界柠檬重要生产国阿根廷米西奥内斯省（三面与巴拉圭和巴西交界、一面与科连特斯省东北部毗邻）发现黄龙病后，该病逐年向其内陆的附近省扩散，2015 年发现不少种植园染病，并呈逐年扩散态势。目前该病在南美洲的巴拉圭、哥伦比亚，北美洲的古巴、墨西哥、波多黎各等国家流行，防控形势严峻。

南非、埃及、摩洛哥是非洲的柑橘主产国，黄龙病在南非发生由来已久，2010 年在埃塞俄比亚检测到黄龙病病原细菌非洲种，非洲柑橘木虱在非洲多个国家定殖，2015 年、2016 年分别在坦桑尼亚、肯尼亚发现亚洲柑橘木虱。因此，在非洲除了黄龙病病原细菌非洲种为害，部分国家亦面临黄龙病病原细菌亚洲种入侵的威胁。

目前，欧洲和大洋洲的澳大利亚、新西兰尚无柑橘黄龙病发生。2009 年，柑橘黄龙病从巴基斯坦传播到伊朗。2015 年在西班牙发现非洲柑橘木虱，截至 2023 年，该传播媒介遍布西班牙和葡萄牙沿海柑橘主产区。在以色列和塞浦路斯已发现亚洲柑橘木虱，对地中海柑橘产业构成严重威胁，欧盟已于 2019 年启动了阻止黄龙病流行、保护欧洲柑橘产业的地平线计划（H2020）项目。为应对黄龙病入侵风险，澳大利亚国际农业研究中心（ACIAR）于 2020 年也设置了黄龙病防控相关研究项目。

1.2　国内柑橘黄龙病发生分布与流行趋势

黄龙病在我国的起源时间无从考证，泽田兼吉于 1913 年在《台湾农事报》上描述了柑橘立枯病的症状、危害等，20 世纪 80 年代台湾大学学者研讨并认定其所指即为黄龙病；菲律宾学者 Reinking 于 1919 年在《中国南部经济植物病害》中提到 "Yellow Shoots of Citrus"（柑橘黄梢病）出现于我国华南潮汕地区。此后，广东、广西、福建等华南地区的多位专家均发表过与之相关的研究结果，只不过对其称呼各异，如 "黄枯病""黄萎病""鸡头黄" 等，后被证实这些病害均指的是柑橘黄龙病。直到 1995 年，国际柑桔病毒学家组织（International Organization of Citrus Virologists，IOCV）在中国福州召开第十三届大会，为纪念林孔湘教授证实该病可经嫁接传播等开拓性工作，与会者一致同意将柑橘黄龙病的科学名定为"柑橘"英文名称+"黄龙病"汉语拼音，即 Citrus Huanglongbing（HLB）。

我国柑橘种植历史久远，早在 4000 年前的夏朝已有记载柑橘为贡税之物。据调查，广东潮汕地区在唐代已有柑橘栽培，且部分地区在最初种植柑橘时，就有黄龙病发生，但发生情况不是很严重；福建的资料表明其在明、清时期发现黄龙病等。其后，黄龙病陆续扩散至广西、湖南等柑橘主产区，导致部分产区柑橘产业几起几落。20 世纪以来，黄龙病在我国的发生分布可以分为以下 3 个阶段（赵学源，2017）。

1.2.1　黄龙病早期认知调查阶段（20 世纪 70 年代以前）

早在 20 世纪 30 年代，我国的农业学者就开始了对柑橘黄龙病的调查研究，调查范围主要集中在广东、广西、福建等省（区）的主要柑橘种植区。早期对柑橘黄龙病的研究不充分，很多研究认为黄龙病是由于栽培措施不当或受水害等影响，因此防治措施不到位，但也有有经验的农民开始采取挖除病树、补种健树或改种其他作物的防治方法。新中国成立以后，我国的农业行政主管部门及植物保护机构开始组织黄龙病相关研究及工作会议，其间曾有多位专家提出应对其采取检疫封锁的防控措施，直至 1958 年，柑橘黄龙病被列入国内植物检疫对象名单，分布区域是福建、广东、广西，均为零星分布。严格实施检疫、划定保护区、建立无病苗圃、实施产地检疫等措施开始被越来越多人接受。农业部及中国农业科学院柑桔研究所等科研单位总结各地黄龙病防治经验，并编写或发表了黄龙病防治手册及工作建议等，如《柑橘病虫害防治手册》《柑橘黄龙病防治研究项目回顾与展望》等。

广东的分布调查结果表明，随着调查范围的扩大，黄龙病的发生分布区也由最初的潮汕地区逐步扩大到广州、中山等地，且受自然灾害、"柑粮矛盾"以及黄龙病肆虐的影响，20 世纪 50 年代末 60 年代初成为广东柑橘产业的大衰落时期。据调查统计，柑橘黄龙病在 20 世纪大约每 10 年便在广东出现 1 次发生危害高峰，其危害之重曾导致'蕉柑'和'红江橙'等名优地方柑橘品种衰落（周春娜等，2015）。福建的分布范围最初仅在龙溪（现漳州市芗城区）和福州两地，至 1962 年，已扩大至 18 个县（区）。1943 年，广西柳城、容县、兴业等地有黄龙病发生，至 70 年代初，已有 20 多个县调查到黄龙病的发生，部分县（市）有柑橘木虱。

1.2.2　黄龙病广泛认知调查阶段（20 世纪 70 年代至 90 年代末）

随着柑橘生产规模不断扩大，柑橘黄龙病的普查范围也逐步扩大，20 世纪 70 年代后期开始的调查发现，在我国四川、江西、云南、浙江、湖南、贵州等省份的部分地区黄龙病也有不同程度的发生，对我国柑橘产业的可持续发展构成较大威胁。同时，对黄龙病的研究也在逐步深入，越来越多的研究关注黄龙病的传播媒介——柑橘木虱，对黄龙病的防控也增加了严格防治柑橘木虱等措施。80年代初，农牧渔业部组织召开全国柑橘黄龙病检疫座谈会，并印发《做好柑橘黄龙病检疫和防治工作的几点意见》，主要内容包括：加强宣传工作，充分认识黄龙病的危害性，树立控制此病的信心和决心；严格实行植物检疫；培育无病苗木；加强科学研究；健全植物检疫机构等5个方面。同时也强调了只要对黄龙病有正确的认识，认真防治传毒昆虫，挖除病树，黄龙病是能控制住的。1985年，农牧渔业部发布《柑桔苗木产地检疫规程》国家标准。

四川柑橘黄龙病调查小组于1977年首次报道在西昌、宁南、德昌和渡口（现攀枝花市）有黄龙病发生，到1991年四川共有9个县发生黄龙病。江西赣州柑橘黄龙病调查组、植保植检站以及农业部的调查组自1979年开始调查江西的黄龙病发生情况，1990年已在赣州地区的18个县（市）和吉安地区的4个县（市）发现黄龙病或柑橘木虱。云南的调查小组于1981年报道在宾川、建水、保山、富民、元江、鹤庆等地有黄龙病发生，至1985年范围扩大至25个县（市）。浙江自1982年开展植物检疫对象普查，发现黄龙病发生于平阳、瑞安、苍南、青田等9个县（市）。湖南最初在邻近广东的郴县和宜章发现黄龙病，后在郴州开展黄龙病和柑橘木虱调查，发现新的发生分布区。贵州省植保植检站的调查表明，20世纪80年代在罗甸、望谟、关岭、镇宁、册亨、普安有黄龙病发生。虽然有些省份的黄龙病初次发生报道是在70年代之后，但后来的分析表明，一些地区的黄龙病已经存在较长时间，未报道是由于缺乏调查。与此同时，有文献表明，较早发现黄龙病的广西在80年代黄龙病发生的情况是：老病区流行速度加快，病情有增无减，新病区黄龙病已普遍发生，部分地区出现病害流行，无病区成为新病区的延伸和扩大，已开始出现传播蔓延现象，黄龙病在80年代末广西的危害已达到了空前严重的地步（周启明等，1992）。从全国黄龙病整体分布情况来看，20世纪80年代各省的普查结果已表明黄龙病的发生危害有向北扩展的趋势，我国有柑橘栽培的主要省（区）大部分都已遭受黄龙病为害，受害面积占柑橘总栽培面积的80%以上，产量占总产量的86%左右（范国成等，2009）。

1.2.3　黄龙病认知防控较成熟阶段（21世纪初至今）

近些年，特别是2015年以来，我国柑橘产业迅速发展，进入快速增长期，柑橘园面积逐年增加，柑橘黄龙病的防控压力也随之增加，但通过多年持续治理，柑橘黄龙病的传播蔓延危害得到有效控制。采取的主要措施如下。

一是加强疫情监测。农业农村部通过组织植保机构在柑橘优势产区全面开展柑橘黄龙病疫情普查，准确掌握了黄龙病的分布范围和危害程度。在柑橘主产区增加监测点，及时掌握柑橘木虱消长动态，在重发区域，定点、定期开展病害监测调查；在秋季显病高峰期，组织发生区开展染病植株排查，逐株标示、建立档案，为定点铲除提供依据。

二是加强技术指导。①提升健康种苗供应能力，推进"大苗移栽"。各地加强规范化苗木繁育基地建设，有些地区设立财政补贴专项，引导果农选用健康种苗。部分省份推广"大苗移栽"技术，大大压缩苗木移栽至挂果间隔期，降低苗木期染病风险。②防治传毒柑橘木虱，推进统防统治。抓住春梢和秋梢传播关键时期开展统防统治，压低柑橘木虱基数，植保无人飞机、高效弥雾机等新型高效防治机械的运用范围进一步扩大，提升防治效果。③清除染病植株，做到"应铲尽铲"。开展黄龙病监测调查时，抓住果树抽梢期、挂果期等病害显症期进行全面排查，对感病植株统一标记、统一组织挖除，清除田间病源。积极探索"财政补贴、保险理赔"新机制，有效缓解农民对铲除病株的抵触情绪。

三是加强疫情监管。严格种苗繁育基地检疫，未经检疫的种苗不得出圃。同时加强调运检疫，禁止从疫区调入种苗、接穗等繁殖材料，尽力切断病害传播途径，防止染病种苗流入未发生区。

四是完善工作机制。经过多年探索，各地逐步形成了较完善的工作机制。①行政推动，落实责任。各省形成"省级主抓、市县落实"的行政工作格局，江西、浙江、广西等省（区）将黄龙病防控纳入政府工作考核。2019 年 11 月 1 日《广西壮族自治区柑橘黄龙病防控规定》正式实施，成为第一部针对单一植物疫情的地方性法规，标志着柑橘黄龙病防控工作向法制化、规范化发展。②因地制宜，分区治理。各地坚持"病害控制与产业发展并重、前沿阻截与综合治理并举"的疫情防控策略，根据产业布局和疫情发生情况，分区施策、分类指导，保护无病果园（无病区），治理轻病果园，改造重病果园。③主体带动，示范引领。建立综合治理示范区，依托专业化统防统治，组织推进柑橘木虱统防统治和染病植株集中清理，显著提升新技术运用水平和防控措施到位率。宣传培训，营造氛围。开展全国性集中宣传活动，各地组织开展了大量形式多样的宣传培训，不断提高橘农对植物检疫法规制度的了解和对柑橘黄龙病危害性的认识，引导果农依法依规生产，形成全民动员、群防群治、齐抓共管的良好氛围。④强化保障，落实措施。中央连续 5 年安排黄龙病防控资金，同时带动地方投入，有力地保障了各地健康种苗繁育基地建设、柑橘木虱统防统治、染病植株统一清除、防控阻截带建设等措施落实。

21 世纪初，柑橘黄龙病和柑橘木虱的发生已明显"北扩"，且黄龙病北扩的趋势与柑橘木虱的分布变化趋势是一致的，到 2010 年，柑橘黄龙病已在我国浙江、福建、江西、湖南、广东、广西、海南、四川、贵州、云南等 10 个省（区）的 251 个县（市、区）有分布，严重影响了我国柑橘产业的健康发展。导致黄龙病蔓延危害的主要原因包括：产区柑橘产业快速发展，无病苗木供应不足，橘农自繁自育、乱引乱调苗木现象普遍；受自然灾害影响，果品外调困难，价格骤降，大量果园管理粗放甚至弃管；持续暖冬，适宜柑橘木虱越冬，虫媒基数上升，加之其繁衍能力强，造成大面积传病危害（杜丹超等，2011）。2010年以后，黄龙病和柑橘木虱曾再度在广东、江西、福建等优势产区快速蔓延，且呈"北抬西扩"趋势。20世纪70~80年代，柑橘黄龙病多发生在25°N以南的区域，近些年已扩展到28°N~29°N区域。2023年，柑橘木虱在长江中上游的发生前沿已抵达四川省宜宾市叙州区，比往年前移了51km，在这个区域内一旦发生黄龙病，则将严重威胁重庆、湖北等产区。截至2023年6月30日，我国柑橘黄龙病分布于349个县（市、区），如表1-1所示。

表1-1 我国柑橘黄龙病分布情况

省级分布地	县级分布地
浙江省	①宁波市：象山县，宁海县；②温州市：龙湾区，瓯海区，永嘉县，平阳县，苍南县，泰顺县，瑞安市，乐清市，龙港市；③金华市：婺城区，金东区，武义县，永康市；④衢州市：龙游县；⑤台州市：椒江区，黄岩区，路桥区，三门县，天台县，仙居县，温岭市，临海市，玉环市；⑥丽水市：莲都区，青田县，松阳县，庆元县，景宁畲族自治县
福建省	①福州市：闽侯县，连江县，罗源县，闽清县，永泰县，福清市；②莆田市：仙游县；③三明市：三元区，明溪县，清流县，大田县，尤溪县，沙县，永安市；④泉州市：永春县，德化县，南安市；⑤漳州市：云霄县，漳浦县，诏安县，长泰区，东山县，南靖县，平和县，华安县，龙海区；⑥南平市：延平区，建阳区，顺昌县，浦城县，松溪县，邵武市，建瓯市；⑦龙岩市：新罗区，永定区，上杭县，武平县，连城县，漳平市；⑧宁德市：蕉城区，霞浦县，古田县，屏南县，寿宁县，福安市，福鼎市
江西省	①新余市：渝水区；②赣州市：章贡区，南康区，赣县区，信丰县，大余县，上犹县，崇义县，安远县，龙南市，定南县，全南县，宁都县，于都县，兴国县，会昌县，寻乌县，石城县，瑞金市；③吉安市：吉州区，青原区，吉安县，吉水县，峡江县，新干县，永丰县，泰和县，遂川县，万安县，安福县，永新县，井冈山市；④抚州市：临川区，南城县，南丰县，宜黄县，广昌县
湖南省	①株洲市：攸县，茶陵县，炎陵县；②衡阳市：衡南县，衡东县，祁东县，耒阳市，常宁市；③邵阳市：新宁县；④郴州市：北湖区，苏仙区，桂阳县，宜章县，永兴县，嘉禾县，临武县，汝城县，安仁县，资兴市；⑤永州市：零陵区，冷水滩区，祁阳市，东安县，双牌县，道县，江永县，宁远县，蓝山县，新田县，江华瑶族自治县，回龙圩管理区，金洞管理区；⑥怀化市：会同县，靖州苗族侗族自治县，通道侗族自治县
广东省	①广州市：从化区；②韶关市：曲江区，始兴县，仁化县，翁源县，乳源瑶族自治县，新丰县，乐昌市，南雄市；③汕头市：潮阳区，潮南区；④江门市：新会区，台山市，开平市，鹤山市，恩平市；⑤湛江市：廉江市；⑥茂名市：化州市，信宜市；⑦肇庆市：高要区，广宁县，怀集县，封开县，德庆县，四会市；⑧惠州市：惠城区，博罗县，惠东县，龙门县；⑨梅州市：梅江区，梅县区，大埔县，丰顺县，五华县，平远县，蕉岭县，兴宁市；⑩汕尾市：海丰县，陆河县；⑪河源市：紫金县，龙川县，连平县，东源县；⑫阳江市：阳东区，阳西县，阳春市；⑬清远市：清城区，清新区，佛冈县，阳山县，连山壮族瑶族自治县，英德市，连州市；⑭潮州市：湘桥区，潮安区，饶平县；⑮揭阳市：榕城区，揭东区，揭西县，惠来县，普宁市；⑯云浮市：云城区，云安区，新兴县，郁南县，罗定市

续表

省级分布地	县级分布地
广西壮族自治区	①南宁市：西乡塘区，武鸣区，隆安县，马山县，上林县，宾阳县，横州市；②柳州市：柳江区，柳城县，鹿寨县，融安县，融水苗族自治县，三江侗族自治县；③桂林市：临桂区，阳朔县，灵川县，全州县，兴安县，永福县，灌阳县，龙胜各族自治县，平乐县，恭城瑶族自治县，荔浦市；④梧州市：苍梧县，藤县，蒙山县，岑溪市；⑤北海市：合浦县；⑥防城港市：港口区，防城区，上思县，东兴市；⑦钦州市：钦南区，钦北区，灵山县，浦北县；⑧贵港市：港南区，覃塘区，平南县；⑨玉林市：福绵区，容县，陆川县，博白县；⑩百色市：右江区，田阳区，田东县，德保县，凌云县，乐业县，田林县，西林县，隆林各族自治县，靖西市；⑪贺州市：八步区，平桂区，昭平县，钟山县，富川瑶族自治县；⑫河池市：金城江区，宜州区，南丹县，天峨县，凤山县，东兰县，罗城仫佬族自治县，环江毛南族自治县，巴马瑶族自治县，大化瑶族自治县；⑬来宾市：兴宾区，忻城县，象州县，金秀瑶族自治县，合山市；⑭崇左市：江州区，扶绥县，宁明县，龙州县，大新县，天等县
海南省	儋州市，琼海市，文昌市，东方市，屯昌县，澄迈县，临高县，琼中黎族苗族自治县
四川省	①成都市：大邑县；②攀枝花市：盐边县；③眉山市：东坡区；④宜宾市：屏山县；⑤甘孜藏族自治州：得荣县；⑥凉山州：西昌市，木里藏族自治县，盐源县，德昌县，会理市，会东县，宁南县，昭觉县，冕宁县，美姑县，雷波县
贵州省	①安顺市：关岭布依族苗族自治县，紫云苗族布依族自治县；②黔西南布依族苗族自治州：兴义市，普安县，晴隆县，望谟县；③黔东南苗族侗族自治州：榕江县，从江县；④黔南布依族苗族自治州：荔波县
云南省	①玉溪市：通海县，华宁县，易门县，峨山彝族自治县，新平彝族傣族自治县，元江哈尼族彝族傣族自治县，澄江市；②保山市：隆阳区，腾冲市；③昭通市：永善县；④丽江市：永胜县；⑤普洱市：宁洱哈尼族彝族自治县；⑥临沧市：临翔区，云县，永德县，双江拉祜族佤族布朗族傣族自治县，耿马傣族佤族自治县，沧源佤族自治县；⑦楚雄彝族自治州：双柏县；⑧文山壮族苗族自治州：马关县，广南县；⑨大理白族自治州：宾川县

2010～2022 年，我国柑橘园面积以及柑橘黄龙病在我国的发生面积、分布县数量如图 1-1 所示。总体来看，2015 年以后柑橘黄龙病的发生有如下两个特点（冯晓东和吴一江，2014）。

图 1-1　我国柑橘园面积及柑橘黄龙病发生面积、分布县数量

一是发生范围广，但发生面积有所减少。截至 2022 年底，柑橘黄龙病分布已扩散至 10 个省（区）的 324 个县（市、区），分布县数量比 2010 年多了 73 个，发生分布范围进一步扩大，但全国病害发生面积 196 万亩（1 亩≈666.7m²，下同），比高峰期的 2015 年（291 万亩）下降 32.6%。2022 年，按农业农村部统一部署，有关省（区）加强柑橘黄龙病综合治理，按照"防疫病、保产业"的思路，重点推进发生区联防联控和前沿区阻截防控，全年防控面积 3546.2 万亩次。大部分发生省（区）平均病株率控制在 5% 以内，大部分发生省（区）将传病虫媒密度控制在较低水平，柑橘产业呈现平稳健康发展态势。

二是发生程度波动变化，近年来逐年减轻。受气候等因素影响，2013 年江西赣州等地集中暴发柑橘黄龙病，寻乌、安远、信丰、大余等地发病较严重，平均病株率超过 20%，近 10 万亩果园全部遭到毁坏；广东柑橘老产区病株率一般为 20%～30%，一些失管果园高达 60% 以上，许多发病果园面临毁园威胁。福建的毁园面积也大大增加。自 2015 年以来，通过构建柑橘黄龙病阻截带等一系列防控措施，病株率明显降低，传病虫媒密度得到有效控制。各发生省（区）大部分果园内柑橘木虱百梢虫量控制在 0.1～1.6 头，显著低于病害严重发生的年份。

21 世纪以来，虽然人们对柑橘黄龙病的认知和防控进入了较成熟的阶段，柑橘黄龙病引起了农业农村部门的高度重视，但从目前形势来看，柑橘黄龙病防控仍存在以下几个问题。

一是苗木检疫监管仍存在盲区。随着我国柑橘产业近年来的快速发展，各地的种苗繁育体系逐步建立健全，但大部分省（区）种苗违规调运或者自繁自育的情况仍然存在，部分地区农林部门职责分工不明确、基层人员紧缺、技术手段差等问题突出，不能做到对辖区内种苗生产地点进行全覆盖监管，带来疫情随染病种苗传播扩散风险。

二是果园管理水平差异加大病害传播风险。各发生省（区）仍然存在一定数量的失管或管理粗放果园，这些果园内的感病株率高、柑橘木虱种群数量大，成为区域内病害传播的源头。另外，随着柑橘产业的迅速发展，老旧果园的生产效益下降，可能导致部分果农的生产积极性下降，失管或管理粗放果园的数量还可能进一步增加，为病害再次严重为害埋下隐患。

三是防控机理研究亟待加强。目前，气候变化、柑橘木虱种群数量、柑橘木虱传毒能力等对黄龙病发生的影响以及流行规律和成灾机理尚未十分明确，有待进一步研究。此外，现在还没有较为高效经济的黄龙病田间快速检测方法，黄龙病栽培、生物和物理防控新技术，高效、生态、环保型药剂研究也需要新的突破。

第 2 章　柑橘黄龙病病原生物学及检测技术

2.1　柑橘黄龙病的为害症状

柑橘黄龙病为系统性侵染病害，田间症状类型较为复杂，其中，早期斑驳型黄化叶和后期红鼻果可作为田间诊断依据。

2.1.1　枝梢和叶片症状

黄龙病特征性症状是初期病树的黄梢和叶片的斑驳型黄化（图 2-1）。开始发病时，往往首先在树冠顶部出现一到几枝黄梢，在夏秋季，黄梢通常出现在树冠顶部，即为典型的黄梢症状（图 2-1A）。随后，树冠其他部位陆续发病。黄龙病的叶片症状有以下 4 种类型。①斑驳型黄化（图 2-1B）：当叶片生长转绿后，从叶片主脉、侧脉附近和叶片基部开始黄化，扩散呈黄绿相间的不对称斑驳，是黄龙病最具特征性的症状。②均匀型黄化：一般多出现在初发病树的夏、秋梢上，在叶片转绿前，开始在叶脉附近出现黄化，迅速扩散至整张叶片呈均匀黄化。③暗绿型黄化：病叶较健叶厚，有革质感，局部木栓化开裂，当叶片老化后，不表现明显黄化，但叶片无光泽、革质化且叶脉肿突。④缺素型黄化：一般出现在植株感病后期，从病枝上抽出的新叶表现叶脉青绿、脉间组织黄化的花叶症状，与缺锌症状相似。

图 2-1　柑橘黄龙病黄梢症状（A）及叶片的斑驳型黄化（B）

2.1.2　果实症状

发病初期果实一般不表现典型症状，当病害发展到一定程度后，病树的果实多早落或变小，有的畸形，着色不均匀，种子多败育。在温州蜜柑、福橘等宽皮柑橘成熟期常表现为蒂部深红色，其余部分青绿色，俗称"红鼻果"（图 2-2A）。而橙类则表现为果皮坚硬、粗糙，一直保持绿色，俗称"青果"（图 2-2B）。通常，叶片黄化与果实症状在同一年呈现。有时，果实症状先出现，叶片症状在第二年出现。

2.1.3　整株症状

柑橘植株感染黄龙病并表现症状后，一般在第二年开花早且多，常形成无叶花穗，花畸形并多早落，有的病树不定时开花。从病枝抽生的新梢梢短、叶小，病叶容易脱落，在不良的栽培条件下，落叶枝容易干枯。柑橘黄龙病发病初期，根系多不腐烂；至叶片黄化脱落较严重时，绝大多数病树的侧根腐烂；至发病后期，主根亦腐烂；腐根的皮部碎裂，并与木质部分离。

图 2-2　柑橘黄龙病"红鼻果"症状（A）与"青果"症状（B）

2.2　柑橘黄龙病的病原鉴定

对柑橘黄龙病病原的认识过程历经了 70 来年，历程曲折，大体经历了以下 4 个阶段：20 世纪初至 20 世纪 50 年代初，初步认为与线虫、真菌、水害、毒素等有关；1956~1966 年，认为与病毒关联；1967 年至 20 世纪 70 年代，认为与类菌原体、类立克次氏体、类细菌关联；直至 1984 年确认该病病原为革兰氏阴性细菌。

2.2.1　病原确认的大致过程

泽田兼吉于 1913 年推测我国台湾的柑橘立枯病（后认为其当时所指为现在的黄龙病）是线虫为害所致。Reinking（1919）根据一般性观察，认为我国潮汕地区的黄龙病由水害引起。Tu（1932）推测柑橘半穿刺线虫（*Tylenchulus semipenetrans*）是我国台湾柑橘黄龙病病原。何畏冷（1937）从病树的腐根上分离到镰孢菌（*Fusarium* spp.），推测可能是此病病原。陈其傈于 1942～1943 年通过试验及调查，认为该病可能由缺素和/或病毒毒素因子引起。林孔湘于 1956 年通过嫁接病树的单芽和枝条到健康的柑橘植株上，观察到健康的植株也发病，首次证明了柑橘黄龙病是一种嫁接传染性病害，在当时认知水平下推断该病原为病毒。20 世纪 50～60 年代，中国、日本、澳大利亚等国许多植物病理学家对该病病原为柑橘衰退病毒的观点进行了大量试验和讨论，最后确认此病毒是田间混合侵染，而非黄龙病病原（赵学源，2017）。日本科学研究表明，类菌原体（mycoplasma-like organism，MLO）对抗生素敏感。根据这一特性，赵学源等通过抗生素敏感性测试首次证明黄龙病病原对抗生素敏感，从而认为其病原是类菌原体（赵学源，2017）。随着电镜技术的发展，Laflèche 和 Bové（1970）首次通过电镜观察到来自南非和印度感染了柑橘黄龙病的病叶韧皮部筛管细胞中的病原体，当时也认为是 MLO。70 年代，中国、日本、南非、法国，以及印度的多位科学家依据电镜观察到的黄龙病病原体胞膜明显厚于 MLO，且依据其对抗生素的敏感特性，否认病原为 MLO 的观点，认为是类细菌（bacterium-like organism，BLO）（赵学源，2017）。Ke 等（1979）通过电镜观察，发现黄龙病病原体外膜层厚薄不均匀现象，认为该病原应属于类立克次氏体（rickettsia-like organism，RLO）。Garnier 等于 1984 年利用细胞生物化学和电镜相结合的方法，证实了黄龙病病原的外层膜和内层膜之间存在肽聚多糖层，这与革兰氏阴性细菌的细胞壁结构一致，因此推断黄龙病病原属于革兰氏阴性细菌。多国科学家对感病植株注射抗生素（四环素或青霉素）后，黄龙病症状在短时间内得到了减轻，这也符合细菌特性（赵学源，2017）。

2.2.2　黄龙病病原细菌形态

通过电子显微镜观察，寄主体内病原体呈多种形态，包括圆形、卵圆形或近杆状，大小为 50～600nm×170～1600nm，细胞壁厚 13～33nm，一般为 20nm 左右（图 2-3A 和 B）（Bové，2006；Achor et al.，2020）。Tanaka 等于 2007 年经扫描电镜在染病菟丝子筛管细胞中

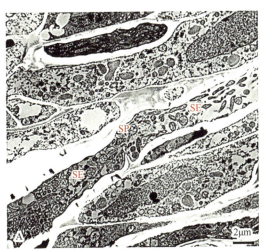
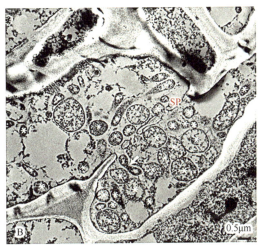

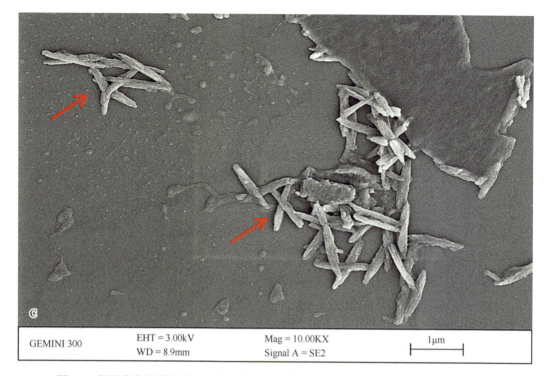

图 2-3　柑橘黄龙病菌细胞形态及结构（吴建祥等，2019，未发表；Achor et al.，2020）
A 和 B：感病柑橘种皮韧皮部组织中不同形态的黄龙病菌，SP 代表筛板（sieve plate），SE 代表筛管（sieve element），
B 图中星号所示均为黄龙病菌；C：黄龙病菌的立体结构

观察到了黄龙病病原细菌（亦可简称黄龙病菌）美洲种的立体形态。2019 年吴建祥等（未发表资料）通过抗体免疫磁珠捕获黄龙病菌，结合扫描电镜，观察到了黄龙病菌亚洲种的立体杆状形态（图 2-3C）。

2.2.3　现代分子生物学方法鉴定及命名

20 世纪 90 年代，随着分子生物学的迅速发展，分子生物学和生物信息学等手段越来越广泛地应用于柑橘黄龙病菌的研究。Villechanoux 等（1993）利用分子生物学手段克隆了一个来自印度普纳（Poona）的黄龙病菌基因组 2.6kb 的 DNA 片段并测定其序列，发现该片段属于细菌的核糖体蛋白操纵子基因 *rrpl*KAJL-*rpo*BC，编码 4 种核糖体蛋白（L1、L10、L11、L12），比较该操纵子和来自 GenBank 的其他细菌序列，发现其结构与真细菌高度一致，因此推断柑橘黄龙病菌应属于真细菌。Jagoueix 等（1994）通过免疫捕捉 PCR 技术，克隆并测定了来自印度 Poona 和非洲 Nelspriut 的黄龙病菌 16S rDNA 基因序列，与来自基因库其他细菌的 16S rDNA 基因序列进行比较，发现黄龙病菌与 α-变形菌纲中的第 2 亚组相似性为 87.5%。α-变形菌纲细菌的种类比较复杂，包括许多植物细菌、共生细菌和人体细菌，这些细菌的共同点是它们都寄生于真核细胞的寄主中，并且可以以节肢动物为介体进行传播。黄龙病菌也符合这些特征，它寄生于植物韧皮部筛管细胞中，主要通过筛孔在寄主植物细胞间移动（图 2-4）（Fu et al.，2019；Achor et al.，2020），并通过柑橘木虱进行传播（图 2-5），因此，把黄龙病菌归属于 α-变形菌纲中的一个新成员。由于黄龙病菌仅寄生于植物韧皮部的筛管细胞

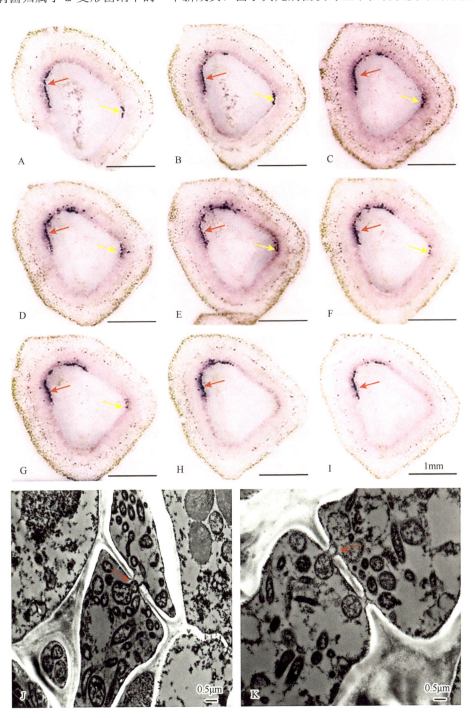

图 2-4　黄龙病菌通过筛孔在植物体内移动（Fu et al.，2019；Achor et al.，2020）

A～I：感病枝条连续组织印迹图，红色箭头和黄色箭头所示为黄龙病菌所在位置；

J 和 K：感病种皮投射电镜图，箭头所示位置表示黄龙病菌正在通过筛孔

中，且呈杆状，因此将其归属于韧皮部杆菌属（*Liberobacter*）（Jagoueix et al., 1994）。后来，Garnier 等（2000）按照拉丁学名命名法的原则，bacter（细菌）在拉丁文中属于阳性，Liber 在拉丁文中的意思是"韧皮"，与 bacter（细菌）连接的元音应该是"i"，而不是"o"，因此，将韧皮部杆菌的名字从 Liberobacter 改为 Liberibacter。

柑橘黄龙病菌

柑橘木虱

韧皮部

营养物质

图 2-5　黄龙病菌寄生部位、形态及其传播媒介

由于植物病原细菌的分类是建立在病原人工培养的基础上，而黄龙病菌目前尚不能进行人工培养，分类地位不能正式确定。Murray 等（1995）向国际细菌分类学委员会（International Committee of Systematic Bacteriology，ICSB）提议在原核生物（prokaryote）内增设一个候选属（*Candidatus*），主要是针对国际细菌命名所要求的特征描述不足，但又可以根据已有的资料将其初步归类的微生物进行暂时性分类，特别是对那些不能进行人工培养的原核生物的分类进行了讨论，认为对于已经较为清楚其关系地位，并能够通过 DNA 分子序列测定，证明其归属性，同时有必要提供通过特定的引物扩增到相应片段信息的原核生物，可以将其归属于 *Candidatus*。Murray 和 Stackebrandt 提议设立候选属（*Candidatus*），于 1995 年得到国际细菌命名委员会（International Committee on Nomenclature of Bacteria，ICNB）的通过，柑橘黄龙病菌是第一个以这种分类系统来命名的植物病原细菌。按照国际细菌命名委员会的要求，对黄龙病菌的描述如下：柑橘黄龙病病原细菌亚洲种命名为 *Candidatus* Liberibacter asiaticus，柑橘黄龙病病原细菌非洲种命名为 *Candidatus* Liberibacter africanus，柑橘黄龙病病原细菌美洲种命名为 *Candidatus* Liberibacter americanus（Jagoueix et al., 1997；Teixeira et al., 2005；Bové, 2006）。

2.3　柑橘黄龙病菌检测技术

本部分参考国家质量监督检验检疫总局和中国国家标准化管理委员会于 2013 年发布的《柑桔黄龙病菌的检疫检测与鉴定》（GB/T 29393—2012）、2018 年发布的《柑橘黄龙病监测规范》（GB/T 35333—2017）、国际上较通用的柑橘黄龙病 PCR 及实时定量 PCR 检测方法标准（Jagoueix et al.，1994；Li et al.，2006），以及欧洲和地中海植物保护组织（European and Mediterranean Plant Protection Organization，EPPO）颁布的柑橘黄龙病诊断鉴定标准 PM9/27（2020 年），整理形成柑橘黄龙病（菌）的诊断检测技术。柑橘黄龙病的诊断及检测方法较多，大体可分为传统生物学技术、现代分子生物学技术，前者又包括田间症状观察诊断及指示植物鉴定、电镜切片观察、血清学检测。

2.3.1　田间症状观察诊断

采用目测田间症状的方法观察植株叶片、新梢和果实是否具有黄龙病症状。叶片症状主要包括斑驳型黄化、均匀型黄化、缺素型黄化，其中斑驳型黄化最为典型，即叶片转绿后从主脉、侧脉附近和叶片基部开始黄化，黄化部分扩展形成黄绿相间、分布不均的斑驳，后期可以全叶黄化。病果外形变小、畸形，果内维管束呈黄褐色（正常果实维管束为绿白色），种子变褐败育，有的品种病果可以形成下部青色、上部橙红色的"红鼻果"。5～8 月抽的夏梢和8～10 月抽的秋梢症状表现基本相同，病梢一般出现在树冠顶部，多数仅 1 或 2 梢或者少许几梢出现。感病的夏秋梢在叶片老熟过程中往往叶脉先变黄，随后叶肉由淡黄绿色变成黄色，均匀黄化，形成黄梢。当年感病的黄梢落叶成秃枝，翌年春季重新萌发的新梢短而纤弱，叶片窄小。然而，柑橘黄龙病症状复杂多变，在不同生长季节、不同海拔及不同柑橘品种上表现不同的症状，从而加大了田间症状鉴定的难度。因此，田间发现疑似黄龙病症状植株需采样，通过血清学或分子生物学等方法进一步鉴定。

2.3.2　指示植物鉴定

以椪柑作为指示植物，鉴定时用带有 2 或 3 个病芽的接穗，在健康椪柑实生苗木上进行嫁接，重复 3 次（嫁接工具每次使用前用 1%～2% 次氯酸钠溶液消毒）。待嫁接口愈合后，在其上方约 1cm 处剪除指示植物的主干。每株疑似病株至少嫁接 30 株健康椪柑，以健康椪柑实生苗作为对照，定期观察、记载指示植物新抽枝叶的症状。一般柑橘黄龙病在指示植物上的潜育期为 4～12 个月。

2.3.3　电镜切片观察

取叶脉，用刀片切成 1mm×1mm 大小，置于 1.5mL 离心管中，加入已配制好的 2.5% 戊二醛溶液，抽真空赶走气泡，使固定液和组织充分接触，置于 4℃固定过夜，然后按下述步骤处理样品：倒掉固定液，用 0.1mol/L pH 7.0 的磷酸缓冲液漂洗样品 3 次，每次 15min；用 1% 锇酸溶液固定样品 1～2h；倒掉固定液，用 0.1mol/L pH 7.0 的磷酸缓冲液漂洗样品 3 次，每次 15min；用梯度浓度（包括 50%、70%、80%、90%、95% 五种浓度）的乙醇溶液对样品进行脱水处理，每种浓度处理 15min，再用无水乙醇处理 3 次，每次 20min；用包埋剂与乙醇的混合液（1：1，v/v）处理样品 1h；用包埋剂与乙醇的混合液（3：1，v/v）处理样品 3h；纯包埋剂处理样品过夜；将经过渗透处理的样品包埋起来，70℃加热过夜，即得到包埋好的样品。之后将包埋块取出粗修成半薄切片，用玻璃刀将修好的包埋块样品切成 500nm 厚度的半薄切片，置于载玻片上，用配好的甲苯胺蓝染色，置于光学显微镜下观察是否有需要超薄切片的部位。待观察到目标位置，再进行超薄切片，并用乙酸双氧铀和柠檬酸铅进行双染色，电镜观察。

电镜下可以直接观察到菌体的形态、大小及壁膜结构等，检测的关键环节是制作超薄切片。由于柑橘黄龙病菌在树体内菌量较低，且分布不均匀，在选取样品包埋材料时可有针对性地取中脉和侧脉，固定前对材料进行真空处理，可使植物材料的固定和包埋效果更好。同时电镜制样采用的样品很小，致使电镜检出率偏低，可能影响病害的诊断。此外，电镜观察法在形态上尚不能区分不同地理来源黄龙病菌株系的差异，故在实际检测鉴定中较少采用。

2.3.4　血清学检测

近年来，国内外科学家通过原核表达病菌外膜蛋白、鞭毛蛋白及分泌蛋白等，制备了多种黄龙病菌单抗和多抗，结合酶联免疫斑点印迹等方法，用于黄龙病菌的检测及监测（Ding et al.，2016；Pagliaccia et al.，2017）。

首先通过筛选黄龙病菌外膜蛋白、鞭毛蛋白及分泌蛋白相关基因进行克隆、原核表达及相应蛋白纯化，免疫兔或小鼠，杂交瘤细胞融合等，制备黄龙病菌多抗或单抗；然后参照 Ding 等（2015）采用的组织免疫印迹，将新鲜感病植株叶脉或枝条组织液印迹到硝酸纤维素膜上，或者先制备感病组织粗提液（磷酸盐缓冲液进行粗提），将其点在硝酸纤维素膜上，同时以健康组织叶片作为对照，晾干后，按以下步骤操作：将硝酸纤维素膜浸入含 5% 脱脂奶粉的 PBST（磷酸盐缓冲液-吐温）封闭液中 37℃封闭 30min；在一个平皿中用抗体稀释液将黄龙病菌特异性鼠源单克隆抗体稀释成 1∶2000 倍溶液（v/v），用镊子将硝酸纤维素膜放入上述抗体溶液中，室温水平摇床上缓慢摇动孵育 60min；倒去上述抗体溶液后加入 PBST 洗涤液，在水平摇床上缓慢摇动洗涤硝酸纤维素膜 3min；重复洗涤 2 次；用抗体稀释液将碱性磷酸酯酶（ALP）标记的羊抗鼠酶标二抗稀释成 1∶8000 倍溶液（v/v），用镊子将硝酸纤维素膜放入上述酶标二抗溶液中，室温水平摇床上缓慢摇动孵育 60min；倒去上述酶标二抗溶液后加入 PBST 洗涤液，在水平摇床上缓慢摇动洗涤硝酸纤维素膜 3min；PBST 重复洗涤 3 次；最后用 PBS（磷酸盐缓冲液）洗涤 1 次以去除膜表面的吐温 20；在一个干净的平皿中加入 10mL 底物缓冲液、66μL NBT（氯化硝基四氮唑蓝）和 33μL BCIP（5-溴-4-氯-3-吲哚磷酸对甲苯胺盐）底物储备液，晃动混匀；样点绿色或无色的样品为阴性，并拍照记录。注意：一抗、二抗及显色液稀释倍数视不同品牌稍作调整。

2.3.5　PCR 检测

关于柑橘黄龙病菌的检测主要采用 PCR 检测技术，该技术灵敏、快速、便捷，是实验室检测最常规的方法，目前最常用的有常规 PCR、TaqMan 定量 PCR（qPCR）及微滴式数字 PCR（droplet digital PCR，ddPCR）。

Jagoueix 等（1994）根据黄龙病菌 16S rDNA 序列设计引物对 OI1/OI2c（5′-GCGCGTATGCAATACGAGCGGCA-3′，5′-GCCTCGCGACTTCGCAACCCAT-3′）进行 PCR 扩增：用 TaKaRa 公司的 Ex Taq DNA 聚合酶或者 Promega 公司的 Taq DNA 聚合酶 1U/25L，最佳 Mg^{2+} 浓度为 2mmol/L，dNTPs 为 200μmol/L；PCR 扩增反应程序在 Bio-Rad PCR 仪中进行，94℃预变性 3min，然后 94℃变性 30s，64℃退火 30s，72℃延伸 1min，循环 32 次，最后 72℃延伸 5min。所有 PCR 反应均在 Bio-Rad PCR 仪中进行。取 5μL PCR 产物在 1.5% 琼脂糖凝胶中电泳，经 EB 染色后，使用凝胶成像系统观察结果。

Li 等（2006）根据黄龙病菌 16S rDNA 序列设计 TaqMan 引物对 HLBasf/HLBp/HLBasr（5′-TCGAGCGCGTATGCAATACG-3′，5′-AGACGGGTGAGTAACGCG-3′，5′-GCGTTATCCCGTAGAAAAAGGTAG-3′），同时以植物 COX 基因作为内参，采用引物对 COXf/COXp/COXr（5′-GTATGCCACGTCGCATTCCAGA-3′，5′-GCCAAAACTGCTAAGGGCATTC-3′，5′-ATCCAGATGCTTACGCTGG-3′）进行 TaqMan 定量 PCR 扩增：其中 HLBas 和 COX 引物终浓度为 2μmol/L，探针终浓度为 1μmol/L，$MgCl_2$ 和 ddNTPs 终浓度分别为 50mmol/L 和 25mmol/L，反应条件为：95℃预变性 20s，然后 95℃变性 1s，58℃退火 40s，循环 40 次。所有的实时定量 PCR 反应均在 SmartCycler（Cepheid，Sunnyvale，CA）上进行。直到 2020 年，Bao 等（2020）通过基因组比较分析发现，HLBasf 引物缺失一个"G"碱基，进一步通过对

其序列优化及大量样本检测发现，缺失"G"碱基的 HLBas 引物能影响低浓度及健康样品检测的准确性，其中 HLBasf（5′-AGTCGAGCGCGTATGCgAAT-3′）的检出率最好，并于 2020 年 1 月发布了相关标准。

Zhong 等（2018）通过利用已有 *Taq*Man 引物对 HLBasf/HLBp/HLBasr（5′-TCGAGCG CGTATGCAATACG-3′，5′-AGACGGGTGAGTAACGCG-3′，5′-GCGTTATCCCGTAGAAAAAG GTAG-3′）进行引物浓度、探针浓度及退火温度的优化，建立了微滴式数字 PCR（ddPCR），其中 HLBasf/HLBasr 终浓度分别为 20μmol/L，HLBp 终浓度为 10μmol/L，2×ddPCR supermix for probe（no dUTP）（BioRad），反应程序为 95℃ 预变性 3min，然后 95℃ 变性 30s，64℃ 退火 35s，72℃ 延伸 80s，循环 35 次，最后 72℃ 延伸 7min，12℃ 保存，反应在 QX20 微滴生成仪（QX200™ Droplet Digital PCR system，Bio-Rad）上进行。

2.3.6　高通量测序检测

随着测序技术的不断发展，柑橘黄龙病病原鉴定及检测方法更加多元化。通过对佛罗里达感染柑橘黄龙病的韧皮部组织进行宏基因组测序（metagenomic sequencing，MGS），发现测序获得的序列中，除了柑橘黄龙病菌的序列，并未发现其他病毒或者细菌等微生物的序列（Tyler et al.，2009）。研究进一步证实了柑橘黄龙病的病原主要还是柑橘黄龙病菌，而非其他微生物。近年，随着多个黄龙病菌全基因组的获得及解析，发现其编码大量未知功能效应蛋白，这些效应蛋白及其寄主靶标鉴定及功能研究成为近十年的研究热点，其作用机制的解析，不仅有助于探究黄龙病菌与寄主植物的互作关系，而且可为筛选检测靶标与早期检测优化奠定理论基础。但由于目前该技术方法成本较高，主要应用于科学研究，不适合在生产实际检测中应用。

2.4　柑橘黄龙病菌基因组与基因功能

2.4.1　黄龙病菌基因组生物学信息分析

根据 NCBI Genome 数据库（https://www.ncbi.nlm.nih.gov/genome/）（Release 238.0），截至目前已完成测序的柑橘黄龙病菌菌株共有 34 个（表 2-1）。柑橘黄龙病菌基因组大小约为 1.26Mb，GC 含量约为 36.5%。Duan 等（2009）通过全基因组序列分析表明，相比相同根瘤菌目下的其他细菌，柑橘黄龙病菌的基因组高度精简，这很可能与柑橘黄龙病菌所处的细胞内生存环境相关（Hartung et al.，2010）。

表 2-1　柑橘黄龙病菌基因组的基本信息

年份	菌株	种	寄主	地区来源	基因组大小/Mb	GC含量/%	预测基因数量/个	测序深度
2009	Psy62	CLas	Diaphorina citri	美国佛罗里达州	1.23	36.5	1186	16X
2013	Gxpsy	CLas	D. citri	中国广西壮族自治区	1.27	36.5	1141	50～80X
2014	A4	CLas	Citrus reticulata	中国广东省	1.21	36.4	1122	138X
2014	HHCA	CLas	C. limon	美国加利福尼亚州	1.15	36.5	1131	6X
2014	Ishi-1	CLas	Citrus junos	日本冲绳县石垣岛	1.19	36.3	1078	300X
2015	FL17	CLas	Citrus	美国佛罗里达州	1.23	36.5	1116	50X
2015	YCPsy	CLas	C. reticulata	中国广东省	1.23	36.5	1125	1120X
2015	SGCA5	CLas	C. sinensis	美国加利福尼亚州	1.20	36.4	1114	12X
2017	TX2351	CLas	D. citri	美国加利福尼亚州	1.25	36.5	1184	7X
2017	JXGC	CLas	Citrus reticulata	中国江西省	1.23	36.4	1120	95X
2018	AHCA1	CLas	D. citri	美国加利福尼亚州	1.23	36.6	1112	69X
2018	SGCA1	CLas	C. sinensis	美国加利福尼亚州	0.23	36.3	506	1X
2018	TX1712	CLas	C. sinensis	美国得克萨斯州	1.20	36.4	—	10X
2018	SGpsy	CLas	D. citri	美国加利福尼亚州	0.77	36.3	—	2X
2018	YNJS7C	CLas	Citrus sinensis	中国云南省	1.26	36.6	1158	15X
2020	JRPAMB1	CLas	D. citri	美国佛罗里达州	1.24	36.4	1036	1283X
2020	PA19	CLas	Citrus nobilis× C. deliciosa	巴基斯坦旁遮普省	1.22	36.4	1016	58X
2017	LBR19TX2	CLas	Citrus	美国得克萨斯州	1.20	36.3	1008	80X
2017	LBR23TX5	CLas	Citrus	美国得克萨斯州	1.20	36.4	1009	129X
2017	AHCA17	CLas	C. maxima	美国加利福尼亚州	1.21	36.4	1036	25X
2018	YNXP-1	CLas	Cuscuta	中国云南省	1.21	36.3	1031	5173X
2016	SGCA16	CLas	Citrus	美国加利福尼亚州	1.21	36.4	1015	110X
2017	JXGZ-1	CLas	Cuscuta campestris	中国江西省	1.22	36.4	1040	351X
2017	DUR1TX1	CLas	Citrus	美国得克萨斯州	1.21	36.4	1011	124X
2018	Mex8	CLas	Citrus	墨西哥墨西卡利市	1.24	36.4	1042	111X

年份	菌株	种	寄主	地区来源	基因组大小/Mb	GC含量/%	预测基因数量/个	测序深度
2020	CHUC	CLas	Citrus	中国	1.21	36.4	1032	35X
2020	GFR3TX3	CLas	Citrus	美国得克萨斯州	1.21	36.4	1013	80X
2016	HHCA16	CLas	Citrus	美国加利福尼亚州	1.21	36.3	1012	49X
2016	MFL16	CLas	Citrus	美国佛罗里达州	1.20	36.5	1012	96X
2017	DUR2TX1	CLas	Citrus	美国得克萨斯州	1.21	36.3	1009	60X
2017	CRCFL16	CLas	Citrus	美国佛罗里达州	1.21	36.5	1028	30X
2013	PW_SP	CLam	Catharanthus roseus	巴西圣保罗州	1.18	31.1	1006	18.6X
2014	São Paulo	CLam	Catharanthus roseus	巴西圣保罗州	1.20	31.1	1028	>100X
2015	PTSAPSY	CLaf	Trioza erytreae	南非比勒陀利亚市	1.19	34.5	1103	60~80X

注：CLas 代表柑橘黄龙病病原细菌亚洲种（Candidatus Liberibacter asiaticus），CLam 代表柑橘黄龙病原细菌美洲种（Candidatus Liberibacter americanus），CLaf 代表柑橘黄龙病原细菌非洲种（Candidatus Liberibacter africanus）；"—"表示基因个数未知

柑橘黄龙病菌基因组编码 1006～1233 个蛋白，分析发现黄龙病菌基因组缺乏其他植物病原细菌常见的Ⅲ型和Ⅳ型分泌系统相关基因。此外，黄龙病菌还缺乏编码某些重要氨基酸（如组氨酸、色氨酸、硫胺素、苯丙氨酸和酪氨酸）的基因，导致其必须从寄主细胞中获取，从而加重了寄主的负担（Duan et al.，2009）。序列分析还发现柑橘黄龙病菌基因组上缺乏2-酮-3-脱氧-6-磷酸葡糖酸（KDPG）裂解途径，因此糖酵解可能是柑橘黄龙病菌的主要代谢途径（Duan et al.，2009）。柑橘黄龙病菌能够利用葡萄糖、果糖、木酮糖，但无法分解利用甘露糖、半乳糖、鼠李糖、纤维素等糖类物质（Duan et al.，2009；Wang and Trivedi，2013）。除了葡萄糖-6-磷酸异构酶，柑橘黄龙病菌基因组上含有一套相对完整的糖酵解途径相关酶。柑橘黄龙病菌基因组上还缺乏葡萄糖磷酸转移酶系统，推测柑橘黄龙病菌细胞中的葡萄糖可能来源于葡萄糖/半乳糖转运系统。

基因功能预测还表明柑橘黄龙病菌基因组上含有一套完整的三羧酸循环（TCA）所需的酶，但是缺乏用于直接形成丙酮酸的酶和乙醛酸循环（glyoxylate cycle）所需的酶（Duan et al.，2009）。基因组分析还表明在柑橘黄龙病菌上存在能够在微需氧生长条件下将电子从还原底物转移至氧分子的呼吸链。此外，在柑橘黄龙病菌基因组中还存在一个重要的参与有氧呼吸的化合物——NADH 脱氢酶复合物（NADH dehydrogenase complex）的基因，但是缺乏用于甲基萘醌类化合物（menaquinone）和泛醌（ubiquinone，又称辅酶 Q）生物合

成的基因（Wang and Trivedi，2013）。由于柑橘黄龙病菌基因组上缺乏硝酸盐、硫酸盐、延胡索酸盐和三甲胺还原酶系统，表明柑橘黄龙病菌可能无法在厌氧条件下生存（Duan et al.，2009；Wang and Trivedi，2013）。

2.4.2　黄龙病菌原噬菌体研究

基因组结构分析认为柑橘黄龙病菌的基因组由保守的染色体区域和高度变异的原噬菌体序列组成，而原噬菌体区域的变异主要表现为原噬菌体类型的差异。Villechanoux 等（1993）首次鉴定了柑橘黄龙病菌相关的一段噬菌体 DNA 序列。随着柑橘黄龙病菌全基因组的陆续获得，研究者进一步解析了相关原噬菌体的信息。Duan 等（2009）在首次报道的柑橘黄龙病菌菌株 Psy62 基因组上鉴定了一个噬菌体相关的区域，含有 12 个原噬菌体相关的基因。随后证实了 Psy62 菌株含有 2 个柑橘黄龙病菌相关的原噬菌体 FP1 和 FP2（Zhou et al.，2011）。Zhang 等（2011）通过电子显微镜观察到感染 CLas 的长春花韧皮部中的噬菌体颗粒，并通过鸟枪法（shotgun）测序和柯斯 DNA 文库构建测序，成功获得了佛罗里达柑橘黄龙病菌菌株 UF506 的基因组，并在该菌株中鉴定了两个环状的噬菌体基因组 SC1（Ⅰ型）和 SC2（Ⅱ型），其中 SC1 参与噬菌体的裂解循环、SC2 参与溶原转化。基因功能注释发现 SC1 和 SC2 含有多个编码毒力因子的基因，这些基因的存在可能增加了柑橘黄龙病菌的致病性。SC1 和 SC2 可编码过氧化物酶（peroxidase），用于抵御寄主植物产生的超氧自由基（superoxide radical）、过氧化氢（hydrogen peroxide）、羟自由基（hydroxyl radical）。SC1 和 SC2 还可同时编码黏附素（adhesin），黏附素可能协助柑橘木虱对柑橘黄龙病菌的传播（Zhang et al.，2011）。随后在来自不同地区和寄主的柑橘黄龙病菌基因组序列中也先后发现了原噬菌体区域及相关的噬菌体基因（Lin et al.，2011；Wulff et al.，2014；Zheng et al.，2014，2015；Wu et al.，2015a，2015b；Liu et al.，2020）。除了致病相关基因，在黄龙病菌相关原噬菌体序列上还发现多个与噬菌体互作相关的位点，如 CRISPR/Cas 系统和限制–修饰系统（restriction-modification system，RM 系统）。Zheng 等（2018）通过分析广东菌株 A4 基因组，发现在 A4 菌株的原噬菌体区域上存在 CRISPR 位点。同时通过比对分析 CRISPR 位点附近的基因序列与基因注释信息，发现候选 CRISPR 位点附近具有多个与 DNA 和 RNA 进程功能相关的 cas 基因，表明 A4 菌株的原噬菌体区域携带具有结构和功能完整的 CRISPR/Cas 系统。进一步比对发现，在不同的柑橘黄龙病菌菌株中都含有 CRISPR/Cas 系统，而且 CRISPR 位点上的 Spacer1 和 Spacer3 序列基本一样，最大的变异区域是 Spacer2 序列。携带不同原噬菌体类型的柑橘黄龙病菌菌株具有各自特异的 Spacer2 序列。因此，Zheng 等（2016）结合我国南方柑橘黄龙病菌菌株中单个类型噬菌体占优势的结果，推测在一个柑橘黄龙病菌寄主细胞中，两种类型的噬菌体可能存在竞争关系，已经整合至黄龙病菌基因组的原噬菌体可能利用该 CRISPR/Cas 系统抵御另一种类型的噬菌体。此外，Zheng 等（2018）通过测序不含有 Ⅰ型和Ⅱ型原噬菌体的 JXGC 菌株，发现在 JXGC 菌株中存在一段新的环形序列，经序列比对鉴定为一种新的原噬菌体 P-JXGC-3（Ⅲ型），与已报道的两种原噬菌体（SC1 和 SC2）序列存在较大的差异。P-JXGC-3 中Ⅲ型原噬菌体除了与 SC1/SC2 原噬菌体约有 50% 的序列相似，在 P-JXGC-3 原噬菌体序列上还携带有一个完整的限制-修饰系统，细菌可通过该系统抵御外源噬菌体侵染，推测 P-JXGC-3 的主要功能可能是协助黄龙病菌抵御其他外来噬菌体的侵染。Cui 等（2021）从巴基斯坦黄龙病菌菌株系中鉴定出两种特异的Ⅰ型和Ⅱ型原噬菌体，进一步丰富了黄龙病菌基因组多态性。

2.4.3　黄龙病菌致病相关基因功能分析

大量的研究表明，细菌通过分泌系统分泌一些致病因子，使寄主发病显症。不少研究试图通过分析基因组上的分泌系统和效应子（effector）揭示黄龙病菌的致病机制。黄龙病菌含有Ⅰ型分泌系统（type Ⅰ secretion system）和一个完整的 Sec 分泌系统（secretory pathway）（Duan et al.，2009；Prasad et al.，2016），但缺少其他常见的细菌分泌系统。Prasad 等（2016）通过比较分析韧皮部杆菌属细菌基因组发现，在 CLas 基因组编码的所有蛋白中共预测到 166 个含有末端信号肽的分泌蛋白，其中 86 个分泌蛋白经过碱性磷酸酯酶分泌实验验证可通过 Sec 分泌系统分泌到胞外并作用于寄主，推测这些效应子可能与黄龙病菌致病性相关。基于以上研究，Clark 等（2018）通过选取黄龙病菌基因组上保守的分泌蛋白 SDE1 作为分子探针，发现 SDE1 直接与柑橘类木瓜蛋白酶样半胱氨酸蛋白酶（papain-like cysteine protease，PLCP）相互作用并抑制其活性。PLCP 是病菌诱导型的蛋白，在黄龙病菌侵染的植物体内大量积累，表明在柑橘防御反应中起一定作用，但黄龙病菌的 SDE1 可抑制柑橘中防御反应相关蛋白酶 PLCP 的活性，从而达到感染的目的。此外，Pitino 等（2018）通过在烟草中瞬时表达 16 个黄龙病菌效应子，发现 Las5315mp 效应子可定位于植物寄主的叶绿体，诱导植株淀粉积累、叶片黄化及细胞死亡。Liu 等（2019）通过亚细胞定位发现，黄龙病菌 CLIBASIA_00460（m460）编码的成熟分泌蛋白可定位于细胞核，在烟草中过表达可引起坏死斑点。Zhang 等（2019）通过在烟草中过表达黄龙病菌 CLIBASIA_03875 分泌蛋白可抑制烟草的细胞程序性死亡和 H_2O_2 的积累，并引起植株矮化、叶片畸形及斑驳症状，表明黄龙病菌相关的 CLIBASIA_03875 分泌蛋白在抑制寄主的防御中起重要作用。Pang 等（2020）通过在'邓肯葡萄柚'（Citrus paradisi cv. 'Duncan'）中瞬时表达柑橘黄龙病菌的分泌蛋白 SDE15 能够抑制由柑橘黄单胞菌亚种引起的过敏性坏死反应，并降低寄主免疫相关基因的表达。同时，SDE15 也能够抑制由效应蛋白 AvrBsT 在本氏烟草（Nicotiana benthamiana）上引起的过敏性坏死反应，这表明 SDE15 可能是一个广谱的植物免疫抑制子。SDE15 能够与柑橘蛋白 CsACD2 互作共同抑制植物免疫反应，在柑橘中过表达 CsACD2 可以抑制植物免疫，促进柑橘黄龙病菌的增殖，表明柑橘黄龙病菌通过靶定感病基因 CsACD2 蛋白，从而促进其侵染。Du 等于 2023 年研究发现，AGH17488 效应子靶向柑橘抗坏血酸过氧化物酶（APX）减弱其酶活，从而减少活性氧积累，促进黄龙病菌侵染。近期，上海师范大学和西南大学研究团队分别解释了 SDE3 和 SDE4405 靶向柑橘 GAPCs 抑制自噬、ATG8 促进自噬，两者均协助 *C*Las 侵染的机制（Shi et al.，2023a，2023b）。

除效应子外，研究发现黄龙病菌的鞭毛蛋白和过氧化物酶等相关蛋白可能也具有一定的致病性。Zou 等（2012）通过菌株 Psy62 基因组与其他近缘细菌的全基因组比较发现，Psy62 菌株的基因组含有一套完整的鞭毛合成基因系统，随后通过筛选及功能验证发现，fla 鞭毛蛋白具有类似病原体相关分子模式（pathogen-associated molecular pattern，PAMP）活性，能诱导本氏烟草产生过敏性坏死反应。通过 Gateway 技术表明黄龙病菌细胞外膜的肽聚糖相关脂蛋白（Pal）基因可引起植物寄主的过敏性坏死反应，而外膜蛋白 Mot 基因及溶血素 Hly 基因无明显致病效应（钱艳杰等，2017）。除细菌外膜直接与寄主接触外，黄龙病菌可编码多个 ABC（ATP-binding cassette）转运体，其中 Zn 转运体与 Zn 高度亲和并将其摄入细胞内，与植物缺"锌"症状有关，且研究表明 Zn 转运蛋白基因在感病叶片和根中均上调表达（Zhong et al.，2015）。此外，Jain 等（2018）通过分析黄龙病菌基因组染色体区域上保守的两个过氧化物酶基因（CLIBASIA_RS00940 和 CLIBASIA_RS00445），发现将两个基因在可培养的 *Liberibacter crescens* 中表达可明显提高 *Liberibacter crescens* 菌株对过氧化物的应激耐受性；通过在烟草中瞬时表达 CLIBASIA_RS00445 基因可抑制 H_2O_2 介导的烟草 RbohB 转录激活反应。

此外，黄龙病菌相关噬菌体可通过将自身 DNA 注射入细菌细胞，并整合至细菌基因组成为原噬菌体，从而使细菌获得噬菌体基因组上的相关致病基因。Fleites 等（2014）通过将黄龙病菌原噬菌体上的 holin 基因（SC1_gp110）和两个细胞内溶素基因（SC1_gp035 和 CLIBASIA_04790）分别在大肠杆菌和 *Liberibacter crescens* 菌株 BT-1 上表达分析发现，上述 3 个基因在一定程度上抑制了大肠杆菌和 *Liberibacter crescens* 的生长以及媒介昆虫的取食等，进一步推测柑橘黄龙病菌上原噬菌体可能具有限制柑橘黄龙病菌生长和寄主范围的潜在功能。Jain 等（2015）通过分析黄龙病菌原噬菌体上一个超氧化物酶（SC2_gp095）基因在不同寄主中的表达情况发现，在长春花（黄龙病菌研究的模式寄主）中表达高于柑橘寄主，而在柑橘木虱中却被抑制表达。通过在大肠杆菌和 *Liberibacter crescens* 系统中研究该基因功能发现，含有该基因（SC2_gp095）的细菌能提高 20%～25% 对过氧化氢的抗性。同时通过在植物中进行瞬时表达发现该基因严重抑制了寄主植物上介导过氧化氢防御信号中关键基因的表达，进而引起症状的延缓表现，进一步解释了柑橘黄龙病菌从侵染柑橘到表现症状具有潜伏期长的现象。

第 3 章　柑橘木虱生物学与监测技术

3.1　柑橘木虱的形态特征与生物学习性

3.1.1　柑橘木虱的形态特征

柑橘木虱的变态类型为不完全变态类中的渐变态，其生长发育分为卵、若虫、成虫 3 个阶段，其中若虫有 5 个龄期。各阶段的形态特征如下。

（1）卵

芒果形，淡黄色，长约 0.25mm，宽约 0.10mm，表面光滑，有光泽，基部钝圆，具有短柄并插入寄主嫩梢组织中，端部尖细（图 3-1）。

图 3-1　柑橘木虱卵（陶磊　拍摄）

（2）若虫

扁椭圆形，腹面平，背面略隆起，体黄色，复眼红色，触角向身体两侧横伸，触角端部有 2 根清晰刚毛，腹部周缘分泌有短蜡丝。一龄若虫长 0.30mm、宽 0.16mm，无翅芽，单眼不可见；二龄若虫长 0.46mm、宽 0.21mm，开始出现翅芽，前后翅芽不重叠，触角端部变黑；三龄若虫长 0.67mm、宽 0.31mm，前后翅芽开始部分重叠，翅芽前缘伸至复眼后缘、后缘至腹部第 3 节，出现单眼；四龄若虫长 1.04mm、宽 0.44mm，翅芽前缘到达复眼前缘、后缘超过腹部第 3 节，前后翅芽错位明显，体色变深；五龄若虫长 1.56mm、宽 0.56mm，体色进一步变深，纹理清楚，触角除基节外全部变黑，翅芽进一步膨出，腹部条纹呈黄褐色—黑褐色—亮蓝色渐变（图 3-2，图 3-3）（吴丰年等，2013b）。

图 3-2　柑橘木虱各龄期若虫（陶磊　拍摄）

图 3-3　柑橘木虱五龄若虫体色的变化（吴丰年　拍摄）
A：前期；B：中期；C：后期

（3）成虫

体长 2.8～3.2mm，青灰色或橙色，体表密布褐色斑，薄被白粉。头部突出如剪刀状，灰褐色，有 3 个褐色斑点呈"品"字形排列。触角 10 节，灰黄色，端部 2 节黑色，末端有硬毛 2 根。前翅半透明，边缘有褐色斑纹，斑纹在顶角处中断，近外缘有 5 个透明斑。后翅无色透明（图 3-4）。雌、雄成虫羽化后前翅颜色均呈白色—黑色—红褐色渐变，雌成虫腹部颜色呈黄绿色—灰白色—蓝色—橙色渐变，雄成虫呈黄绿色—灰黑色—橙色渐变（图 3-5）。雄成虫尾部背生殖板明显上翘，其内可见明显的阳具和一对抱握器；雌成虫尾部具有坚韧的生殖板，呈锥状，肛门位于背生殖板上，产卵器被包围在背腹两个生殖板内，向下弯曲（图 3-6）。

图 3-4　柑橘木虱成虫（陶磊　拍摄）

图 3-5　柑橘木虱成虫羽化后体色的变化（吴丰年　拍摄）

A～D：雌成虫；E～H：雄成虫。A 和 E：刚羽化；B 和 F：羽化后 3h；C 和 G：交配期；D 和 H：繁殖期

图 3-6　柑橘木虱成虫腹部（陶磊　拍摄）

A：雄成虫；B：雌成虫

3.1.2　柑橘木虱的生物学习性

柑橘木虱隶属于半翅目（Hemiptera）木虱科（Psyllidae）（国外有的分类学者将其归为扁木虱科 Liviidae）呆木虱属（*Diaphorina*），寄主植物仅限于芸香科，在中国柑橘属（*Citrus*）、酒饼簕属（*Atalantia*）、金橘属（*Fortunella*）、枳属（*Poncirus*）、九里香属（*Murraya*）、黄皮属（*Clausena*）、吴茱萸属（*Tetradium*）共 7 个属上已发现柑橘木虱。为害柑橘嫩梢，造成新叶扭曲变形，严重时会导致新梢枯萎，若虫分泌的蜜露会诱发煤污病，严重影响光合作用，更严重的是传播黄龙病。

柑橘木虱成虫喜在通风透光处活动，树冠稀疏、弱树上发生较重，具有明显的趋嫩和一定的趋黄、趋红、趋光特性。停息时虫体尾部呈 45° 角翘起（图 3-4），一般以成虫密集在叶背越冬。其主动飞行能力较弱，但可随风或气流进行长距离传播。行两性生殖，雌雄性比约为 1∶1。羽化成虫经 7～10d 性成熟后才交尾，有多次交尾习性，一次交尾持续约 40min。交尾一般多在 13∶00～15∶00 进行，交尾后 1～3d 开始产卵。卵产在芽梢、嫩叶缝间、叶柄基部、花蕾等处，成堆、成排或散生。平均每雌产卵量 500～600 粒，最多 1437 粒。产卵前期一般 9～18d，越冬代可达 164d。产卵期 6～7 月约为 25d，冬季约为 62d。其寿命各世代差异较大，越冬代寿命为 180～260d，其余世代寿命平均为 21～65d。近年的研究结果表明，柑橘树感染黄龙病后对柑橘木虱成虫的吸引作用增强，但是对其取食有不利影响，所以开始被吸引到染病寄主上的成虫很快又转移到周围的健康寄主上，导致黄龙病的传播和扩散。施用肥料的种类和用量也影响柑橘木虱成虫对寄主植物的选择，施用化肥的柑橘树比施用有机肥的吸引作用强，而且施氮量越高吸引作用越强。另外，受柑橘木虱为害过的九里香比未受为害的九里香吸引作用强。

卵和一龄至五龄若虫的发育起点温度分别为9.41℃、8.30℃、9.72℃、8.92℃、9.61℃、9.07℃，有效积温分别为60.03℃·d、39.78℃·d、26.82℃·d、33.23℃·d、39.76℃·d、74.49℃·d。各阶段的发育历期与温度、寄主植物种类、寄主营养状况、寄主是否感染黄龙病有关。在28℃条件下，用健康马水橘饲养的卵历期为3.4d，一龄至五龄若虫分别为1.3d、1.5d、1.8d、2.5d、3.6d，若虫总历期为10.7d，成虫产卵前期18.7d，世代历期32d；用健康酸橘饲养的卵历期为3.6d，一龄至五龄若虫分别为2.1d、2.4d、2.4d、2.9d、3.9d，若虫总历期为13.6d，成虫产卵前期15.2d，世代历期33d。但在相同品种感染黄龙病的寄主上发育历期显著缩短。在分别施用有机肥、化肥、复混肥（有机氮和化肥氮各占50%）的砂糖橘上，卵历期分别为4.9d、5.0d、4.8d，一龄若虫分别为1.9d、2.1d、1.8d，二龄若虫分别为1.6d、1.9d、1.7d，三龄若虫分别为1.6d、1.9d、2.1d，四龄若虫分别为2.7d、3.3d、2.4d，五龄若虫分别为2.2d、3.2d、2.7d，若虫总历期分别为10.0d、11.8d、10.9d，未成熟期总历期分别为14.7d、16.7d、15.8d，仅施用有机肥的寄主上的发育历期显著短于仅施用化肥的寄主。在广东橘园的春梢、夏梢、秋梢、冬梢期，卵期分别为8～9d、2～4d、3～4d、6～7d，若虫期分别为19d、10～13d、10d、18d，10～11月世代历期为33d。在浙江南部，世代历期春季67d、夏季20～22d，各代平均22～56d，越冬代可达195d。

3.2　柑橘木虱的发生规律

3.2.1　影响柑橘木虱发生的主要环境因素

影响柑橘木虱发生的主要环境因素有以下3个。

（1）寄主新梢

柑橘木虱卵的形成和在卵巢内的发育与嫩芽密切相关，成虫没有嫩芽作为补充营养则不能产卵，而且卵只能在放梢初期芽缝的高湿环境下孵化，若虫聚集在嫩芽、嫩叶上为害，低龄若虫离开嫩芽就会死亡。大多数成虫在新芽开始生长的前12d产卵，当新芽长出5～50mm时产卵量达到高峰，超过50mm几乎不再产卵。新叶一旦开始展开即不再吸引柑橘木虱产卵。寄主植物种类、物候和营养状况影响柑橘木虱的产卵行为。一般来说，未投产橘园柑橘木虱的发生比投产橘园严重，抽梢能力越强的柑橘品种发生越严重。在橘园，每年有3个数量高峰，与春、夏、秋梢期相吻合，发生程度因新梢的生长状况、管理策略不同而不同。在广东东部的博罗县橘园，只要有嫩梢，冬季虫口密度就能达到高峰；在广西的大部分地区，一年有5个高峰，发生在4～12月；在福建福州，一年四季都可找到各个虫态，4月以后为害逐渐严重，9～10月逐渐减少；在江西赣州，田间每年7～9月为大发生期；在湖南南部，高峰期出现在夏梢期和秋梢期；在云南华宁县，为害最严重的时期是春季和夏季；在浙江南部，7～8 月秋梢期为成虫发生高峰期，产卵高峰期发生在夏梢期和秋梢期。

（2）气候

影响柑橘木虱发生的气候因素主要为温度、湿度和光照。成虫通常在 20℃以上的温度条件下产卵，低于 14℃则不产卵。光照强度和持续时间显著影响雌成虫产卵前期和产卵量：当光照强度为 11 000lx 以下、每天光照时间在 18h 以内时，强度越大、时间越长，产卵前期越短、产卵量越大、死亡率越低。温度为 15～34℃、相对湿度为 43%～92% 时，温湿度对卵的孵化率影响较小。若虫在高温（34℃）、高湿（85%～92%）条件下死亡率高，适温（20～30℃）、低湿（43%～75%）条件下死亡率低。在 15～34℃条件下，温度与卵和若虫的发育历期呈抛物线关系，而湿度则影响不大。柑橘木虱具有一定的耐寒性，过冷却点、冰点均以一龄若虫最低，分别为−26.3℃、−26.2℃，成虫最高，分别为−19.6℃、−18.7℃，但越冬成虫无法在一些高纬度地区存活，因为低温（0～2℃）持续一定时间后死亡率逐日增加，第 7 天达 55.3%，第 10 天全部死亡。在浙江，低温使越冬成虫的存活率降低；在四川，每月平均最低温度低于 8℃时成虫无法存活。但是，随着全球气候变暖，柑橘木虱在我国分布的北限已由 20 世纪 80 年代的浙江缙云县（28°45′N）北移至浙江象山县（29°29′N），局部发生的省份也普遍有北移现象。

（3）天敌

柑橘木虱的天敌资源非常丰富，天敌对控制柑橘木虱种群发挥重要的作用，但由于化学农药的频繁施用而受到严重影响。在广东，不施药的橘园柑橘木虱世代存活率仅为 0.43%～0.8%，一年施用 12～18 次化学农药的存活率提高到 2.2%～17.5%。在台湾，不施药的橘园寄生蜂的寄生率可达 15.5%～46.7%，而施用化学农药防治的橘园降至 0～4.2%。正常管理橘园（全年喷杀虫剂 10～12 次）、新失管橘园和长期失管橘园相比较，一般新失管橘园柑橘木虱的种群密度最高，原因是这类橘园刚刚停止喷施杀虫剂，柑橘木虱失去了化学控制作用，而天敌种群还没有重新建立。在生产上可通过减少广谱性杀虫剂的使用、橘园内外保留开花的良性杂草等措施对天敌加以保护利用。

3.2.2　年发生世代数

柑橘木虱的发生世代数与地理位置和寄主植物的抽梢能力、抽梢次数有关。在广东，室内不断供给寄主嫩梢时一年可完成 11～14 代，田间 5 或 6 代；福建地区在柑橘上一年可完成 6 或 7 代，九里香上 9～11 代；在江西赣州，田间一年发生 7 或 8 代，其中 1 或 2 代为害春梢，3或4代为害夏梢，5～7代为害秋梢，如有冬梢则发生第8代，在网室内不断供给寄主嫩梢的条件下一年发生9或10代；浙南平阳一年可发生6或7代。

3.3　柑橘木虱的天敌

柑橘木虱的天敌包括捕食性天敌、寄生性天敌和病原微生物三类。捕食性天敌有瓢虫、草蛉、蓟马、花蝽、螳螂、食蚜蝇、蚂蚁等多种昆虫和蜘蛛、捕食螨。在捕食性昆虫中，瓢虫有龟纹瓢虫（*Propylea japonica*）、楔斑溜瓢虫（*Olla v-nigrum*）、六斑月瓢虫（*Menochilus sexmaculata*）、异色瓢虫（*Harmonia axyridis*）等；草蛉主要有亚非草蛉（*Chrysopa boninensis*）、大草蛉（*Chrysopa pallens*）、红通草蛉（*Chrysoperla rufilabris*），一年四季均具有捕食效果，以4～5月和10月发生较多；蓟马有捕虱管蓟马（*Aleurodothrips fasciapennis*）、长角六点蓟马（*Scolothrips longicornis*）、黑蓟马科（*Melanthripidae*）的一些种类；花蝽主要有微小花蝽（*Orius minutus*）；食蚜蝇国外报道有异食蚜蝇（*Allograpta obliqua*）；蚂蚁主要为黄猄蚁（*Oecophylla smaragdina*）。目前发现能取食柑橘木虱的蜘蛛有近管蛛科蜘蛛（*Hibana velox*）、幽禁红螯蛛（*Chiracanthium inclusum*）、草间钻头蛛（*Hylyphantes graminicola*）、猫狸蜘蛛（*Oxyopes lineatus*）、跳蛛（*Hentzia palmarum*）等。已报道能捕食柑橘木虱的捕食螨为圆果大赤螨（*Anystis baccarum*）（图3-7）。

图3-7　圆果大赤螨在九里香上捕食柑橘木虱的若虫（陈华燕　拍摄）

寄生性天敌主要是亮腹釉小蜂（*Tamarixia radiata*，又称亮腹姬小蜂）、阿里食虱跳小蜂（*Diaphorencyrtus aligarhensis*）两种寄生蜂，专一寄生于柑橘木虱若虫，为柑橘木虱的初寄生蜂，而且两种寄生蜂的雌成虫对柑橘木虱若虫兼具捕食作用。亮腹釉小蜂隶属于膜翅目姬小蜂科，为体外寄生蜂，主要寄生于四龄或五龄若虫，产卵于若虫后足基节下方，被寄生的若虫逐渐变成僵尸状，寄生蜂羽化后首先在柑橘木虱若虫前胸处咬一个圆形孔洞，成虫从孔洞中羽化钻出寄主，故曾被误认为是内寄生蜂。同时亮腹釉小蜂的雌成虫会取食低龄的柑橘木虱若虫以及若虫分泌的白色蜜露作为补充食料，在一定程度上减少了柑橘木虱种群的数量以及煤污病的发生，1 头雌成虫一生通过寄生和捕食可以消灭 500 头柑橘木虱若虫。阿里食虱跳小蜂为膜翅目跳小蜂科的内寄生蜂，寄生于柑橘木虱二龄至四龄若虫，被寄生的若虫也呈僵尸状，与亮腹釉小蜂不同的是其羽化孔在身体的后半部（腹部）。阿里食虱跳小蜂的雌成虫也捕食柑橘木虱若虫作为补充食料，1 头雌成虫一生可以消灭 280 头柑橘木虱若虫。但是这两种寄生蜂同时有多种重寄生蜂，我国已报道的重寄生蜂有 4 种，分别为小斑塔姬小蜂（*Tamarixia micromacula*）、沃氏卡棒小蜂（*Chartocerus walkeri*）、黄食虱跳小蜂（*Psyllaphycus diaphorinae*）、恩蚜小蜂（*Encarsia* sp.）。重寄生蜂寄生于初寄生蜂，降低了初寄生蜂的自然种群数量，影响了其对柑橘木虱的控制作用。

病原微生物主要是真菌类，多为半知菌亚门，如球孢白僵菌（*Beauveria bassiana*）、玫烟色棒束孢（*Isaria fumosoroseus*，原名玫烟色拟青霉）、蜡蚧霉（*Lecanicillium lecanii*）、宛氏棒束孢（*Isaria varioti*）、橘形被毛孢（*Hirsutella citriformis*）、金龟子绿僵菌（*Metarhizium anisopliae*）、黄色镰孢菌（*Fusarium culmorum*）、匍柄霉（*Stemphylium* sp.）、柑橘煤炱菌（*Capnodium citri*）等。其中，球孢白僵菌、金龟子绿僵菌和玫烟色棒束孢因寄主范围广、致病性与适应性强而受到较多关注。

3.4　柑橘木虱的监测预警技术

3.4.1　传统的调查监测方法

柑橘木虱传统的调查监测方法主要依靠人工采集数据信息，具有信息准确的优点，但是工作量较大。采用的调查方法主要有以下几种。

（1）新梢调查法

根据橘园的大小确定取样数量，重点调查房前屋后和橘园边缘、杀虫灯附近的柑橘树。每树在两个行间位置、两个株间位置和正中间共 5 个位置分别随机取 1 或 2 条新梢，调查新梢上各虫态的数量，计算平均每梢虫口数。

（2）振落法

每株树在两个行间位置、两个株间位置分别选择大小、长度一致的枝条，将接虫容器放在枝条下方，快速敲击枝条 3 或 4 下后迅速检查振落下来的成虫数。在橘园没有新梢时采用这种方法比较可靠，尤其适用于冬季越冬虫口基数的调查。

（3）黄板监测法

在橘园周围和橘园内柑橘树行间、株间插上木桩，高度为 1～1.5m，将双面黄板钉在木桩端部，每周调查一次黄板上的虫口数，并移除柑橘木虱成虫。如果橘园周围的黄板朝向橘园的一面有柑橘木虱，表示园内柑橘木虱向园外迁移；相反，如果朝向橘园外的一面有柑橘木虱，表示柑橘木虱从园外向园内迁移。

（4）诱捕器捕捉法

目前已发现柑橘木虱的寄主挥发物中，邻羟基苯甲酸甲酯（又称水杨酸甲酯）、β-水芹烯、β-榄香烯、邻氨基苯甲酸甲酯、癸酸、正辛醇、左旋香芹酮、2-环己烯酮、反-1,2-环己二醇和吡嗪等物质对柑橘木虱成虫具有一定的吸引作用，采用这些物质作为诱芯制成诱捕器悬挂在柑橘树上，可以提高诱集效果。

（5）诱虫灯监测法

柑橘木虱具有一定的趋光性，在田间发现杀虫灯周围柑橘木虱的虫口密度最高，可以结合黄板或其他诱捕装置重点监测杀虫灯附近的虫口密度。

（6）套网捕捉法

采用捕虫网，对于比较高的柑橘树可采用该方法调查树冠顶部的成虫。

（7）吸虫器捕捉法

树冠比较浓密的橘园可以采用该方法调查树冠内膛的成虫。

（8）九里香诱集监测法

在橘园外种植九里香，定期调查其上柑橘木虱的虫口密度。因为九里香一般不喷药，其虫口消长规律可作为橘园防治柑橘木虱的依据。

在上述方法中，第 2～7 种方法都用于成虫监测。振落法采用同种规格的用具（包括敲击枝条用具和接虫的容器，敲击用具可用长度、直径、重量相同的 PVC 管或金属管，容器可用同样大小的白瓷盘或田间调查常用的白色塑料记录板）。采用第 3～7 种方法时，使用统一规格的黄板、诱捕器、捕虫网、吸虫器，并制定规范的操作标准，可以使各地调查的结果具有可比性。

3.4.2 现代监测预警技术

传统的调查监测方法具有信息准确的优点，但是工作量大、测报结果有一定的延迟，无法完全满足目前柑橘产业发展和黄龙病防控的需要，特别是在发生预警方面还存在较大不足。随着科学技术的不断提高，分子生物学、生物信息学、网络工程等技术应运而生，已逐渐应用到害虫的监测预警中。可用于柑橘木虱监测预警的主要有以下两种方法。

（1）基于图像识别和物联网的实时监测系统

为提升害虫田间调查的效率，减少调查后信息再次录入的工作量，以及提高监测和预报工作的时效性与工作效率，目前可采用远程化和智能化的监测方式。随着昆虫图像识别技术的不断提高，可通过远程自动定时拍照、图像采集、远程通信、图像处理对经过色板、灯光或化学挥发物质诱集到的柑橘木虱进行识别，并对识别到的虫情进行分析和预测，构建虫情采集监测预警系统。此外，因害虫的发生与温度、湿度等环境条件密切相关，目前很多现代监测预警技术结合空气温湿度、土壤温湿度、降雨量、风速、叶面湿度、光强、CO_2 和视频等传感器设备，将硬件电路接口和无线网络软件系统融合，以便实时获取田间气候和环境参数。

该监测预警系统最大的优势在于方便基层植保技术人员进行柑橘木虱虫情数据实时采集、查询，以及虫害预警信息的及时发布，实现监测预警的信息化和高效化。不过要想普及图像识别和物联网技术，需要在全国各地的柑橘园安装多个害虫监测设备，实时获取柑橘木虱的发生情况，而信息化监控预警系统的全面普及需要投入较多的资金。

（2）基于昆虫基因组监测柑橘木虱种群的遗传分化与扩散路径

柑橘木虱于 1906～1908 年首次发现于我国台湾、香港和澳门地区，并于 1934 年发现于广东珠江三角洲和潮汕地区，目前已扩散并覆盖我国 11 个省（区）。我国柑橘种植面积大，品种资源丰富，苗木调运频繁，可能造成柑橘木虱种群快速蔓延和遗传分化。通过形态学特征无法区分柑橘木虱的种群差异。近年来，随着分子标记技术的不断发展，研究柑橘木虱种群遗传分化和种群迁移扩散成为可能，而且可以通过对多个基因位点进行验证后选取最优的基因组信息建立柑橘木虱种群数据库，对新发生的柑橘木虱种群进行鉴定，从而明确其来源。

线粒体基因组相对较小，具有基因数量少、重组率低、碱基突变率高、变异性大和可遗传等特点，在种群分析方面具有非常重要的作用。线粒体基因组细胞色素 c 氧化酶亚基 I（cox I）基因已被广泛应用于柑橘木虱的种群分化研究中。De León 等（2011）通过该基因的部分序列研究，将美洲的柑橘木虱样品分成南美洲和北美洲两大地理种群，并说明可能存在两个入侵来源。Boykin 等（2012）基于全球 52 个地区柑橘木虱的碱基突变位点，确定了 8 个单倍型，其中亚洲地区的柑橘木虱样品可分为西南亚和东南亚两个地理种群。但是由于 *cox1* 基因稳定性高、变异位点较少，难以区分亲缘关系较近的柑橘木虱样品。柑橘木虱线粒体全基因组的获得，使 *cox1* 外的 36 个基因的应用成为可能。通过线粒体全基因组分析采自我国和部分亚洲国家 27 个地区的柑橘木虱，发现存在 3 个种群：种群 1 存在于海拔 1000m 以上的中国西南部地区；种群 2 存在于海拔低于 180m 的中国东南部地区和东南亚（柬埔寨、印度尼西亚、马来西亚和越南）；种群 3 存在于美国和巴基斯坦等地区，其中我国存在两个独立的柑橘木虱种群，表明有两个扩散来源。

　　除了线粒体基因组，一些昆虫核基因也被应用到种群分析中，目前主要有 SSR 标记（简单重复序列）、RAPD 标记（随机扩增多态性 DNA）、核糖体 18S rDNA 和 28S rDNA 基因标记等，其中 SSR 标记已有在柑橘木虱种群研究中的应用报道。Lauram 等于 2007 年利用 SSR 标记技术分析采自美国佛罗里达州、得克萨斯州和巴西的柑橘木虱种群，证明各地区间存在遗传多样性。Meng 等（2018）研究发现我国 3 种植物寄主上的柑橘木虱种群具有差异。此外，应用柑橘木虱初生内生菌 *Candidatus* Carsonella ruddii 的 3 个管家基因和次生内生菌 *Candidatus* Profftella armatura 基因组的另外 3 个管家基因对东亚和东南亚柑橘木虱种群进行分析，结果表明 *Candidatus* Carsonella ruddii 的基因位点在东亚和东南亚中表现出明显的区域性差异。随着柑橘木虱内生菌基因组的完善，研究人员有能力利用更多基因位点进行种群多态性分析。

第 4 章　柑橘黄龙病病原细菌−媒介−寄主互作机制研究

尽管柑橘黄龙病在我国已经被发现一个多世纪，但人们对柑橘黄龙病病原细菌（后可简称黄龙病菌）的致病机理及其与寄主互作的分子机制了解仍然十分有限。目前的挑战主要来自以下几个方面：首先，柑橘黄龙病病原细菌的体外培养尚未成功，导致对其生物学系统研究存在困难；其次，柑橘黄龙病病原细菌专性定植于韧皮部，在韧皮部进行实验目前仍存在困难。本章将从柑橘黄龙病病原细菌致病及柑橘响应病原菌入侵的机制、柑橘木虱传菌及其免疫机制、柑橘黄龙病病原细菌调控寄主影响柑橘木虱行为的机制三方面系统地阐述柑橘黄龙病病原细菌−媒介（柑橘木虱）−寄主（柑橘）互作机制。

4.1　柑橘黄龙病病原细菌致病及柑橘响应病原入侵的机制

4.1.1　柑橘黄龙病病原细菌的致病机制

柑橘黄龙病是由定植于韧皮部的 α-变形菌引起的，病原菌属于韧皮部杆菌候选属（*Candidatus* Liberibacter），包括亚洲种（*Ca.* L. asiaticus，CLas）、美洲种（*Ca.* L. americanus，CLam）、非洲种（*Ca.* L. africanus，CLaf）3 个种（Bové，2006），本章将这 3 个种统称为柑橘黄龙病病原细菌。柑橘黄龙病菌能够侵染几乎所有柑橘及其近缘属植物，目前尚未发现抗病栽培品种，缺乏系统根治方法。由于黄龙病菌迄今无法实现体外培养，故不能用纯培养细菌进行人工接种，目前研究中只能利用柑橘木虱传菌、嫁接传菌或者菟丝子传菌的方式进行接种。同时，因黄龙病菌在植物体内存在分布不均匀的现象，导致上述接种方法在传菌成功率上存在较大的个体差异，而且存在发病周期偏长的问题。这些因素不仅阻碍了对黄龙病菌的柯赫氏法则检验，还严重影响了人们对黄龙病菌生物学及致病机制的理解，大大制约了对黄龙病菌的防治研究。随着细胞生物学、分子生物学及组学等技术的进步，研究人员结合多种研究手段围绕黄龙病菌与柑橘的互作机制进行了多方面的探索，包括黄龙病菌在柑橘体内的分布及移动、黄龙病菌的体外培养、黄龙病菌如何逃避植物免疫反应、黄龙病菌的分泌系统及其分泌蛋白研究、黄龙病菌抑制植物免疫的策略等。

4.1.1.1　柑橘黄龙病菌在柑橘体内的分布及移动

黄龙病菌入侵柑橘后，通常有数月甚至一年以上的潜伏期（Gottwald，2010），在柑橘黄龙病发病初期，病原菌已经存在于植株的多个组织部位且呈现不均匀性分布。因此，厘清柑橘黄龙病菌在柑橘体内的分布及移动规律对黄龙病的综合防控具有重要意义。Tatineni 等（2008）使用 16S rDNA 特异性引物检测感病柑橘不同部位，发现黄龙病菌在树皮、叶片中脉、根、花以及果实等不同组织中均有分布，其中，在果柄中黄龙病菌含量最高，而在胚乳和胚中没有检测到黄龙病菌。Li 等（2009）检测 6 种不同柑橘种质不同部位黄龙病菌的分布，发现黄龙病菌在不同种质中的丰度存在显著差异，但在不同部位的丰度趋势大体一致，均在果实囊壁中含量最高。Ding 等（2015）使用特异性抗体对黄龙病菌的分布进行检测，可以在叶脉、叶柄、茎、果柄、根以及种皮中检测到黄龙病菌。研究人员对感病砂糖橘（*Citrus reticulata* cv. 'Shatangju'）及贡柑（*C. reticulata* cv. 'Gonggan'）各个部位取样检测，发现不同部位黄龙病菌的丰度差异明显，在果实的橘络中含量最高（褚丽萍等，2016；郭亨玉等，2020）。以上研究表明，黄龙病菌在感病柑橘体内不同部位均有分布，但分布不均匀，在果柄、橘络/囊壁或种皮中浓度最高（Achor et al.，2020），不同种质之间存在差异。

黄龙病菌在柑橘体内的分布情况已经基本明确，但黄龙病菌在植物细胞间如何移动，为何在果实相关部位中浓度较高，依然需要更多研究来解答。黄龙病菌基因组中存在一类鞭毛蛋白基因如 *flaA*（CLIBASIA_02090），该基因可以回补农杆菌 *ΔflaA* 和 *ΔflaAD* 鞭毛蛋白突变体（Andrade et al.，2020）。Andrade 等（2020）通过透射电镜观察黄龙病菌在植物和昆虫寄主中的形态，发现在柑橘和菟丝子中，黄龙病菌没有鞭毛结构，而在柑橘木虱中观察到类似鞭毛的结构。黄龙病菌以圆形和细长形存在于成熟的筛管细胞和有核的非筛管细胞中，附着在韧皮部细胞的质膜上特别靠近筛孔的位置。进一步观察发现，圆形的细菌由于太大而无法移动，黄龙病菌可以将自身形态从椭圆形变为细长形，从而顺利通过筛孔，实现其在韧皮部的移动（Achor et al.，2020）。以上结果表明，黄龙病菌在植物细胞间的移动不依赖鞭毛结构，而主要靠自身形状的调整（Achor et al.，2020；Andrade et al.，2020）。

4.1.1.2　柑橘黄龙病菌的体外培养

对于黄龙病菌的人工培养，研究人员已经做了许多尝试。Sechler 等（2009）设计了一种含柑橘叶脉提取物的培养基 Liber A，成功获得了 3 种黄龙病菌的纯培养物，但事实上并没有人能够重复此实验并得到纯培养的黄龙病菌。有研究人员得到了 CLas 与放线菌的初始共培养物，但仍未获得长期稳定繁殖的共培养细菌（Davis et al.，2008）。为了延长黄龙病菌在体外培养基中的生存时间，研究人员在 KB 培养基中加入柑橘果汁，将 CLas 与其他细菌进行混合培养。然而，混合培养中的 CLas 依旧不能持续传代（Parker et al.，2014）。黄龙病菌在柑橘的韧皮部汁液和柑橘木虱的肠道系统中增殖，这是两种完全不同的生态位。植物韧皮部汁液中含有大量的糖、氨基酸、有机酸、维生素和无机离子，这些物质在柑橘木虱肠道系统中的组成不完全一致。黄龙病菌能够在这两种独特的环境中生存，除了各自独特的营养及物理化学条件，可能部分取决于其他内共生微生物的存在。Fujiwara 等（2018）报道了黄龙病菌与来自柑橘韧皮部的微生物群共同在固体培养基上生长，当采用抗生素破坏微生物群落后，阻碍了黄龙病菌的生存。这表明，共生细菌对黄龙病菌的生存具有重要作用，黄龙病菌可能需要通过与其他微生物的互惠关系来获得必需的营养。许多难培养微生物在培养过程中需要提供特定的营养物质、pH、培养温度或特定氧气水平等。考虑到这些因素，Ha 等（2019）设计了一种生物膜反应器，对感染了黄龙病菌的甜橙叶片和茎的提取物进行培养。他们使用了含有氨基酸、微量矿物质和维生素等营养物质的新培养基，并且比较了黄龙病菌在不同 pH 和氧气分压条件下的生长情况，最终发现中性 pH 的高强度缓冲液和 10% 的氧分压条件更有利于黄龙病菌生长。这种生物膜反应器加上新培养基的组合系统能够支持黄龙病菌与其他微生物共同在混合群落生物膜中的长期生长和重复传代。在长达两年的时间中，经过十几次传代培养都能观察到黄龙病菌的存在和生长，这是首次成功建立黄龙病菌的体外培养体系。Ha 等（2019）利用扫描电镜对含有黄龙病菌的生物膜进行观察，发现多种微生物类型嵌合在胞外聚合物中，推测黄龙病菌能够从生物膜上的其他细菌中获得必需营养物质。这些结果表明黄龙病菌可能更适应生物膜的生活方式。但目前黄龙病菌在生物膜混合物中的丰度较低，可能是由于培养条件并未完全优化，使得黄龙病菌的生长较慢。Ha 等（2019）发现对培养基和生长条件的进一步优化以及对微生物群落的简化可能增加黄龙病菌在生物膜培养物中的比例。综上所述，研究人员已经证实了利用生物膜对黄龙病菌进行体外培养的可行性，这将有助于我们在体外培养条件下直接测试病原菌对各种因素的反应，评判病菌致病力，以及为进一步的遗传操作及致病机理研究打下基础。

通过宏基因组学分析发现黄龙病菌的基因组有 1.23Mb，编码 1136 个蛋白质（Duan et al.，2009）。其基因组中缺乏一些关键基因。例如，编码嘌呤和嘧啶代谢所需酶类基因的缺乏导致其代谢通路不完整，代谢能力有限，因此黄龙病菌可能需要依赖其他共生微生物或者寄主提供某些营养成分才能存活。这可能是至今尚未得到黄龙病菌体外纯培养物的原因之一。对其代谢通路的分析发现黄龙病菌基因组中缺乏参与氧化磷酸化的关键酶以及多种末端氧化酶，说明黄龙病菌具有有限的有氧呼吸能力（Duan et al.，2009）。代谢途径的分析结果与黄龙病菌更适合在 10% 的氧分压条件下生长相一致。对黄龙病菌基因组的分析有助于研究人员设计更科学合理的体外培养方案。

4.1.1.3　黄龙病菌逃避植物免疫反应

成功入侵的植物病原菌具有逃避激发植物免疫反应的能力，或者能够通过分泌效应蛋白抑制植物防御反应。由于黄龙病菌基因组较小，缺乏经典的蛋白分泌系统，研究人员推测黄龙病菌可能主要采取逃避被植物识别的策略。黄龙病菌基因组中既无Ⅲ型和Ⅳ型分泌系统，也没有完整的Ⅱ型分泌系统，同时也不编码依赖Ⅱ型分泌系统的植物细胞壁水解酶类（如纤维素酶、果胶酶、木聚糖酶或纤维素内切酶），这样也就避免了由于植物识别细胞壁自身降解产物激发的免疫反应（Duan et al.，2009）。然而，黄龙病菌细胞外膜上的脂多糖（LPS）及鞭毛蛋白可能作为病原体相关分子模式（pathogen-associated molecular pattern，PAMP）被植物识别从而激发PAMP触发的免疫（PAMP-triggered immunity，PTI）。研究发现黄龙病菌鞭毛蛋白flaA的N端含有保守的22个氨基酸（flg22）。在烟草中表达flaA激发植物细胞死亡和胼胝质沉积，但合成的黄龙病菌flg22只能激发胼胝质沉积而不能激发植物细胞死亡，说明黄龙病菌的鞭毛蛋白可以被植物识别从而激发植物免疫反应（Zou et al.，2012）。Shi等（2018）的研究也表明黄龙病菌的flg22能激发植物抗性反应，并且利用转录组测序筛选了与柑橘对黄龙病菌的耐受性相关的基因。然而，迄今为止黄龙病菌在植物中定植时并未观察到鞭毛的存在，仅在柑橘木虱中观察到了类似鞭毛的结构，蛋白免疫印迹实验也只在柑橘木虱中检测到鞭毛蛋白的积累（Bové，2006；Hartung et al.，2010；Andrade et al.，2020）。另外，鞭毛的编码基因在植物中表达量低或不表达，这可能是黄龙病菌避免激发植物防御反应的一种策略（Wang and Trivedi，2013；Yan et al.，2013）。

4.1.1.4　黄龙病菌的分泌系统

除了逃避植物识别，病原菌在侵染植物过程中利用不同的蛋白分泌系统分泌毒素或多种多样的效应蛋白，攻击植物的细胞壁、抑制植物免疫反应，或者干扰植物的代谢途径、影响植物生长发育，从而促进病原菌从植物中获取营养物质以及在植物中的定植。但目前人们对黄龙病菌的蛋白分泌系统及其分泌蛋白的认识还不够深入。基因组数据分析发现它含有完整的Ⅰ型分泌系统、依赖Sec的一般分泌途径及Ⅴ型分泌系统（Duan et al.，2009）。

1. 黄龙病菌无Ⅲ型、Ⅳ型和Ⅵ型分泌系统

系统发育分析发现韧皮部杆菌属是根瘤菌科的一个早期分支，与植物共生菌中华根瘤菌和根瘤菌、植物病原菌农杆菌以及动物细胞内寄生的病原菌布鲁氏菌以及巴尔通体亲缘关系较近（Thapa et al.，2020）。它们都属于革兰氏阴性细菌，具有两层膜结构，因此蛋白质在分泌过程中需要跨过质膜和外膜两道屏障才能到达胞外。革兰氏阴性细菌具有多种蛋白分泌系统，其中Ⅲ型、Ⅳ型和Ⅵ型分泌系统在效应蛋白分泌和对寄主的致病性中发挥重要作用。黄龙病菌作为柑橘韧皮部筛管分子细胞内寄生细菌，没有经典的Ⅲ型或Ⅳ型分泌系统，也没有完整的Ⅱ型分泌系统（Duan et al.，2009）。

2. 黄龙病菌的 I 型分泌系统

与依赖 Sec 的分泌途径相比，I 型分泌系统能将蛋白质直接分泌到细菌细胞外，属于一步分泌途径。I 型分泌系统是目前已知最简单的蛋白分泌系统，仅由 3 种蛋白组成：位于内膜的 ABC 转运蛋白、膜融合蛋白，以及横跨外膜和周质空间的外膜蛋白。基因组数据分析发现黄龙病菌亚洲种和非洲种基因组中含有一套完整的 I 型分泌系统，而美洲种在分化后丢失（Thapa et al.，2020）。组成黄龙病菌 I 型分泌系统的 ABC 转运蛋白 PrtD（CLIBASIA_01350）与已知同源蛋白的相似度较低（27%），其核苷酸结合域（NBD）展示出更高的进化速率，并且其 Walker C 基序发生了替换（Li et al.，2012b）。因此，黄龙病菌的 I 型分泌系统是否具有蛋白分泌功能还有待验证。

3. 黄龙病菌依赖 Sec 的分泌途径

依赖 Sec 的分泌途径是革兰氏阴性细菌中蛋白质主要的跨膜运输机制，介导含有信号肽的蛋白质跨越细菌内膜到达细胞周质，这对于细菌的生存以及一些毒性因子的分泌至关重要。然而，不同于 I 型分泌系统，依赖 Sec 的蛋白分泌属于两步分泌途径，转运到周质的蛋白质还需要依赖其他分泌系统（如 II 型、IV 型和 V 型分泌系统）才能进一步跨越细菌外膜分泌到细菌胞外。黄龙病菌中存在完整的依赖 Sec 的分泌途径，但是除了 I 型分泌系统，在黄龙病菌中还未发现将蛋白质从周质转运到胞外的分泌机制，这意味着目前并不能确认转运到周质的蛋白质是否被分泌到细菌外。

4. 黄龙病菌 V 型分泌系统

细菌 V 型分泌系统又称为自分泌转运系统，仅由一个蛋白（自主转运蛋白）组成，能将其分泌到胞外。自主转运蛋白由依赖 Sec 的 N 端信号肽、中间的分泌重复序列（α-结构域）、C 端转运蛋白结构域（β-结构域）三部分组成。V 型分泌系统属于依赖 Sec 的分泌系统，首先 N 端信号肽介导由功能区转运至外周质，然后 C 端的 β-结构域在外膜上形成一个通道，从而将中间功能域运送至胞外，整个过程不消耗能量。Hao 等（2013）鉴定到黄龙病菌的原噬菌体编码的 2 个自主转运蛋白 LasA$_I$ 和 LasA$_{II}$。在大肠杆菌中表达时，LasA$_I$ 的 C 端和 LasA$_{II}$ 的全长定位于细菌表面的两极，在本氏烟草中表达时定位于线粒体。全长 LasA$_I$ 和 LasA$_{II}$ 在烟草中表达导致线粒体聚集、增大，叶绿体形态发生变化，这与感染黄龙病的长春花线粒体形态变化一致。这些结果表明在黄龙病菌侵染植物过程中，LasA$_I$ 和 LasA$_{II}$ 可能影响植物线粒体和叶绿体的功能（Hao et al.，2013）。

4.1.1.5　黄龙病菌的效应蛋白

1. 黄龙病菌的 I 型分泌蛋白

I 型分泌系统分泌的蛋白都含有 C 端分泌信号，具有一段富含天冬氨酸和甘氨酸的九肽重复序列（GGXGXDXUX），被称为 RTX（repeats-in-toxin）蛋白。RTX 蛋白具有水解酶和毒素等功能，它们在细菌与寄主及环境的互作过程中发挥重要作用。根据 C 端分泌信号和 RTX 序列预测到黄龙病菌基因组中存在 2 个基因编码潜在的 I 型分泌蛋白，分别是与 Serralysin 类似的金属蛋白酶（CLIBAIA_01345）和溶血素（CLIBAIA_01555），2 个基因都在植物中上调表达（Yan et al.，2013）。其中，CLIBAIA_01345 与 I 型分泌系统的 ABC 转运蛋白和膜融合蛋白的编码基因位于同一基因座（Cong et al.，2012）。目前 I 型分泌系统的功能及其分泌蛋白对黄龙病菌毒性的贡献还有待验证。综上所述，I 型分泌系统是黄龙病菌中已知的唯一可能将蛋白质直接分泌到胞外的分泌系统，可能在黄龙病菌与寄主的互作过程中发挥重要作用，对于黄龙病菌在韧皮部的定植具有重要意义。

2. 依赖 Sec 的分泌蛋白

对于许多病原菌，通过依赖 Sec 的分泌途径分泌的蛋白是病原菌重要的毒性因子。在同样以昆虫为传播媒介、定植于韧皮部的植原体中，这类依赖 Sec 的分泌途径的效应蛋白称为依赖 Sec 途径的效应蛋白（Sec-dependent effector，SDE）。这类分泌蛋白的 N 端含有 20～30 个氨基酸的信号肽，在信号肽的引导下以蛋白质前体的形式在细胞质中合成，而信号肽最终会被信号肽酶切割。根据这个特征，Prasad 等（2016）利用生物信息学分析工具对黄龙病菌含有信号肽的蛋白质进行预测，筛选到 166 个带有 N 端信号肽、依赖 Sec 途径的候选分泌蛋白。通过对大肠杆菌中的碱性磷酸酯酶展开研究，发现有 86 个蛋白质能够被大肠杆菌分泌到胞质外，并且当黄龙病菌在柑橘和柑橘木虱跨界寄主中定植时，很多基因表现出不同的表达水平，表明它们可能为潜在的 SDE，在与寄主互作过程中发挥作用（Yan et al.，2013；Prasad et al.，2016）。为了进一步缩小筛选范围，Thapa 等（2020）对 36 个韧皮部杆菌的基因组进行分析，经过筛选最终预测到黄龙病菌亚洲种中存在 31 个 SDE，其中 27 个 SDE 在 24 个菌株中保守，称为核心 SDE。结合实时荧光定量 PCR 和前人的研究数据，作者对 27 个核心 SDE 在柑橘和柑橘木虱中的表达模式进行分析。结果显示：17 个核心 SDE 在柑橘和柑橘木虱中都表达，其中 8 个在柑橘中的表达量较高、3 个在柑橘木虱中的表达量较高；6 个核心 SDE 在柑橘和柑橘木虱中都检测不到表达；2 个核心 SDE 只在柑橘木虱中表达；2 个核心 SDE 无法扩增。不同的表达模式也说明不同的 SDE 在黄龙病菌与植物或柑橘木虱互作过程中发挥的生物学功能可能不同（Thapa et al.，2020）。除此之外，Shi 等（2019）还分析了黄龙病菌候选效应蛋白在感病、耐病和抗病柑橘植物中的时空表达模式，鉴定到一些可能对病菌早期定植、抑制寄主耐受性及长期生存至关重要的候选效应蛋白基因。综上所述，黄龙病菌的效应蛋白不仅在柑橘和柑橘木虱寄主间有差异表达，而且在侵染过程中也是动态变化的。

4.1.1.6　黄龙病菌抑制植物免疫的策略

1. SDE 的生物学功能研究

随着对黄龙病菌依赖 Sec 途径的效应蛋白（SDE）的预测、分泌验证、表达模式分析，越来越多的研究开始关注 SDE 的生物学功能。例如，Pitino 等（2016）通过生物信息学方法预测到 16 个依赖 Sec 途径的候选效应蛋白，通过农杆菌介导的瞬时表达观察它们在本氏烟草亚细胞结构中的定位。其中一个效应蛋白 Las5315 定位于叶绿体，并且激发植物细胞坏死、H_2O_2 积累和胼胝质沉积。Liu 等（2019）报道了一个核心 SDE（CLIBASIA_00460）在 25℃时定位于植物细胞质和细胞核中，但当温度升至 32℃时，它在细胞核中的定位显著减弱。它能激发本氏烟草非常微弱的细胞坏死，但当融合核定位信号（NLS）使其定位到细胞核后，引起明显的黄化和细胞坏死。研究还发现 CLIBASIA_03915 和 CLIBASIA_04250 激发衰老叶片的韧皮部细胞坏死，由于黄龙病菌在韧皮部定植，这可能与其毒性功能相关（Li et al.，2020）。除了激发植物细胞坏死，研究人员还鉴定到抑制植物细胞坏死的效应蛋白 CLIBASIA_03875，瞬时过表达导致本氏烟草矮小、叶片变形及花叶症状，表明它可能抑制植物免疫，干扰植物生长和发育（Zhang et al.，2019）。

2. SDE1 通过与寄主靶标互作抑制植物免疫

SDE 作为黄龙病菌分泌的重要毒性因子，通过与寄主靶标蛋白互作发挥其毒性功能，随着对 SDE 寄主靶标蛋白的鉴定和功能解析，人们对黄龙病菌致病机理有了更深入的认识。Clark 等（2018）研究发现 SDE1（CLIBASIA_05315）在所有黄龙病菌亚洲种菌株中保守，并且它在柑橘中的表达量较高，是柑橘木虱中的 10 倍，表明 SDE1 可能在黄龙病菌侵染植物过程中发挥作用。SDE1 与柑橘多个木瓜蛋白酶样半胱氨酸蛋白酶（papain-like cysteine protease，PLCP）直接相互作用，并且抑制半胱氨酸蛋白酶活性。据报道，半胱氨酸蛋白酶能够调节拟南芥及茄科作物对细菌、真菌、卵菌等病原菌的抗性。在感染黄龙病菌后柑橘体内半胱氨酸蛋白酶的含量增加，然而总酶活却保持不变，说明半胱氨酸蛋白酶可能参与柑橘对黄龙病菌的防卫反应，但黄龙病菌又通过分泌的效应蛋白抑制其酶活（Clark et al.，2018）。由于依赖 Sec 途径的分泌蛋白被细菌分泌后可以沿韧皮部移动或者从韧皮部筛管细胞移动到邻近组织，

SDE1 也被当作检测黄龙病树的生物标志物。研究人员制备了特异结合 SDE1 的多克隆抗体，开发出一系列能够成功检测黄龙病菌感染的血清学方法，用于黄龙病树的检测（Pagliaccia et al.，2017）。在此基础上，研究人员进一步设计出对 SDE1 高度特异的单壁碳纳米管化学生物传感器，能够更加准确、灵敏地对黄龙病进行检测和诊断（Tran et al.，2020）。

此外，SDE15（CLIBASIA_04025）是植物免疫的广谱抑制子，可以抑制柑橘溃疡病菌激发的'邓肯葡萄柚'的过敏性坏死反应以及辣椒细菌性斑点病病原菌（*Xanthomonas vesicatoria*）效应蛋白 AvrBsT 激发的烟草细胞坏死。SDE15 与柑橘 CsACD2（ACCELERATED CELL DEATH 2）互作，并且其对免疫的抑制依赖 CsACD2。在柑橘中过表达 CsACD2 抑制植物免疫反应，促进黄龙病菌侵染，表明 CsACD2 是柑橘感病基因。由此可见黄龙病菌通过靶向柑橘感病因子抑制植物免疫反应（Pang et al.，2020）。

3. 黄龙病菌通过操纵水杨酸抑制植物免疫

水杨酸（SA）在介导植物对各种病原菌的免疫反应中发挥十分关键的作用，因此也常成为病原菌的攻击对象。Li 等（2017）鉴定到一个在所有已测序的黄龙病菌菌株中保守并且在柑橘中上调表达的基因 *SahA*（CLIBASIA_00255），它编码水杨酸羟化酶，能够将 SA 转化为不能诱导植物抗性的邻苯二酚，继而消除植物免疫反应。在本氏烟草中表达 *SahA* 消除非寄主病菌引发的 SA 积累并抑制过敏性坏死反应。黄龙病菌通过降解 SA，不仅增加了植物对致病和非致病黄单胞菌的感病性，还减弱了柑橘对外源 SA 的响应，说明操纵寄主 SA 的产生也是黄龙病菌抑制植物防卫反应的一种机制（Li et al.，2017）。

4. 黄龙病菌噬菌体编码的毒性因子

据报道，黄龙病菌携带了 2 个很相近的原噬菌体 SC1 和 SC2，只在植物韧皮部中观察到与黄龙病菌相关联的噬菌体颗粒，在柑橘木虱中，SC1 和 SC2 都只以原噬菌体的形式存在（Zhang et al.，2011）。SC2 编码一个清除活性氧（ROS）的过氧化物酶 SC2-gp095，它在植物中高表达。SC2-gp095 的表达增加 *Liberibacter crescens* 对过氧化氢的抗性；在烟草中表达 SC2-gp095 缓解 H_2O_2 诱导的植物 *rbohB* 基因（介导防御信号的主要氧化酶）的上调。因此，作者推测 SC2-gp095 是一个通过水平转移获得的效应蛋白，能够协助黄龙病菌克服植物免疫反应，抑制植物症状发展（Jain et al.，2015）。另一个来自噬菌体的基因 *LasP*$_{235}$（CLIBASIA_05525）定位于植物细胞核，表达 *LasP*$_{235}$ 的转基因'卡里佐枳橙'呈现出类似于黄龙病感染的症状，包括叶片萎黄以及植物生长阻滞；并且 *LasP*$_{235}$ 转基因柑橘中代谢途径和次级代谢物的积累发生显著变化（Hao et al.，2019）。综上所述，噬菌体编码的多个毒性因子可能与黄龙病菌的致病性相关。

4.1.2　柑橘对黄龙病病原细菌侵染的响应

感染黄龙病后柑橘叶片出现斑驳黄化、小叶等典型症状，产生品质低劣、味苦并且有异味的"青果"或"红鼻果"，树势逐渐衰退。在这些肉眼可见的症状背后，柑橘植物响应黄龙病菌侵染还会发生哪些变化？以下将从解剖结构的变化、生理代谢水平的变化以及组学分析三方面阐述柑橘对黄龙病菌侵染的响应。

4.1.2.1　柑橘响应黄龙病菌侵染解剖结构的变化

研究人员很早就发现黄龙病菌感染导致甜橙叶片韧皮部组织局部坏死、质体中出现大量的淀粉积累。由于黄龙病树叶片中的淀粉含量比健康叶片高出 20 倍，采用碘量法检测柑橘叶片中淀粉的高含量曾被当作柑橘黄龙病快速诊断的视觉指标（Takushi et al.，2007）。随后，越来越多的科学家利用光学显微镜、扫描电镜和透射电镜技术研究柑橘感染黄龙病后在解剖结构上的变化。Etxeberria 等（2009）通过观察甜橙中碳水化合物在整株树中的分布情况，发现淀粉在病树的叶片和叶柄的光合细胞、韧皮部筛管分子和维管薄壁组织以及茎的木质部薄壁组织中广泛积累；然而，病树根中淀粉含量显著减少，而健康树的根中含有大量的淀粉储备。因此，他们推测黄龙病感染引起的韧皮部堵塞干扰柑橘中碳水化合物在源—库之间的运输，使得柑橘根中淀粉严重缺乏，从而引发根表皮脱落、坏死，这可能是导致病树树势迅速衰退和死亡的原因（Etxeberria et al.，2009）。研究利用免疫胶体金标记进一步证实了不定形的胼胝质和纤维状的韧皮部蛋白 PP2 是造成筛管堵塞的主要物质，而黄龙病菌本身不足以直接导致堵塞（Kim et al.，2009；Achor et al.，2010）。此外，Achor 等（2010）还指出了黄龙病菌感染症状的发展顺序：首先黄龙病菌感染引起韧皮部组织堵塞或坏死，伴随着筛管细胞和伴胞细胞壁膨胀，紧接着一些韧皮部细胞崩塌，导致光合产物的运输受阻，淀粉在叶片中过量积累造成叶绿体类囊体结构损坏，最终导致叶片黄化。通过显微观察，多个研究都表明筛孔或胞间连丝的胼胝质沉积阻塞韧皮部从而抑制韧皮部物质运输，最终导致根部淀粉缺乏及破坏并影响黄龙病症状的发展（Koh et al.，2012；Fan et al.，2013）。然而，也有研究者通过对柑橘根系密度、淀粉贮藏量和维管系统解剖学的观察提出根部感染在病症发展中的重要性；他们认为在叶片出现黄化之前，根系感染就已经破坏了根系，根系的破坏与韧皮部堵塞引起的碳水化合物缺乏没有关系（Johnson et al.，2014）。樊晶（2010）通过光学显微镜和透射电镜观察比较了耐病粗柠檬和感病甜橙感染黄龙病后根、茎、叶显微结构的变化，发现感染黄龙病后粗柠檬解剖结构的改变比甜橙小，尤其是粗柠檬根系没有明显的变化，这可能对粗柠檬的耐病性有贡献（Fan et al.，2013）。另外，Deng 等（2019）的研究也表明与感病的'伏令夏橙'（*C. sinensis* cv. 'Valencia'）相比，感染黄龙病后，耐病品种 'Bearss' 柠檬和 'LB8-9

Sugar Belle®＇柑橘的韧皮部结构保存更加完整，并且耐病品种的韧皮部再生效果显著。因此，较低水平的韧皮部破坏和更大程度的韧皮部再生是柑橘品种耐黄龙病的两个关键因素（Deng et al.，2019）。

4.1.2.2　柑橘响应黄龙病菌侵染生理代谢水平的变化

1. 矿质元素的变化

柑橘根系在感染黄龙病后发生明显衰退，导致水分和矿质元素的吸收能力下降，使植株产生一系列生理改变。不同柑橘种质感染黄龙病后叶片矿质元素变化存在差异，如感病砂糖橘新叶中 N、P、K、Zn 含量显著低于正常砂糖橘，而感病‘沙田柚’（*C. maxima* cv. ‘Shatian You’）新叶中 N 和 P 含量与正常植株相比没有明显区别，Zn 含量在感病‘沙田柚’中更高（曹继容，2014）。在‘纽荷尔脐橙’（*C. sinensis* cv. ‘Newhall’）感病叶片中，Mg、Mn、Fe、Zn 含量显著下降（管冠等，2018）。然而，与感病叶片中矿质元素含量变化趋势不同的是，韦欣等（2019）发现感病‘纽荷尔脐橙’果实中 N、P、K、Ca、Mg、S、Al、Mn、Zn、B 等元素含量均显著高于正常果，感病砂糖橘果实中 Ca、Al、Mn、Zn、Fe 等元素含量也显著高于正常果。感染黄龙病柑橘叶片和果实中矿质元素的变化趋势表明矿质元素在植株感病后发生了再分配，其具体机制仍需进一步研究。

2. 碳水化合物的变化

碳水化合物在植物中的异常分布是柑橘感染黄龙病后的一大典型特征。众多研究都表明淀粉在叶片和叶柄中的光合细胞、韧皮部筛管分子和维管薄壁组织，茎的木质部薄壁组织等地上部分组织中大量积累；相反，淀粉在根中严重缺乏（Etxeberria et al.，2009；Kim et al.，2009）。通过化学成分鉴定和代谢组分析发现病果中糖含量低而酸含量高，柠檬苦素和黄酮类物质含量偏高，萜类化合物比例失调（Dagulo et al.，2010；Slisz et al.，2012；Kiefl et al.，2018；Yao et al.，2019）。此外，感染黄龙病的叶片中可溶性糖含量明显高于对照，但可溶性糖与淀粉含量的比值低于对照（吴越等，2015）。柑橘叶片中淀粉和可溶性糖含量的变化直接影响果实中碳水化合物的含量，在表现黄龙病症状的成熟果实中，淀粉和蔗糖含量显著低于正常成熟果实（Rosales and Burns，2011）。通过转录组和蛋白质组分析进一步明确了在感染黄龙病后，柑橘植株碳水化合物代谢包括蔗糖和淀粉的代谢及同化过程受到影响，导致营养物质从源到库的运输受阻（Liao and Burns，2012）。

3. 激素水平的变化

调控植物激素水平是植物-病原菌互作过程中植物的积极防御策略（Kazan and Lyons，

2014）。在柑橘–黄龙病菌互作过程中，植物激素同样发挥重要作用。感染黄龙病的果实中，吲哚乙酸（IAA）和脱落酸（ABA）浓度升高，而乙烯含量降低，其中 IAA 浓度过高可能与果实畸形有关，而 ABA 可能是果实对黄龙病菌的应答反应，乙烯含量减少导致"青果"或"红鼻果"的产生（Rosales and Burns，2011）。在感染黄龙病的叶片中，生长素、ABA、水杨酸、茉莉酸含量均呈现不同程度的升高，同时，这些激素的前体物质含量也显著增加（Nehela et al.，2018）。此外，多个研究发现黄龙病菌可以诱导激素代谢通路中相关基因的表达（Liao and Burns，2012；Nehela et al.，2018；Zhao et al.，2019）。柑橘在感染黄龙病后叶片和果实中多种激素水平发生显著改变，说明激素在柑橘–黄龙病菌互作过程中起着正向调控作用，这些研究为柑橘抗黄龙病育种提供了新的思路。

4. 次生代谢物的变化

此外，黄龙病严重影响柑橘果实类黄酮和挥发性物质的代谢。Baldwin 等（2010）以感病和正常'中甘甜橙'（*C. sinensis* cv. 'Midsweet'）榨汁测定果汁中次生代谢物和挥发性物质的含量，发现感病甜橙果汁中己醛、顺-3-己烯醇和芳樟醇含量显著降低，而乙醇含量显著增加；而在次生代谢物中，羟基肉桂酸、没食子鞣质、芸香柚皮苷、芸香柚皮苷-4′-葡萄糖苷、柠檬苦素葡萄糖苷、诺米林、诺米林葡萄糖苷及诺米林酸葡萄糖苷的含量在感病'中甘甜橙'果汁中均显著升高。Hijaz 等（2013）通过液相色谱–质谱联用技术（HPLC-MS）测定'哈姆林甜橙'（*C. sinensis* cv. 'Hamlin'）和'伏令夏橙'叶片中的次生代谢物质发现，与对照相比，在感病叶片中 4 种羟基肉桂酸类化合物的含量增加 10 倍以上。Yao 等（2019）使用气相色谱–质谱联用技术（GC-MS）鉴定感病和正常'伏令夏橙'果实中的代谢物质，其中，巴伦西亚橘烯、柠檬烯、3-蒈烯、芳樟醇、月桂烯和±-松油醇等物质在感病果实中的含量显著低于正常果。石莹等（2020）系统分析了感病和正常'茶枝柑'果实中类黄酮和挥发性物质的含量差异，发现多种类黄酮（如橘皮素）和挥发性物质（如 α-蒎烯、辛醛等）在感病果皮中含量显著增加，而氮甲基邻氨基苯甲酸甲酯、胡椒烯等含量显著减少。

总之，黄龙病菌的入侵导致柑橘生理代谢水平受到严重影响，引起柑橘多个组织的矿质元素、糖类、激素类、类黄酮以及挥发性物质含量的变化，这种变化可能源自柑橘对黄龙病菌的应答或免疫反应，也可能是黄龙病菌在柑橘体内增殖造成的间接结果。以上研究为开发生物标志物提供了数据和技术支撑，为进一步筛选抗性品种、解析柑橘种质耐病抗病机制奠定了基础。

4.1.2.3　柑橘响应黄龙病菌侵染的组学分析

最近 20 年，基因芯片、转录组学、蛋白质组学、代谢组学等生物前沿技术发展迅猛，为研究黄龙病菌与柑橘互作提供了重要的技术支撑。针对这种系统性病害，科学家以葡萄柚（*C. paradisi*）、甜橙（*C. sinensis*）、宽皮橘（*C. reticulata*）、柠檬（*C. limon*）、青柠（*C. aurantifolia*）等为研究材料，分别收集根、茎、叶、果实等植物器官，从转录、翻译、代谢等不同层面入手，系统分析了黄龙病菌侵染对柑橘生长和发育的影响。目前，柑橘黄龙病菌亚洲种（*C*Las）在全球柑橘产区分布最广、危害最为严重，因而现有组学研究主要围绕 *C*Las 与柑橘互作展开。本章节汇集了近年来科学家利用组学技术在柑橘黄龙病研究领域取得的重要进展，分别从营养器官（根、茎、叶）、生殖器官（果实）两个角度阐述 *C*Las 与柑橘互作的分子基础。

1. *C*Las 与柑橘营养器官互作的组学分析

（1）光合作用

叶片是植物进行光合作用的主要器官。柑橘黄龙病的典型症状之一是叶片黄化或斑驳，因而严重影响柑橘的光合作用。以'凤梨甜橙'（*C. sinensis* cv. 'Pineapple'）、'蕉柑'（*C. reticulata* cv. 'Jiaogan'）为例，其显症叶片的转录组分析显示：植物光合系统的多个关键蛋白，如捕光蛋白复合体Ⅱ叶绿素 a/b 结合蛋白、光系统Ⅰ亚基 O 与亚基 N、光系统Ⅱ PsbP 蛋白、Rubisco 激活酶、细胞色素 b6f 蛋白复合亚基、镁螯合酶亚基 CHLⅠ等，其编码基因的表达水平明显下降（Xu et al., 2015；Hu et al., 2017）。另外，对'墨西哥青柠'的分析表明，与 *C*Las 接种后 8 周的无症状叶片相比，在接种 16 周后的显症叶片中组成光系统Ⅰ和Ⅱ、捕光蛋白复合体、环式电子流、卡尔文循环等的关键蛋白的编码基因表达下调的数量明显增多（Arce-Leal et al., 2020）。但是，对'马蜂柑'（*C. hystrix*）叶片进行转录组分析显示 *C*Las 侵染对叶绿素 a/b 结合蛋白、光系统Ⅰ亚基 O、光系统Ⅱ PsbP 蛋白等编码基因的表达没有明显影响，推测其可能与'马蜂柑'相对耐病的特性相关（Hu et al., 2017）。

（2）碳水化合物代谢

*C*Las 侵染能够引发柑橘茎、叶中淀粉超量积累，但对根部淀粉积累没有明显影响。研究对感病甜橙的根、茎、叶分别进行转录组分析，对照健康植株，结果表明：在感病植株的茎、叶中，参与淀粉合成和启动淀粉颗粒合成的关键基因，如编码淀粉合成酶、ADP-葡萄糖焦磷酸化酶大亚基 3（APL3）、颗粒结合型淀粉合成酶（GBSS）等的基因，表达水平显著上调，而催化淀粉降解的外淀粉酶——β-淀粉酶 1（BMY1）表达水平降低（Aritua et al., 2013；Hu et al., 2017）；但在感病植株的根部，淀粉合成与降解相关基因的表达水平均没有明显变化，与细胞生物学观察结果一致（Aritua et al., 2013）。转录组分析接种后 25 个月的'蕉柑'叶片发现，*C*Las 侵染同样抑制了 β-淀粉酶编码基因的表达，而淀粉合成酶、ADP-葡萄糖焦磷酸

化酶与颗粒结合型淀粉合成酶等相关基因的表达水平明显提高（Xu et al.，2015）。值得注意的是，在耐病品种'马蜂柑'叶片组织中，上述淀粉合成与降解相关基因的表达水平均没有显著变化（Hu et al.，2017）。此外，对'椪柑'（*C. reticulata* cv. 'Ponkan'）的研究显示，在接种后 13 周的叶片中，ADP-葡萄糖焦磷酸化酶、β-淀粉酶的编码基因表达水平显著下调；相反，这两个基因在接种后 26 周的叶片中均为上调表达（Zhong et al.，2016）。上述研究数据表明 CLas 侵染对不同柑橘品种的碳水化合物代谢途径影响有一定的差异，同时 CLas 在不同侵染阶段对碳水化合物代谢影响可能截然相反。

（3）激素合成与信号转导

植物激素包括生长素（auxin）、水杨酸（SA）、乙烯（ET）、脱落酸（ABA）、细胞分裂素（CTK）、赤霉素（GA）、油菜素内酯（BR）等，是植物应答生物与非生物逆境的重要信号分子。转录组分析显示，CLas 侵染严重干扰了柑橘激素的正常合成与信号转导。以'凤梨甜橙'和'伏令夏橙'显症叶片为例，生长素响应蛋白 SAUR72 和 IAA1、水杨酸羧基甲基转移酶（SAMT）、调控水杨酸代谢平衡的 UDP-糖基转移酶（UDP-glycosyltransferase）等编码基因的表达明显下调；相反，介导乙烯转导的 EREBP、ERF9、ACO6、EBF1 及介导油菜素内酯信号转导的 FON1、ZED1 表达水平均明显提高（Fu et al.，2016；Hu et al.，2017）。对感病的'椪柑'叶片分析显示，在接种后 13 周，大约 40 个与脱落酸、生长素、油菜素内酯、细胞分裂素、乙烯、赤霉素等合成与转导相关基因的表达受到明显抑制，但在接种后 26 周，超过 50 个与上述激素合成与转导相关基因的表达水平显著上调（Zhong et al.，2016），呈现"先抑后扬"的表达特征。Zhong 等（2015）对 CLas 侵染的贡柑根部进行分析，同样发现细胞分裂素、脱落酸、赤霉素、油菜素内酯等合成与转导相关基因的表达下调。但是，对感病'墨西哥青柠'进行研究发现，水杨酸信号转导基因在接种后 8 周的无症状叶片与 16 周的显症叶片中上调表达，而脱落酸、生长素、油菜素内酯信号转导相关基因则呈现"先扬后抑"的表达模式（Arce-Leal et al.，2020）。此外，利用基因芯片技术分析 CLas 侵染甜橙的叶片转录组，共鉴定了 19 个与赤霉素、生长素、细胞分裂素、乙烯、脱落酸代谢相关的基因表达上调，但水杨酸代谢相关基因的表达均没有显著变化（Kim et al.，2009）。这些研究数据表明 CLas 侵染对激素合成与信号转导的影响与柑橘品种、侵染阶段均密切相关。

茉莉酸（JA）是启动植物抗虫反应的重要植物激素。转录组分析表明，在 CLas 侵染的'凤梨甜橙'（Hu et al.，2017）、'伏令夏橙'（Fu et al.，2016）、'椪柑'（Zhong et al.，2016）、'蕉柑'（Xu et al.，2015）等叶片组织中，茉莉酸合成酶编码基因 LOX2 表达水平明显提高，暗示 CLas 侵染可能促进柑橘茉莉酸的合成与信号转导，干扰柑橘木虱的取食。但是，在'墨西哥青柠'叶片中，CLas 侵染显著抑制了茉莉酸信号转导基因的表达（Arce-Leal et al.，2020）。

（4）免疫应答

免疫应答是植物抵御病原侵染的重要机制。对甜橙（Aritua et al.，2013；Fu et al.，2016；Hu et al.，2017）、柠檬（Fan et al.，2012）、'马蜂柑'（Hu et al.，2017）、'蕉柑'（Xu et al.，2015）、'椪柑'（Zhong et al.，2016）等不同柑橘材料进行分析发现，在 CLas 侵染条件下，受体蛋白激酶、R 基因、蛋白酶抑制剂、病程相关蛋白、谷胱甘肽转移酶、超敏反应相关激酶、钙调素等多种植物免疫应答相关基因表达水平上调。蛋白质组分析显示：对照脐橙（高度感病），在'沃尔卡姆柠檬'（中等耐病）叶片中，有 4 种谷胱甘肽转移酶的表达水平显著提高（Martinelli et al.，2016）。由此可见，柑橘在 CLas 侵染过程中产生了免疫反应。但截至目前，科学家尚未发现对 CLas 表现免疫的柑橘栽培品种甚至远缘种，因而推测柑橘长期进化的免疫体系无法抵御 CLas 侵染。在缺乏有效抗病品种资源的情况下，如何培育柑橘抗 CLas 新品种是科学家面临的一个巨大挑战。

（5）细胞壁合成

细胞壁具有重要的机械支撑作用，同时也是植物抵御病原菌侵染的第一道防线。木葡聚糖是细胞壁中的一种主要的半纤维素成分，由木葡聚糖内糖基转移酶（XET）参与合成。在 CLas 侵染的甜橙叶片中，XET 基因明显上调表达（Aritua et al.，2013；Fu et al.，2016；Hu et al.，2017），但在茎中表现为下调（Aritua et al.，2013）。纤维素合成酶、扩展蛋白（expansin）均与细胞壁强度相关。研究人员对'伏令夏橙'（Fu et al.，2016）、'凤梨甜橙'（Hu et al.，2017）的显症叶片，'墨西哥青柠'的无症状叶片分别进行分析，结果显示多种扩展蛋白编码基因（EXLA1、EXPA5、EXLB1）表达水平显著上调，而纤维素合成酶编码基因（CESA2、CESA5、CESA9）表达水平下调。由此推测 CLas 侵染可能导致细胞壁疏松，易受病原菌侵染。在'马蜂柑'的显症叶片中，XET 基因表达没有明显变化，但 CESA2 和 CESA9 均上调表达，推测其可能与'马蜂柑'耐 CLas 特性相关（Hu et al.，2017）。

（6）韧皮部功能

CLas 能够引发柑橘韧皮部胼胝质沉积、韧皮部蛋白 PP2 凝结，导致筛孔堵塞，从而破坏韧皮部的正常功能，干扰同化产物运输。转录组分析感病甜橙的显症叶片，发现韧皮部蛋白编码基因 PP2-B13、PP2-B15、PP2-B10、PP2-B14 均上调表达（Kim et al.，2009；Fu et al.，2016）；对贡柑根部进行分析，同样发现多个韧皮部蛋白编码基因 PP2-B10、PP2-B15、PP2-B11、PP2-A13、PP2-A1、PP2-A9 表达水平显著提高（Zhong et al.，2015）。对椪柑分析发现，在 CLas 接种第 13 周，其无症状叶片中 PP2-B2 和 PP2A-1 上调表达，而在接种后第 26 周的显症叶片中 PP2-A12 表达水平上调（Zhong et al.，2016），表明 CLas 侵染的不同时期可能影响不同 PP2 编码基因的表达。韧皮部蛋白 PP2 上调表达及胼胝质超量沉积是柑橘韧皮部应对 CLas 侵染的重要防卫反应，但两者的过量表达又造成感病柑橘的筛管堵塞，干扰韧皮部运输功能，最终造成树体死亡。因此，在柑橘抗病育种过程中，如何平衡韧皮部防卫反应与正常运输功能的关系值得探讨。

（7）次生代谢

次生代谢物是一类在植物防卫反应中具有重要作用的小分子化合物。对 CLas 侵染的不同柑橘品种进行转录组分析发现，在‘蕉柑’、葡萄柚、甜橙、‘马蜂柑’的叶片中，大多数参与萜类、黄酮、苯丙素类等次生代谢物合成的相关基因表达水平均明显提高（Xu et al.，2015；Fu et al.，2016；Wang et al.，2016；Hu et al.，2017），但在红橘根部表现为下调（Zhong et al.，2015）。研究‘椪柑’发现，在 CLas 接种后第 13 周的无症状叶片中，大部分次生代谢物合成的相关基因下调表达，但在第 26 周的显症叶片中则表现为上调（Zhong et al.，2016）。另外，在‘凤梨甜橙’的显症叶片中，大多数次生代谢物合成的相关基因的表达降低（Hu et al.，2017）。由此表明，次生代谢物合成的相关基因在 CLas 侵染不同阶段、不同的柑橘品种、不同的组织中可能出现不同的表达模式。

利用 HPLC-MS 分析‘瓦伦西亚甜橙’和‘哈姆林甜橙’叶片的代谢谱，结果显示 CLas 接种后第 23 周的叶片与第 3 周叶片类似，但在第 27 周后的叶片中，黄酮苷、多甲氧基黄酮，羟基肉桂酸等次生代谢物显著提高，特别是羟基肉桂酸类化合物增加超过 10 倍，推测其可能与柑橘防卫反应直接相关（Hijaz et al.，2013）。以‘卡里佐枳橙’为砧木，分别嫁接健康或感病的‘里斯本柠檬’与脐橙接穗，6 个月后分析根系的代谢谱，发现在嫁接 CLas 侵染的‘里斯本柠檬’与脐橙的砧木根部，果糖、麦芽糖、脯氨酸、天冬氨酸等均明显降低，但葫芦巴碱含量提高。现有研究表明，葫芦巴碱具有调控细胞周期、提高植物抗非生物逆境的功能，因而这种化合物在柑橘根系与 CLas 互作过程中的生物学功能值得深入研究（Padhi et al.，2019）。另外，对砂糖橘显症果皮的代谢组分析显示，苯丙素、有机酸、氨基酸、黄酮等化合物均明显降低，特别是苯丙素的生物合成受到显著抑制（Wang et al.，2020）。

（8）营养元素吸收与运输

柑橘感染黄龙病后严重影响营养元素吸收、转运，通常表现缺 P、N、Zn、Fe 等。转录组分析显示，参与 Zn 稳态调控和螯合的两类蛋白，即 Zn 转运蛋白（ZIP1、ZIP4 和 ZIP5）和 Zn 诱导易化因子（ZIF1），在感染黄龙病菌美洲种（CLam）的‘Pera’甜橙叶片中转录表达均显著上调（Mafra et al.，2013）；P 转运蛋白 3（PHT3）在 CLas 侵染的‘伏令夏橙’茎中也呈现上调表达（Aritua et al.，2013）。此外，在 CLas 侵染的红橘根中，Zn 转运蛋白、P 转运蛋白编码基因的表达同样显著提高（Zhong et al.，2015）。转录组分析同时发现，CLas 侵染抑制了红橘根中铁螯合还原酶编码基因 FRO2、FRO7、FRO8 的表达（Zhong et al.，2015）。铁螯合还原酶具有将不可溶性的 Fe^{3+} 还原为可溶性的 Fe^{2+} 的功能，由此可能引发缺铁症状。另外，CLas 侵染诱导'瓦伦西亚甜橙'茎中 N 转运蛋白 NRT1、NRT1:2 的上调表达（Aritua et al.，2013），但抑制红橘根中 NRT2:1 和 NRT2:5 的表达（Zhong et al.，2015）。CLas 侵染导致多种柑橘营养元素转运相关基因的异常表达，可能直接影响 Zn、P、N、Fe 的吸收，引发柑橘黄龙病的典型缺素症状。

2. CLas 与柑橘果实互作的组学分析

黄龙病病果与健康果实相比，在大小、质量、碳水化合物含量、果汁品质等方面均显著下降，种子数量减少且败育，果实着色差、畸形、异味。Liao 和 Burns（2012）以'哈姆林甜橙'和'伏令夏橙'为研究材料进行分析，发现在显症果实的外皮、维管组织中碳水化合物代谢途径受到明显调控，其中葡萄糖-6-磷酸转运蛋白、糖转运蛋白、淀粉合成等相关基因表达下调，而蔗糖酶抑制剂、海藻糖合成、肌醇代谢等相关基因表达水平提高。研究同时发现，参与细胞发育和细胞壁代谢的角质转运蛋白编码基因表达下调，而果胶酯酶抑制剂编码基因表达显著上调。另外，CLas 诱导介导活性氧清除的硫氧还蛋白、氧化还原酶、蛋白质二硫化物异构酶等编码基因的上调表达，但抑制 4-香豆酸-CoA 连接酶、对香豆酸-3-羟化酶等类黄酮生物合成基因的表达。Yao 等（2019）对'伏令夏橙'显症病果的果肉进行蛋白质组分析，发现参与糖酵解、三羧酸循环、氨基酸合成、萜类代谢等生物途径的多个重要蛋白表达水平显著降低，代谢组分析则发现蔗糖、葡萄糖、巴伦西亚橘烯、柠檬烯、3-蒈烯、芳樟醇、月桂烯、α-松油醇等含量均显著下降。由此可见，CLas 侵染干扰了柑橘果实的碳水化合物代谢和次生代谢物合成，最终严重影响柑橘果实的商品价值。

果实中植物激素的代谢与其脱落密切相关。通常来说，乙烯、茉莉酸、脱落酸促进落果，而生长素、赤霉素、油菜素内酯抑制果实脱落。以'哈姆林甜橙'为例，研究发现，相比健康植株的落果，CLas 侵染植株的落果产生大量的乙烯、茉莉酸，但脱落酸产量显著减少；此外，生长素与水杨酸产量没有显著变化（Zhao et al.，2019）。研究利用基因芯片分析'哈姆林甜橙'和'伏令夏橙'的显症果实，发现在外皮、维管组织中茉莉酸合成的关键酶 12-氧-植物二烯酸还原酶（OPR）编码基因表达水平显著上调，而 ABA 合成关键酶 9-顺式环氧类胡萝卜素双加氧酶（CsNCED）、赤霉素相关蛋白等编码基因表达下调。此外，在显症果实的外皮中，乙烯合成关键酶——1-氨基环丙烷基-1-羧酸（ACC）氧化酶编码基因表达下调，但在微管组织中显著上调（Liao and Burns，2012）。转录组分析感病'伏令夏橙'的果皮，结果显示：在无症状与显症果实中，生长素合成基因 *GH3.1* 和 *GH3.4* 均上调表达；但在显症果实中，大部分赤霉素与细胞分裂素相关基因表达水平降低（Martinelli et al.，2012）。果实脱落发生在位于花萼的离区（abscission zone）。转录组分析'哈姆林甜橙'离区，结果表明：与健康果实相比，在黄龙病落果中茉莉酸合成相关因子（LOX3、OPR1、OPR2、JMT、JAR1）、ACC 氧化酶、乙烯响应因子（ERF）等相关基因表达水平显著上调，而脱落酸、生长素、赤霉素、细胞分裂素、油菜素内酯合成的相关基因普遍下调表达（Zhao et al.，2019）。

综合上述研究数据可以推测，CLas 侵染促进了果实中茉莉酸、乙烯的产生，从而引发落果。但是，利用 iTRAQ 分析'伏令夏橙'果肉组织，发现 CLas 侵染显著降低了茉莉酸合成关键基因 *AOC4* 与信号转导相关基因 *ASK2*、*RUB1*、*SKP1*、*HSP70T-2*、*HSP90.1* 的表达，同时普遍抑制了生长素、脱落酸、乙烯、细胞分裂素、水杨酸等激素信号转导途径相关基因的表达（Yao et al.，2020）。因此，果实不同组织响应 CLas 侵染的分子机制可能截然相反。

4.2　柑橘木虱传菌及其免疫机制

柑橘木虱不仅是柑橘新梢期的主要害虫，还是田间传播黄龙病的自然媒介，是造成黄龙病大规模暴发的重要原因。柑橘木虱包括亚洲柑橘木虱（*Diaphorina citri*）、非洲柑橘木虱（*Trioza erytreae*）、柚喀木虱（*Cacopsylla citrisuga*）等。亚洲柑橘木虱为耐热型，主要传播 CLas 和 CLam，而非洲柑橘木虱属于热敏感型，主要传播 CLaf，在试验条件下这两种木虱都能传播 CLas 和 CLaf；柚喀木虱主要传播 CLas，但其分布范围窄，已知分布于我国西南高海拔地区和广西部分山区。我国发生的黄龙病病原菌为 CLas，主要由亚洲柑橘木虱传播。

亚洲柑橘木虱传播黄龙病历经获菌、循回和传菌等多个阶段，各阶段均对柑橘木虱的传病效率至关重要。首先，柑橘木虱通过刺吸式口器取食带病植株后，病菌通过口针进入肠道，在中肠上皮细胞快速增殖，随后进入血腔继续繁殖，并逐渐扩散至其他组织，最终进入唾液腺，此时柑橘木虱即具有传播黄龙病菌的能力，再次取食时病菌随唾液侵入新的寄主植物（宋杨和罗育发，2017）。因此，柑橘木虱一旦获菌便终身带菌，循回期后便可终身传毒，甚至还可以通过卵巢将病菌传给后代（Mann et al.，2011）。

4.2.1　柑橘木虱的获菌特性

柑橘木虱口针穿透带病植株表皮，到达富含黄龙病菌的韧皮部，并获得足够病菌得以增殖所需的时间为获菌时间。柑橘木虱在若虫期和成虫期均能获菌，且高龄若虫期获菌率比成虫期高，如亚洲柑橘木虱四龄或五龄若虫获菌率较高。柑橘木虱的获菌率与多种因素有关。首先，取食黄龙病病株的时间长短会影响柑橘木虱的获菌能力，亚洲柑橘木虱对 CLas 的获菌时间为 15～30min 甚至长达 5h 以上（Halbert and Manjunath，2004），若虫饲菌 1～7d 的带菌率为 49%～59%，饲菌 24h 内，带菌率不足 6%，饲菌 2～7d 柑橘木虱的带菌率逐渐提高到 50%，而饲菌 7d 后，柑橘木虱的饲菌率维持在 50% 左右，表明随着持续获毒时间的增加，柑橘木虱的带菌率逐渐增加并达到峰值；而成虫饲菌 1～7d 的带菌率为 8%～29%，说明若虫的获菌能力大于成虫的获菌能力，这与柑橘木虱取食需求度和免疫系统完整性有较大的关联。其次，柑橘木虱的获菌率与植株感染 CLas 的水平呈正相关，成虫在不同带病柑橘植株上取食的获菌率相差较大，为 13%～100%（Coy and Stelinski，2015）。余继华等（2017）发现感染黄龙病的橘树一年内的带菌量不断变化，全年中以 12 月为最高，显著高于除 11 月以外的其他月份；研究采集感染黄龙病的橘树上的亚洲柑橘木虱，每月检测其带菌比例，发现亚洲柑橘木虱带菌率在一年中以 12 月为最高，显著高于除 1 月以外的其他月份，表明感染黄龙病橘树的带菌量直接影响亚洲柑橘木虱的带菌率。最后，柑橘木虱的获菌率还受植物成熟度的影响。健康柑橘木虱成虫在病树的不同部位取食 8h 后，获菌率从高到低依次为成熟叶、嫩叶和嫩芽（Luo et al.，2015）。黄金萍等（2015）发现柑橘木虱成虫取食马水橘 3 个部位的获菌率从高到低依次为成熟叶、嫩梢和老叶，而取食酸橘 3 个部位的获菌率依次为老叶、成熟叶和嫩梢，这种差异可能与病原在两个品种各个部位的浓度差异有关。田间管理水平、地理位置的不同也是导致柑橘木虱获菌率存在较大差异的因素（胡燕等，2016）。

4.2.2　CLas 在柑橘木虱体内的侵染特性

黄龙病菌进入柑橘木虱体内增殖到一定数量后，使之具备传菌能力所花费的时间即循回期。随着显微镜、荧光定量 PCR、扫描电镜及荧光原位杂交（FISH）等检测黄龙病菌技术的不断发展，逐渐明确柑橘木虱的唾液腺、消化道、过滤室、马氏管、血淋巴、肌肉、脂肪组织和卵巢中均存在 CLas，表明 CLas 能够系统侵染柑橘木虱（Grafton-Cardwell et al.，2013）。CLas 在柑橘木虱体内的循回期长短不一，为 3～27d，现在普遍认同病原菌在柑橘木虱体内的循回期为 15～20d。傅致君（2018）通过 FISH 技术对 CLas 侵染不同时间后在柑橘木虱消化系统内的分布进行系统分析，发现 CLas 首先通过口针穿过前肠、滤室到达中肠系统；饲菌后 2～6d，CLas 分布在滤室、前中肠；饲菌后 8d，CLas 分布在柑橘木虱的中肠和血淋巴；饲菌后 12d，在柑橘木虱的中肠仍可观察到 CLas，同时唾液腺中也有 CLas 的分布；饲菌后 15d，柑橘木虱的消化道被 CLas 系统侵染；饲菌后 18d，CLas 在柑橘木虱的唾液腺完成系统性侵染，实现 CLas 在柑橘木虱体内的侵染循回过程。由此表明，CLas 在柑橘木虱的中肠上皮细胞建立初侵染点，并由此扩散至外层肌肉层，突破中肠释放屏障并扩散至血淋巴，通过血淋巴系统侵染唾液腺，突破唾液腺释放屏障后完成在介体柑橘木虱体内的侵染循回过程。在其扩散过程中，病菌通过受体和配体间的相互作用附着在昆虫细胞表面，利用胞吞作用进入细胞，并逐步穿过细胞进入血淋巴、卵巢和唾液腺等组织器官。

病原菌随介体昆虫的生长不断增殖，因此病原菌滴度在每个龄期都会增加（任素丽等，2018）。与 CLas 在成虫中的繁殖能力相比较，若虫中的繁殖水平较高。CLas 在各组织器官中的感染水平存在显著差异，其中中肠细胞和唾液腺外皮层的含菌量最高（Ammar et al.，2011）。在田间柑橘木虱种群内，CLas 含量呈动态变化，单头柑橘木虱含菌量为 10^3～10^7CFU/头，其中 3 月含菌量最低，4～5 月含菌量最高（Ukuda-Hosokawa et al.，2015）。此外，柑橘木虱在若虫期获菌后，若不再取食带病植株，其体内 CLas 含量在成虫期会呈下降的趋势（Pelzstelinski et al.，2010）。柑橘黄龙病菌在柑橘木虱的二龄至五龄若虫及成虫中都有感染，但其含量与分布形式因发育阶段不同而有显著差异（任素丽等，2018）。卵和各龄期若虫中黄龙病菌的含量随着龄期的变大而不断增多。产卵盛期的成虫柑橘木虱体内黄龙病菌的含量最高，显著高于产卵前期及产卵后期。研究采用荧光原位杂交技术可以检测到黄龙病菌在四龄、五龄柑橘木虱若虫胸部和腹部主要呈"U"型结构分布，而在雌、雄成虫体内均呈散布型分布（任素丽等，2018）。

4.2.3　柑橘木虱的传菌特性

柑橘木虱取食时通过唾液腺将足够数量的病菌转移到健康植株所需的时间即传菌时间。柑橘木虱二龄至五龄若虫和成虫都能携带病原菌，一旦获菌就具有终生传病的能力，能间断传染多株实验苗，属于持久性传染的机制（Inoue et al.，2009）。亚洲柑橘木虱大龄若虫获得黄龙病菌的能力较强，一般四龄或五龄若虫和成虫一样具有传播 CLas 的能力，而一龄至三龄若虫则一般不传播。有研究表明柑橘木虱体内黄龙病菌滴度达到一定阈值（$1×10^6$CFU/头）后才可以传播（Ukuda-Hosokawa et al.，2015），因此低龄若虫一般不具有传菌能力。柑橘木虱的传病时间一般为 15min 至 7h，带菌的柑橘木虱成虫在柑橘嫩苗上取食 5h 以上就具有传病能力（Grafton-Cardwell et al.，2013），同时，嫩梢的存在会大大提高柑橘木虱的传病率（Hall et al.，2016）。由于 CLas 在若虫中的繁殖水平较高，若虫获菌后成虫传病能力比成虫获菌后的传病能力强。Pelzstelinski 等（2010）的研究表明 3.6% 的雌性柑橘木虱能借助卵进行垂直传播，Mann 等（2011）的相关实验表明带病雄成虫可以通过交配将病原体传给健康雌成虫，传播率约为 4%；而带病雌成虫与健康雄成虫以及同性之间不存在该现象，并且在雌成虫、雄成虫的生殖器及雌成虫的卵中均能检测到 CLas，说明 CLas 在柑橘木虱体内不仅能够水平传播，还存在垂直传播的现象。虽然垂直传播和性传播的效率很低，但在柑橘木虱种群基数大、繁殖力高和种群密度高的情况下，携带病原菌的柑橘木虱的数量进一步扩大，同时这也是对

柑橘木虱传播 *CLas* 能力的补充，这也许是柑橘木虱个体对病原菌的传播效率很低的情况下柑橘黄龙病还能大规模传播的原因（Mann et al.，2011）。因此，垂直传播和性传播是对水平传播的一种补充，也是黄龙病菌持续保存的一种机制。

4.2.4　柑橘木虱对黄龙病病原细菌的免疫机制

昆虫免疫防御是昆虫排斥外源抗原的能力，包括细胞免疫和体液免疫，主要通过昆虫的血淋巴系统实现。柑橘木虱免疫系统同样具有对黄龙病菌的防御能力，然而黄龙病菌能够抑制柑橘木虱免疫相关基因的表达（宋杨和罗育发，2017）。例如，在带菌柑橘木虱若虫体内蛋白酶及其转运复合物的基因表达水平下调，使得免疫系统合成、释放与免疫相关的蛋白酶的能力下降，黄龙病菌得以继续在柑橘木虱体内繁殖（Tiwari et al.，2011）。然而，与柑橘木虱若虫相比，成虫的获菌能力却明显下降（Vyas et al.，2015）。柑橘木虱若虫时期获菌后，大部分具有传菌能力，而其羽化后成虫的获菌能力下降，可能是成虫的免疫系统进一步完善并在抗菌过程中发挥了重要的作用（Inoue et al.，2009；Pelzstelinski et al.，2010）。

CLas 侵染柑橘木虱若虫早期，细胞黏附力、生物膜形成、运动及淋巴循环相关蛋白都差异表达，如与细胞黏附力有关的层粘连蛋白（laminin）在 *CLas* 侵染的柑橘木虱若虫中上调表达，该蛋白参与表皮膜的形成，其上调表达可有效应对 *CLas* 侵入细胞、组织、器官时造成的生物膜损伤；而连接肌动蛋白骨架和黏着受体的黏着斑蛋白（vinculin）以及包含黏着斑蛋白结合位点的踝蛋白（talin）均下调表达，有利于 *CLas* 侵入寄主细胞（Vyas et al.，2015）。另外，与发育、形态建成、先天免疫等相关的基因都显著上调表达，表明 *CLas* 能抑制柑橘木虱的基础免疫，调控若虫发育并影响幼龄期的长短，从而有利于 *CLas* 对柑橘木虱的侵染并在其体内增殖、循环（Vyas et al.，2015）。*CLas* 侵染柑橘木虱成虫后，防卫和免疫反应相关基因相对于若虫显著上调表达，如 GTP 酶 Rho 家族的成员 Rac1 上调表达，激活 Jun N 端激酶（Jun N-terminus kinase，JNK）和丝裂原活化蛋白激酶激酶（mitogen-activated protein kinase kinase，MAPKK），从而抵御 *CLas* 的侵入。由此说明柑橘木虱成虫具备更加有效的免疫防卫系统，使其能够更好地抵御 *CLas* 的侵染。

与 *CLas* 侵染影响柑橘木虱肠道和整个昆虫体内数以百计的蛋白和多样化的代谢途径相比，*CLas* 对血淋巴的影响是特异的，局限于关键的免疫和代谢途径。其中卵黄原蛋白表达丰富，对 *CLas* 反应灵敏，且在雄性和雌性昆虫中均表达，可能具有参与生殖之外的功能。脂肪酸合成蛋白以及与能量生成相关的代谢蛋白的表达水平均上调，表明柑橘木虱个体在被 *CLas* 侵染的植物上取食时，会经历强烈的饥饿。对蛋白翻译后修饰的预测明确了 *CLas* 存在时血淋巴蛋白发生磷酸化和乙酰化。由此表明 *CLas* 特异性地在血淋巴中引起宿主和内共生菌免疫与代谢途径的变化（Kruse et al.，2018）。

4.3　柑橘黄龙病病原细菌调控寄主影响柑橘木虱行为的机制

柑橘黄龙病菌、柑橘木虱和寄主植物三者之间存在复杂的互作关系。黄龙病菌的侵染不仅直接影响寄主植物的生长发育，而且能够间接影响传播介体柑橘木虱的行为，包括柑橘木虱的生长发育、取食趋向性和取食行为等。

4.3.1　CLas 对柑橘的侵染能够影响柑橘木虱的取食趋向性

柑橘木虱以芸香科植物为食，寄主植物的差异导致柑橘木虱的取食趋向性。首先，叶片的成熟度对柑橘木虱的选择有一定影响，在同一植株上取食时趋向取食嫩梢，经常把卵产在嫩梢。其次，在感染 CLas 柑橘植株和健康柑橘植株之间，柑橘木虱成虫一般会偏向选择带病柑橘嫩梢，且在带病嫩梢上停留的时间更长；而在没有嫩梢的情况下，柑橘木虱一般先选择带病成熟叶片，但 38h 后转而选择健康成熟叶片，可能是带病植株营养匮乏或引起进食障碍等造成的，而这种选择性行为却有助于病原体的传播（Mann et al.，2012；Wu et al.，2015b）；柑橘木虱若虫在感染黄龙病及健康寄主上的水平位置转移过程中更趋向感染黄龙病植株，而在健康寄主上的柑橘木虱若虫有明显向植株下部转移的现象，向下部转移的若虫个体数显著高于黄龙病寄主（吴丰年等，2013a）。柑橘木虱雌成虫对柑橘寄主产生的挥发性物质的定位能力比雄成虫强，而雄成虫通常是被雌成虫或同性的排泄物散发的信号强烈吸引，由此推测，雌成虫一般比雄成虫更早定殖于带病寄主植物（Moghbeli Gharaei et al.，2014）。此外，柑橘木虱的取食行为会影响寄主植物嫩梢的长势甚至使之脱落，严重时会造成寄主植物树顶的生长扩展，甚至会因为若虫分泌的含较高糖分的白色蜜露的过多积累造成植株煤污病。

多种因素影响柑橘木虱趋向取食 CLas 侵染的柑橘植株。首先，CLas 侵染柑橘植株后会诱导其产生一些特殊的挥发性物质，从而吸引柑橘木虱取食。通过比较健康和带病砂糖橘嫩梢的挥发性物质成分差异发现，两者释放的挥发性物质不仅种类有很大不同，且同种物质的含量也有很大差异。在带病砂糖橘嫩梢释放的挥发性物质中，β-水芹烯的含量最高，而该物质在对柑橘木虱具有强吸引力的九里香释放的挥发物中含量也是最高的，表明 β-水芹烯在寄主吸引柑橘木虱方面发挥了重要的作用。另有研究发现柑橘感染黄龙病菌后能诱导植物释放一种特殊的化学物质——水杨酸甲酯（methyl salicylate），该物质能吸引柑橘木虱趋向被侵染的植株（Mann et al.，2012）。其次，柑橘木虱对不同颜色的敏感度不同，其中对黄色最为敏感。而 CLas 侵染的柑橘通常出现叶色发黄的症状，颜色的差异可能在一定程度上影响柑橘木虱对寄主的选择，这可能也是柑橘木虱更偏向选择带病植株的原因之一（Wu et al.，2015b）。此外，触觉、光照等也是影响柑橘木虱寄主选择性的重要因素（Cen et al.，2012）。CLas 侵染的柑橘对媒介昆虫柑橘木虱的吸引作用增强，而其营养成分等条件的改变促使柑橘木虱从黄龙病树向健康树转移，从而有利于病原菌的扩散与传播（张旭颖和岑伊静，2020）。因此，可以从寄主植物吸引柑橘木虱的机制入手综合利用化学信息物质进行预测预报和调控柑橘木虱的行为。

4.3.2　CLas 侵染的寄主影响柑橘木虱的取食行为

刺吸电位（electrical penetration graph，EPG）技术是一种用来研究刺吸式口器昆虫在寄主植物上刺探和取食行为的电生理技术，能够准确记录昆虫口针在植物组织中的刺探行为和位置。Bonani 等（2010）和杨成良等（2011）最早利用 EPG 技术对柑橘木虱的取食行为开展研究，确定了取食波形与其行为之间的关系，为研究柑橘木虱的取食行为奠定了重要的基础。柑橘木虱产生 8 种主要的取食波形，依次为非刺探波（NP 波）、路径波（A 波、B 波和 C 波）、韧皮部分泌唾液波（E1 波）、韧皮部被动吸食波（E2 波）、木质部主动吸食波（G 波），以及首次发现的筛管刺探波（D 波），并且发现 G 波较少出现，说明柑橘木虱很少在木质部吸食，而 E2 波持续时间最长，表明刺探过程中柑橘木虱口针在韧皮部吸食的时间最长（乌天宇等，2020）。

随着 EPG 技术的广泛应用，柑橘木虱的取食行为逐渐清晰。首先，比较柑橘木虱在健康树和黄龙病树上的取食行为，发现感染黄龙病的寄主显著影响柑橘木虱成虫的取食行为，随着寄主发病程度的加深，路径波持续时间增加，开始刺吸时间显著推迟，并且会在韧皮部分泌更多的唾液，韧皮部取食波时间减少，造成柑橘木虱感染后的取食障碍；柑橘木虱在健树叶片上很少在木质部中取食，但在感病叶片木质部中取食的个体比例和时间显著增加，说明CLas 侵染柑橘后，柑橘木虱的寄主适合度下降，这种现象可能会加速黄龙病的流行（杨成良等，2011；Cen et al.，2012）。其次，比较成虫在病树嫩叶、成熟叶和老叶上的取食行为发现，在嫩叶上出现 C 波的时间显著长于成熟叶和老叶，而出现 E2 波的时间明显比在成熟叶和老叶上短，并且柑橘木虱在嫩叶上出现 E 波和 G 波的比例最低，说明在嫩叶上的适应性较差（Luo et al.，2015）。随后，George 等（2017）比较柑橘木虱成虫在嫩叶和成熟叶的叶面、叶背的取食行为发现，在成熟叶上的韧皮部吸食时间显著短于嫩叶，在叶面显著短于叶背，推测韧皮部周围的纤维质厚壁组织可阻止成虫取食。近年来，George 等（2018）对柑橘木虱成虫及四龄、五龄若虫取食行为进行比较，发现若虫的取食量显著多于成虫，获菌率显著高于成虫。对柑橘木虱五龄若虫和成虫在感病与健康植株嫩梢上的取食行为进行比较，发现五龄若虫比成虫在感染黄龙病的酸橘上更快地开始在韧皮部和木质部进行吸食，口针在韧皮部的总过程以及吸食时间显著长于成虫；五龄若虫、成虫在 EPG 测定 10h 后获菌率分别为

37.5%、20.0%，若虫需要更多的营养物质供其生长发育从而使其获菌率更高。寄主感染黄龙病对柑橘木虱五龄若虫的取食有利，使其在感病植株上首次韧皮部取食出现时间相较在健康植株上要早，而且更改取食位点次数变少，推测可能与黄龙病菌破坏了植物的防御有关（乌天宇等，2020）。此外，Wu 等（2016）使用 EPG 记录带菌柑橘木虱成虫在健康酸橘上取食 24h 的传病过程，发现单头取食 24h 后的传病成功率为 22.6%，成功传病个体的最短取食时间为 88.8min，韧皮部分泌唾液（E1 波）的最短时间仅为 5.1min，且雌成虫的最短 E1 波持续时间显著低于雄成虫，但传病率却高于雄成虫。

4.3.3　*CLas* 侵染的寄主影响柑橘木虱的生长发育

　　寄主植物感病对柑橘木虱的世代发育存在一定的影响。研究发现在感染黄龙病柑橘上饲养柑橘木虱的卵、一龄若虫、二龄若虫的发育历期和成虫寿命缩短，并且分析这可能与 *CLas* 影响了柑橘木虱自身某些酶的活性有关。饲养在黄龙病柑橘树上的柑橘木虱高龄若虫发育加快、存活率提高，雌成虫产卵量增加，使种群趋势指数显著提高；并且在感病植株上成长的雌成虫的繁殖力与寿命都显著增高，说明 *CLas* 有利于柑橘木虱种群的扩张（吴丰年等，2013a；Pelz-Stelinski and Killiny，2016）。而 Ren 等（2016）发现在感病植株上，虽然柑橘木虱的生长发育历期变短、产卵量增加，但存活率降低；而在健康植株上，感染 *CLas* 的柑橘木虱相较于健康柑橘木虱，虽然生长发育历期变短，但寿命和存活率无显著差异。同时，取食感染黄龙病植株的柑橘木虱相较于取食健康植株的柑橘木虱，排出蜜露中的葡萄糖、肌醇及松二糖的含量均显著降低，这可能与 *CLas* 在柑橘木虱体内的代谢和营养需求有关（Hijaz et al.，2016）。此外，感染 *CLas* 的柑橘木虱比健康柑橘木虱迁徙早，且距离长，雌性柑橘木虱对雄性柑橘木虱的吸引力会随着体内含菌量的增加而增大，表明 *CLas* 能够调控柑橘木虱的运动和交配，从而促进黄龙病的传播与扩散（Martini et al.，2015）。

第5章　柑橘黄龙病防控技术研究进展

5.1　柑橘木虱防控药剂筛选、抗药性监测与治理技术

亚洲柑橘木虱（*Diaphorina citri*）是柑橘黄龙病的传播媒介，是我国柑橘产区的重要害虫。快速、有效防治这种害虫是综合防治柑橘黄龙病的关键，是"种植无病苗、大面积集中连片联防联控柑橘木虱、及时清除病树"三项基本措施的重要环节。柑橘木虱成虫和高龄若虫均具有高效获毒与传毒能力。研究表明，携带黄龙病菌的柑橘木虱在健康柑橘上取食 5h 即可传病。因此，及时有效地灭杀柑橘木虱对柑橘黄龙病防控十分关键。

5.1.1　柑橘木虱防控药剂

为了防治柑橘黄龙病的传播，果农需要频繁地喷施药剂防治柑橘木虱。柑橘木虱隶属于半翅目木虱科，主要在柑橘、九里香、黄皮等芸香科植物的新梢期为害，引起新梢萎缩、叶片扭曲畸形。在防治策略上，一是选择内吸性杀虫剂如噻虫嗪、吡虫啉等新烟碱类药剂叶片喷雾或者土壤根部施药；二是选择昆虫生长调节剂如吡丙醚、虱螨脲等药剂叶片喷雾处理；三是选择触杀性药剂如高效氯氰菊酯、高效氯氟氰菊酯等拟除虫菊酯类药剂叶片喷雾处理；四是选择有机磷杀虫剂如毒死蜱、喹硫磷等药剂叶片喷雾处理；五是选择生物杀虫剂如金龟子绿僵菌 CQMa421 叶片喷雾处理。当然，果农可以选择以上这些药剂的混配药剂防治柑橘木虱。

1. 噻虫嗪

噻虫嗪（thiamethoxam）是第二代新烟碱类高效低毒广谱型杀虫剂，分子式为 $C_8H_{10}ClN_5O_3S$，对害虫具有胃毒、触杀和内吸活性，可以用于植物叶片喷雾，也可以用于土壤根部处理。噻虫嗪施用后能够迅速被内吸，并传导至植物各部位，对刺吸式害虫如蚜虫、飞虱、木虱、蓟马等传毒昆虫具有良好的控制作用，对柑橘黄龙病有非常好的预防作用。由于其具有强内吸传导特性，除了用于喷雾，还广泛应用于种子处理和土壤处理，在植物生长早期，相同剂量土壤处理效果常常好于喷雾处理。对害虫具有高活性、使用方式灵活多样、较长的残效期和对有益生物安全等特点，使得其特别适合进行害虫的综合防治。结构式如下。

毒性：低毒。原药大鼠急性经口半数致死剂量（LD_{50}）为 1563mg/kg，急性经皮 LD_{50} 为 2000mg/kg，对眼睛和皮肤无刺激性。直接接触对蜜蜂有毒，但如果不喷到花期作物上或进行种子包衣处理则不会对蜜蜂造成危害。对蚯蚓等有益动物和天敌无害，对环境较安全。

化学名称：3-(2-氯-1,3-噻唑-5-基甲基)-5-甲基-1,3,5-噁二嗪-4-硝基胺。

登记制剂：目前，我国登记用于防治柑橘木虱的产品只有柳州市惠农化工有限公司生产的 21% 噻虫嗪悬浮剂，登记的施用方法是 3360～4200 倍液喷雾，即 1mL 药剂，用 3.36～4.20L 清水稀释后，常规喷雾。

2. 吡虫啉

吡虫啉（imidacloprid）是第一代新烟碱类高效低毒广谱型杀虫剂，分子式为 $C_9H_{10}ClN_5O_2$，对害虫具有胃毒、触杀和内吸活性，持效期较长，对刺吸式口器害虫有较好的防治效果。该药在昆虫体内的作用点是昆虫烟碱型乙酰胆碱受体，药剂与受体结合后一方面引发异常的神经活动，产生短促并逐渐增强的动作电位，导致害虫漫游、震颤；另一方面阻断正常的神经传导，使害虫对各种刺激如食物反应迟钝，直至麻痹死亡。该药很容易被作物吸收，并进一步向茎叶分配，而且具有很好的根部内吸作用。主要用于防治水稻、小麦、棉花、蔬菜等作物上的刺吸式口器害虫，如蚜虫、叶蝉、蓟马、白粉虱、马铃薯甲虫、麦秆蝇等，也可有效防治土壤害虫、白蚁和一些咀嚼式口器害虫，如稻水象甲和科罗拉多跳甲等。对线虫和蜘蛛无活性。在水稻、棉花、小麦、玉米、甜菜、马铃薯、蔬菜、柑橘、梨和苹果等不同作物上，既可进行种子处理，又可叶面喷雾。此外，还可防治狗、猫身上的跳蚤。结构式如下。

化学名称：1-(6-氯-3-吡啶基甲基)-N-硝基亚咪唑烷-2-基胺。

毒性：低毒。原药大鼠急性经口 LD_{50} 为 1260mg/kg，急性经皮 LD_{50}＞1000mg/kg。直接接触对蜜蜂有毒，但如果不喷雾到花期作物上或进行种子包衣处理则不会对蜜蜂造成危害。对蚯蚓等有益动物和天敌无害，对环境较安全。

登记制剂：目前，我国还没有登记用于防治柑橘木虱的吡虫啉产品，但是不少柑橘产区反映采用吡虫啉喷雾处理对柑橘木虱有较好的防治效果；也有部分产区反映用吡虫啉颗粒剂进行土壤处理对柑橘木虱有较好的控制效果。

3. 啶虫脒

啶虫脒（acetamiprid）是第一代新烟碱类高效低毒广谱型杀虫剂，分子式为 $C_{10}H_{11}ClN_4$，对害虫具有触杀和胃毒作用，速效和持效性强，对害虫药效可达 20d 左右。其作用机理是干扰昆虫体内神经传导作用，通过与突触后膜上的乙酰胆碱受体结合，抑制乙酰胆碱受体的活性。啶虫脒适用于甘蓝、白菜、萝卜、莴苣、黄瓜、西瓜、茄子、青椒、番茄、甜瓜、葱、草莓、马铃薯、玉米、苹果、梨、葡萄、桃、梅、枇杷、柿、柑橘、茶、菊、玫瑰、烟草等作物，对刺吸式口器害虫如蚜虫、蓟马、粉虱等，喷药后 15min 即可解除危害，对害虫药效可达 20d 左右，其强烈的内吸及渗透作用使得防治害虫可达到正面喷药、反面死虫的优异效果。用于防治蚜虫、白粉虱等半翅目害虫，颗粒剂用于土壤处理，可防治地下害虫。结构式如下。

化学名称：*N*-(*N*-氰基-乙亚胺基)-*N*-甲基-2-氯吡啶-5-甲胺。

毒性：中等毒性。原药大鼠急性经口 LD_{50} 为 217mg/kg，急性经皮 $LD_{50}>2000mg/kg$，动物试验无致突变作用。对天敌杀伤力小，对鱼类的毒性较低，对蜜蜂影响小。

登记制剂：目前，我国登记用于防治柑橘木虱的药剂有陕西省蒲城美尔果农化有限责任公司生产的 40% 啶虫·毒死蜱乳油、青岛中达农业科技有限公司生产的 34% 啶虫·毒死蜱乳油两个混剂产品。

4. 噻虫啉

噻虫啉（thiacloprid）是第一代新烟碱类高效低毒广谱型杀虫剂，分子式为 $C_{10}H_9ClN_4S$，对刺吸式口器害虫具有良好的灭杀效果。作用于烟碱型乙酰胆碱受体，与有机磷、氨基甲酸酯、拟除虫菊酯类常规杀虫剂无交互抗性，可用于抗性治理。药剂对棉花、蔬菜、马铃薯和梨果类水果上的重要害虫有优异的防效。除了对蚜虫和粉虱有效，还对各种甲虫（如马铃薯甲虫、苹果象甲、稻象甲）和鳞翅目害虫（如苹果树上潜叶蛾和苹果蠹蛾）有效，对相应的作物也都适用。结构式如下。

化学名称：3-(6-氯-3-吡啶甲基)-1,3-噻唑啉-2-基亚氰胺。

毒性：原药大鼠急性经口 LD_{50} 为 836mg/kg，急性吸入 LD_{50} 为 2535mg/kg。

登记制剂：目前，噻虫啉分别与螺虫乙酯、联苯菊酯复配，登记用于柑橘木虱的防治。中国农业科学院植物保护研究所室内研究表明，柑橘木虱对噻虫啉敏感。

5. 吡丙醚

吡丙醚 (pyriproxyfen) 是一种新型昆虫生长调节剂, 分子式为 $C_{20}H_{19}NO_3$, 具有强烈的杀卵活性, 同时具有内吸作用, 可以影响隐藏在叶背的幼虫。对昆虫的抑制作用表现在抑制幼虫蜕皮和成虫繁殖, 抑制胚胎发育及卵的孵化, 或者生成没有生活力的卵, 从而有效控制并达到害虫防治的目的。对半翅目、缨翅目、双翅目、鳞翅目害虫具有高效、用药量少的特点, 持效期长, 对作物安全, 对鱼类低毒, 对生态环境影响小等。具有抑制蚊、蝇幼虫化蛹和羽化作用, 蚊、蝇幼虫接触该药剂, 基本上都在蛹期死亡, 不能羽化。该药剂持效期长达 1 个月左右, 且使用方便, 无异味, 主要用来防治公共卫生害虫, 如蜚蠊、蚊、蝇、蚤、蟑、跳蚤等。结构式如下。

化学名称: 4-苯氧苯基 (R,S)-2-(2-吡啶基氧) 丙基醚。

毒性: 低毒。原药大鼠急性经口 $LD_{50} > 5000mg/kg$, 急性经皮 $LD_{50} > 2000mg/kg$。

登记制剂: 目前, 我国登记用于防治柑橘木虱的产品只有上海生农生化制品股份有限公司生产的 100g/L 吡丙醚乳油一个单剂, 以及上海生农生化制品股份有限公司生产的 10% 高氯·吡丙醚微乳剂、陕西美邦药业集团股份有限公司生产的 30% 螺虫·吡丙醚悬浮剂、陕西先农生物科技有限公司生产的 25% 吡丙·噻嗪酮悬浮剂 3 个混剂产品。

6. 噻嗪酮

噻嗪酮 (buprofezin) 是噻二嗪酮化合物, 分子式为 $C_{16}H_{23}N_3SO$, 虽然不属于苯甲酰脲类, 但它的杀虫原理与苯甲酰脲类杀虫剂相同, 都是抑制昆虫几丁质合成, 作用机理为抑制昆虫几丁质合成和干扰新陈代谢, 致使昆虫蜕皮畸形和翅畸形而缓慢死亡。触杀作用强, 有胃毒作用, 在水稻植株上有一定的内吸输导作用。一般施药后 3~7d 才显示效果。对成虫无直接杀伤力, 但可减少产卵量, 并阻碍卵孵化和缩短其寿命。该药剂选择性强, 对半翅目的飞虱、叶蝉、粉虱及介壳虫类害虫有良好防效, 对某些鞘翅目害虫和害螨也具有持久的杀幼虫活性。可有效防治水稻上的飞虱和叶蝉，茶、棉花上的叶蝉，柑橘、蔬菜上的粉虱，柑橘上的盾蚧、粉蚧。残效期长达 30d 左右。结构式如下。

化学名称：2-特丁基亚氨基-3-异丙基-5-苯基-3,4,5,6-四氢-2H-1,3,5-噻二嗪-4-酮。

毒性：低毒。原药雄性大鼠急性经口 LD_{50} 为 2198mg/kg。

登记制剂：目前，我国登记用于防治柑橘木虱的产品有陕西先农生物科技有限公司生产的 25% 吡丙·噻嗪酮悬浮剂及陕西亿田丰作物科技有限公司生产的 35% 螺虫·噻嗪酮悬浮剂等两个产品。

7. 螺虫乙酯

螺虫乙酯（spirotetramat）是作用于昆虫乙酰辅酶 A 羧化酶（ACC）导致昆虫停止生长的一种新型杀虫剂，其分子式为 $C_{21}H_{27}NO_5$。螺虫乙酯的第一个特点是具有双向内吸传导性能，可以在整个植物体内向上、向下移动，抵达叶面和树皮，从而防治生菜和白菜内叶，以及果树皮上的害虫。这种独特的内吸性能可以保护新生茎、叶和根部，防止害虫的卵和幼虫生长。其另一个特点是持效期长，可提供长达 8 周的有效防治。螺虫乙酯高效广谱，可有效防治各种刺吸式口器害虫，如蚜虫、蓟马、木虱、粉蚧、粉虱、介壳虫等。可应用的主要作物包括棉花、大豆、柑橘、热带果树、坚果、葡萄、啤酒花、土豆、蔬菜等。研究表明其对重要益虫如瓢虫、食蚜蝇和寄生蜂具有良好的选择性。结构式如下。

化学名称：4-(乙氧基羰基氧基)-8-甲氧基-3-(2,5-二甲苯基)-1-氮杂螺 [4,5]-癸-3-烯-2-酮。

毒性：原药大鼠急性经口 $LD_{50}>2000$mg/kg，急性经皮 $LD_{50}>2000$mg/kg。

登记制剂：目前，我国登记用于防治柑橘木虱的产品有拜耳股份有限公司生产的 22.4% 螺虫乙酯悬浮剂、江西中迅农化有限公司生产的 30% 螺虫·噻虫嗪悬浮剂、青岛中达农业科技有限公司生产的 26% 联苯·螺虫酯悬浮剂、陕西美邦药业集团股份有限公司生产的 30% 螺虫·吡丙醚悬浮剂、陕西亿田丰作物科技有限公司生产的35%螺虫·噻嗪酮悬浮剂，以及陕西汤普森生物科技有限公司生产的20%阿维·螺虫酯悬浮剂等1个单剂和5个混剂产品。

8. 高效氯氟氰菊酯

高效氯氟氰菊酯（lambda-cyhalothrin）是一种高效广谱拟除虫菊酯类杀虫剂，又名三氟氯氰菊酯、功夫菊酯，分子式为$C_{23}H_{19}ClF_3NO_3$。该药剂对害虫具有触杀和胃毒作用。对鳞翅目、鞘翅目、半翅目等多种害虫和其他害虫，以及叶螨、锈螨、瘿螨、跗线螨等害螨有良好效果，在虫、螨并发时可以兼治，可防治棉红铃虫、棉铃虫、菜青虫、菜缢管蚜、茶尺蠖、茶毛虫、茶橙瘿螨、叶瘿螨、柑橘叶蛾、橘蚜、柑橘叶螨、锈螨、桃小食心虫，以及梨小食心虫等，也可用来防治多种地表和公共卫生害虫。我国尚没有登记用于柑橘木虱防治，国外有产品登记用于柑橘木虱防治。结构式如下。

化学名称：α-氰基-3-苯氧基苄基-3-(2-氯-3,3,3-三氟-1-丙烯基)-2,2-二甲基环丙烷羧酸酯。

毒性：原药大鼠急性经口LD_{50}为632～696mg/kg，急性吸入LC_{50}为0.06mg/kg。

9. 高效氯氰菊酯

高效氯氰菊酯（beta-cypermethrin）是一种高效广谱拟除虫菊酯类杀虫剂，分子式为$C_{22}H_{19}Cl_2NO_3$。该药剂对害虫具有触杀和胃毒作用，杀虫速效，并有杀卵活性，其作用机制是通过与害虫钠离子通道相互作用从而破坏神经系统。在植物上有良好的稳定性，能耐雨水冲刷。对棉花、蔬菜、果树等作物上的鳞翅目、半翅目、双翅目、鞘翅目等农林害虫，蚊、蝇、蜚蠊、跳蚤、臭虫、虱子、蚂蚁及动物体外寄生虫如蜱、螨等卫生害虫都有极高的灭杀效果。高效氯氰菊酯是两对外消旋体混合物，其顺反比约为2:3，结构式如下。

顺-(1R,αS)-高效氯氰菊酯

反-(1R,αS)-高效氯氰菊酯

顺-(1S,αR)-高效氯氰菊酯

反-(1S,αR)-高效氯氰菊酯

化学名称: 2,2-二甲基-3-(2,2-二氯乙烯基) 环丙烷羧酸-α-氰基-(3-苯氧基)-苄酯 (R,S)-α-氰基-3-苯氧基苄基 (1R,3R)-3-(2,2-二氯乙烯基)-2,2-二甲基环丙烷羧酸酯。

毒性: 低毒。工业品对大鼠急性经口 LD_{50} 为 649mg/kg，急性经皮 LD_{50}＞5000mg/kg。对鱼、蚕高毒，对蜜蜂、蚯蚓毒性大。

登记制剂: 目前，我国登记用于防治柑橘木虱的产品有上海生农生化制品股份有限公司生产的 10% 高氯·吡丙醚微乳剂和柳州市惠农化工有限公司生产的 51.5% 高氯·毒死蜱乳油两个混剂产品。

5.1.2 柑橘木虱防控药剂的筛选

1. 柑橘木虱防控药剂筛选方法

柑橘木虱防控药剂的筛选主要通过杀虫剂对柑橘木虱室内毒力测定和田间防治效果进行综合评价。已经报道的柑橘木虱室内毒力测定方法主要包括浸渍法、点滴法、玻璃管药膜法 (王吉锋等，2019)。

（1）浸渍法

剪取长势一致的九里香嫩梢，长度为 8～10cm，插入装满水的 1.5mL 离心管内，用脱脂棉塞住离心管口并固定嫩梢，并用封口膜 (PARAFILM® M) 封口。将嫩梢浸入稀释好的药液

5s 后取出。待自然晾干后，放入装有 10 头柑橘木虱成虫的 50mL 离心管中，用纱网封口。放入人工气候箱内，每 24h 统计死亡虫数，连续统计 3 次。浸渍法步骤多，操作烦琐，观察时间长，而且嫩梢长时间放置后干枯会影响试验结果的准确性。

（2）点滴法

将农药原药用丙酮溶解，再用丙酮将母液稀释成系列浓度的药液。先用 CO_2 麻醉柑橘木虱成虫，用微量点滴器将 0.2μL 药液点滴到柑橘木虱的背板上，点滴同等体积的丙酮作为空白对照，设置 5~7 个浓度梯度，每个浓度处理 20 头柑橘木虱成虫。将处理过的柑橘木虱成虫置于塑料培养皿中，培养皿中放置柑橘叶碟，并用水琼脂保湿。将接虫后的培养皿置于（25±2）℃、光照 L/D=14h/10h 的光照培养箱中。处理 24h 后检查死亡率，用小毛笔轻触柑橘木虱，以不能运动者视为死亡。点滴法操作难度较大，点滴体积小，误差较大。

（3）玻璃管药膜法

用移液枪将 200μL 待测药液加入干燥的玻璃指形管（内径 15mm、高 80mm）内，平放指形管并迅速均匀滚动，使药液均匀分布于指形管内壁，待丙酮挥发后在其内壁形成均匀药膜。每个玻璃管内接入 20 头柑橘木虱成虫，先用保鲜膜封口，再用细针头在保鲜膜上扎 5 个通气孔。将接虫后的玻璃指形管平放于托盘中，置于（25±2）℃、光照 L/D= 14h/10h 的光照培养箱中。处理 5h 后检查死亡率。死亡判断标准：从光照培养箱中取出指形管，摇动后平放于白纸上，在充足光线下仔细观察，以足不动者视为死亡。玻璃管药膜法具有简便、快速及准确度高的特点，尤其适用于杀虫剂对飞行昆虫的毒力测定。但是玻璃管药膜法仅适合柑橘木虱成虫的毒力测定。

2. 柑橘木虱防控药剂室内筛选

采用浸渍法测定环氧虫啶、氟啶虫胺腈、吡虫啉、呋虫胺、啶虫脒、螺虫乙酯 6 种药剂对柑橘木虱成虫的毒力。药后 72h，6 种药剂对柑橘木虱的致死中浓度（LC_{50}）值分别为 7.63mg/L、9.89mg/L、16.60mg/L、55.13mg/L、170.26mg/L 和 160.42mg/L，其中以环氧虫啶的毒力最强，其次为氟啶虫胺腈和吡虫啉。

采用玻璃管药膜法测定噻虫嗪、环氧虫啶、吡虫啉、氟啶虫胺腈、噻虫啉、吡丙醚、啶虫脒、高效氯氟氰菊酯、毒死蜱对柑橘木虱成虫的毒力。药后 5h，9 种药剂对柑橘木虱的 LC_{50} 值分别为 0.98mg/L、1.23mg/L、1.34mg/L、2.22mg/L、3.16mg/L、9.70mg/L、12.48mg/L、13.72mg/L 和 14.85mg/L，其中以噻虫嗪、环氧虫啶和吡虫啉的毒力最强，其次为氟啶虫胺腈和噻虫啉。

　　唐涛等采用点滴法测定了杀虫剂对柑橘木虱成虫的毒力，结果表明：毒死蜱、高效氯氟氰菊酯、联苯菊酯、啶虫脒、噻虫嗪、吡丙醚、噻嗪酮、唑虫酰胺、螺虫乙酯药后 24h 对柑橘木虱成虫的半数致死剂量（LD_{50}）分别为 1.90ng/头、0.2ng/头、0.58ng/头、1.38ng/头、0.91ng/头、13.34ng/头、25.31ng/头、3.47ng/头和 2.39ng/头。其中以高效氯氟氰菊酯、联苯菊酯、噻虫嗪的毒力较高，其次为啶虫脒、毒死蜱、螺虫乙酯和唑虫酰胺。昆虫生长调节剂吡丙醚和噻嗪酮的毒力较低。研究采用共毒系数法测定了噻虫嗪和螺虫乙酯对柑橘木虱的复配增效作用，结果表明：当噻虫嗪和螺虫乙酯的质量比为 15∶25、20∶20、25∶15、30∶10 时，LD_{50} 分别为 0.95ng/头、0.67ng/头、0.48ng/头和 0.56ng/头，共毒系数（CTC）分别为 155.6、198.3、246.5、191.7，表现出明显的增效作用，其中以噻虫嗪∶螺虫乙酯为 25∶15 时增效最显著（Tang et al.，2021）。

3. 柑橘木虱防控药剂田间筛选

　　我国南方山地和丘陵地区柑橘园施药难度大，劳动强度高，作业效率低。而植保无人飞机精准果园施药具有作业效率高，劳动强度小，作业成本低，作业精度高，农药利用率高，省工省水等优点。因此，近年来植保无人飞机被广泛应用于柑橘等作物的病虫害防治。为了明确不同药剂及不同施药技术对柑橘木虱的防治效果，采用大疆 T16 植保无人飞机（喷洒量 3L/亩）果园精准施药技术和背负式电动喷雾器（喷洒量 300L/亩）分别喷施吡丙醚乳油和高氯·吡丙醚微乳剂，对柑橘木虱成虫的防治效果（表 5-1）表明：同等剂量下高氯·吡丙醚微乳剂对柑橘木虱成虫的防治效果显著高于吡丙醚单剂，且组合物对柑橘木虱的速效性大大提高。此外，10% 高氯·吡丙醚微乳剂同等使用剂量下，植保无人飞机施药对柑橘木虱成虫的速效性显著（药后 14d 除外）高于背负式电动喷雾器的防效。植保无人飞机喷施高氯·吡

表 5-1　不同施药方式对柑橘木虱成虫的防治效果

施药器械	供试药剂	有效成分用量/(g/亩)	有效成分浓度/(mg/L)	柑橘木虱成虫防效/%			
				药后 1d	药后 3d	药后 7d	药后 14d
植保无人飞机	10% 吡丙醚	15	5000	13.6±3.4d	35.2±2.7e	51.2±3.6d	84.4±2.7b
	10% 高氯·吡丙醚	7.5	2500	47.3±2.0c	50.5±3.3d	58.6±3.0c	83.4±2.6b
		12	4000	62.6±3.0ab	70.1±2.9b	87.7±2.7b	93.5±1.6a
		15	5000	65.8±2.1a	79.5±2.7a	96±1.6a	97.2±1.0a
背负式电动喷雾器	10% 高氯·吡丙醚	15	50	59.9±2.5b	61.6±1.6c	85.2±2.5b	94.2±1.2a

注：同列不含有相同小写字母的表示在 0.05 水平差异显著，下同

丙醚（有效成分用量 15g/亩）时，药后 7d 和 14d 的防效均高于 90%。植保无人飞机喷施高氯·吡丙醚（有效成分用量 12g/亩）时，对柑橘木虱成虫的防治效果与背负式电动喷雾器喷施高氯·吡丙醚（有效成分用量 15g/亩）时的防治效果相当，药后 14d 对柑橘木虱成虫的防治效果仍高于 90%（崔宗胤等，2020）。

T16 植保无人飞机和背负式电动喷雾器分别喷施吡丙醚乳油和高氯·吡丙醚微乳剂，对柑橘木虱若虫的防治效果如表 5-2 所示，结果表明：在有效成分 15g/亩剂量下高氯·吡丙醚微乳剂对柑橘木虱若虫的防治效果显著（药后 3d 除外）优于吡丙醚单剂。与柑橘木虱成虫的结果类似，10% 高氯·吡丙醚微乳剂同等使用剂量下，植保无人飞机施药对柑橘木虱若虫的速效性显著高于背负式电动喷雾器的防效。植保无人飞机喷施高氯·吡丙醚（有效成分用量 12g/亩和 15g/亩）时，药后 7d 和 14d 对柑橘木虱若虫的防效均高于 90%。植保无人飞机喷施高氯·吡丙醚（有效成分用量 12g/亩）时，对柑橘木虱若虫的防治效果与背负式电动喷雾器喷施高氯·吡丙醚（有效成分用量 15g/亩）时的防治效果相当。因此，植保无人飞机施药防治柑橘木虱具有省工、省水、省药的优势，可以应用于山地、丘陵地区柑橘园柑橘木虱的防控。

表 5-2　不同施药方式对柑橘木虱若虫的防治效果

施药器械	供试药剂	有效成分用量/(g/亩)	有效成分浓度/(mg/L)	柑橘木虱若虫防效/%			
				药后 1d	药后 3d	药后 7d	药后 14d
植保无人飞机	10% 吡丙醚	15	5000	40.8±2.1c	87.2±2a	92.7±2.1b	90.9±1.4b
	10% 高氯·吡丙醚	7.5	2500	45.2±3.8c	50.6±3.7d	81.3±3.2c	90.1±1.9b
		12	4000	58.3±2.6b	61.1±2.5bc	92.6±1.9b	97.4±0.8a
		15	5000	64.7±2.5a	68.8±3.2a	99.2±1.4a	100±0a
背负式电动喷雾器	10% 高氯·吡丙醚	15	50	53.6±1.8b	58.9±2.2cd	92.2±1.8b	100±0a

5.1.3　柑橘木虱抗药性监测与治理

目前，国内外防治柑橘木虱均以化学防治为主，鉴于柑橘木虱防控在柑橘黄龙病防治上的重要性，需要密切关注由柑橘木虱抗药性带来的防治效果不理想的问题。我国已有研究表明，广西地区柑橘木虱田间种群对呋虫胺、吡虫啉、毒死蜱等药剂产生了一定的抗药性。因此，迫切需要开展柑橘木虱抗药性监测及抗药性治理工作。

1. 柑橘木虱抗药性监测

研究采用玻璃管药膜法测定了柑橘木虱敏感种群对4类6种代表性杀虫剂的敏感性，以及4个柑橘木虱田间种群对6种杀虫剂的抗药性。结果表明：柑橘木虱对噻虫嗪最为敏感，其对6种杀虫剂的敏感性顺序为噻虫嗪＞吡虫啉＞氟啶虫胺腈＞噻虫啉＞高效氯氟氰菊酯＞毒死蜱（崔丽等，2020）。

采集的4个柑橘木虱田间种群对供试杀虫剂的敏感性测定结果（表5-3）表明：江西赣州章贡种群对6种杀虫剂的敏感性顺序为噻虫嗪＞吡虫啉＞氟啶虫胺腈＞噻虫啉＞毒死蜱＞高效氯氟氰菊酯；广西桂林全州种群对杀虫剂的敏感性与敏感种群类似，也是表现为对噻虫嗪最敏感，对毒死蜱最不敏感；广西桂林永福种群对6种杀虫剂的敏感性顺序为噻虫嗪＞吡虫啉＞噻虫啉＞高效氯氟氰菊酯＞氟啶虫胺腈＞毒死蜱，其中新型杀虫剂氟啶虫胺腈的杀虫活性明显下降；广西桂林灵川种群对6种杀虫剂的敏感性顺序为噻虫嗪＞噻虫啉＞氟啶虫胺腈＞吡虫啉＞毒死蜱＞高效氯氟氰菊酯，其中，吡虫啉和高效氯氟氰菊酯的活性明显下降。

表 5-3　柑橘木虱对杀虫剂的抗药性

田间种群	药剂	$b \pm SE$	卡方值（χ^2）	自由度（df）	LC_{50}/(mg/L)	95% 置信限/(mg/L)
敏感种群	噻虫嗪	1.68 ± 0.18	1.3805	13	0.98	0.70～1.37
	吡虫啉	1.42 ± 0.17	1.8278	13	1.34	0.84～2.16
	氟啶虫胺腈	1.06 ± 0.14	1.7357	13	2.22	1.04～4.75
	噻虫啉	1.17 ± 0.14	0.5257	13	3.16	2.10～4.76
	高效氯氟氰菊酯	1.55 ± 0.15	2.5967	13	13.72	9.90～19.01
	毒死蜱	1.79 ± 0.16	3.4490	13	14.85	11.14～19.80
江西赣州章贡种群	噻虫嗪	2.07 ± 0.23	4.8667	13	1.39	1.00～1.95
	吡虫啉	1.26 ± 0.15	1.4735	13	1.40	0.82～2.39
	氟啶虫胺腈	1.22 ± 0.15	0.1523	13	2.78	1.55～5.00
	噻虫啉	1.48 ± 0.17	7.0591	13	3.67	2.39～5.64
	高效氯氟氰菊酯	1.71 ± 0.17	6.0515	13	42.35	29.78～60.22
	毒死蜱	1.77 ± 0.19	4.7869	13	34.39	23.66～49.98
广西桂林全州种群	噻虫嗪	1.70 ± 0.17	0.7773	13	1.11	0.80～1.52
	吡虫啉	1.67 ± 0.17	6.1664	13	1.68	1.16～2.43
	氟啶虫胺腈	1.03 ± 0.13	0.9409	13	2.90	1.46～5.78
	噻虫啉	1.16 ± 0.14	1.2849	13	3.45	2.29～5.19
	高效氯氟氰菊酯	1.84 ± 0.16	1.9820	13	15.15	11.48～19.99
	毒死蜱	1.96 ± 0.16	0.7260	13	16.72	12.93～21.63

续表

田间种群	药剂	$b \pm SE$	卡方值（χ^2）	自由度（df）	LC_{50}/（mg/L）	95% 置信限/（mg/L）
广西桂林永福种群	噻虫嗪	1.82 ± 0.21	0.7534	13	0.56	0.37～0.85
	吡虫啉	1.79 ± 0.19	1.5866	13	1.32	0.89～1.95
	氟啶虫胺腈	0.71 ± 0.12	0.5432	13	11.98	6.54～21.95
	噻虫啉	1.19 ± 0.14	0.2460	13	3.29	2.21～4.91
	高效氯氟氰菊酯	1.96 ± 0.18	0.2633	13	11.90	8.94～15.83
	毒死蜱	2.34 ± 0.19	3.3755	13	14.07	11.27～17.57
广西桂林灵川种群	噻虫嗪	2.66 ± 0.21	4.1846	13	3.01	2.40～3.76
	吡虫啉	1.19 ± 0.14	0.5061	13	25.33	15.55～41.25
	氟啶虫胺腈	1.34 ± 0.17	4.5133	13	11.41	7.76～16.77
	噻虫啉	1.51 ± 0.16	2.5827	13	7.19	5.09～10.16
	高效氯氟氰菊酯	1.36 ± 0.16	0.9881	13	133.36	92.04～93.24
	毒死蜱	1.67 ± 0.19	4.6931	13	30.13	19.70～46.10

注：b 为斜率，SE 为标准误

从表 5-4 统计分析结果看，4 个柑橘木虱田间种群对吡虫啉、噻虫嗪和毒死蜱的抗性倍数为 0.57～3.07 倍，基本均处于敏感状态；赣州章贡、桂林全州和桂林永福 3 个田间种群对吡虫啉的抗性倍数为 0.99～1.25 倍，尚未表现出明显的抗药性，但桂林灵川种群对吡虫啉的抗性倍数达 18.90 倍，已处于中等抗性水平；对于高效氯氟氰菊酯，赣州章贡、桂林全州和桂林永福 3 个田间种群的抗性倍数为 0.87～3.09 倍，处于比较敏感状态，但桂林灵川种群的抗性倍数为 9.72 倍，已产生低水平抗性；对于氟啶虫胺腈，桂林全州和赣州章贡种群的抗性倍数均在 1.3 倍左右，处于敏感状态，但桂林永福田间种群和桂林灵川种群的抗性倍数已达 5 倍以上，表现出了低水平抗性。

表 5-4　柑橘木虱田间种群对不同杀虫剂的抗性情况

药剂	抗性倍数			
	江西赣州章贡种群	广西桂林全州种群	广西桂林永福种群	广西桂林灵川种群
噻虫嗪	1.42	1.13	0.57	3.07
吡虫啉	1.04	1.25	0.99	18.90
氟啶虫胺腈	1.25	1.31	5.40	5.14
噻虫啉	1.16	1.09	1.04	2.28
高效氯氟氰菊酯	3.09	1.10	0.87	9.72
毒死蜱	2.32	1.13	0.95	2.03

注：抗性倍数=杀虫剂对田间种群 LC_{50}/杀虫剂对敏感种群 LC_{50}

结果表明：大多数柑橘木虱田间种群对噻虫嗪、噻虫啉、毒死蜱、吡虫啉、氟啶虫胺腈和高效氯氟氰菊酯均比较敏感，这与文献报道这些药剂对田间柑橘木虱具有良好的防治效果相一致。但也发现个别田间种群对吡虫啉、氟啶虫胺腈和高效氯氟氰菊酯表现出低到中等水平的抗性，其中桂林灵川种群的抗性问题较为突出，当地柑橘木虱已经对吡虫啉产生了中等水平的抗性，对高效氯氟氰菊酯也接近中等抗性水平。因此，建议该地区应减少吡虫啉和高效氯氟氰菊酯的使用次数，避免同一生长季连续多次使用这两种药剂。值得注意的是，桂林永福和灵川田间种群对新型杀虫剂氟啶虫胺腈也产生了低水平抗性。因此，桂林永福和灵川地区应减少氟啶虫胺腈的使用次数。该研究为监测柑橘木虱对杀虫剂的抗性水平，及时指导田间防治过程中科学、合理地选择杀虫剂品种，开展预防性抗药性治理提供了科学依据。

2. 杀虫剂交替轮用

化学农药交替轮用就是选择最佳的药剂配套使用方案，包括药剂的种类和使用时间、次数等，这是害虫抗性治理中经常采用的方式，要避免长期单一使用某种药剂，交替轮用必须遵循的原则是不同抗性机理的药剂间交替使用，这样才能避免有交互抗性的药剂间交替使用。在柑橘木虱防治药剂使用过程中，按照药剂作用机理，参考国际杀虫剂抗性行动委员会（IRAC）的分类标准和分类结果，可以将国内外防治柑橘木虱的杀虫剂进行分类（表 5-5），使用时按照 1A、1B、1C、1D、1E、1F、1G、1H、2A、2B、2C、2D、3A、3B 轮流交替使用。同一作用机制的药剂不要连续使用，如高效氯氰菊酯、高效氟氯氰菊酯、联苯菊酯属于同一类药剂，其他如噻虫嗪与吡虫啉、毒死蜱与喹硫磷，也不能连续使用。4A 类药剂是生物活体药剂，无抗性问题，可以连续使用。

表 5-5　防治柑橘木虱药剂的分类

作用机制	药剂名称及分类							
	A	B	C	D	E	F	G	H
1 作用于神经系统	高效氯氰菊酯、高效氟氯氰菊酯、联苯菊酯	噻虫嗪、吡虫啉	氟吡呋喃酮	除虫菊素	毒死蜱、喹硫磷	多杀菌素	阿维菌素	溴氰虫酰胺、氯虫苯甲酰胺
2 调节昆虫生长	螺虫乙酯	吡丙醚	虱螨脲	噻嗪酮				
3 影响呼吸作用	唑螨酯	矿物油						
4 其他	金龟子绿僵菌 CQMa421							

注：1～4 为药剂作用机制的分类，A～H 为不同药剂类型

3. 杀虫剂的限制使用

农药的限制使用是针对柑橘木虱易产生抗性的一种或一类药剂或具有潜在抗性风险的品种，根据其抗性水平、防治利弊的综合评价，采取限制其使用时间和次数，甚至采取暂时停止使用的措施，这是害虫抗性治理中经常采用的办法。根据中国农业科学院植物保护研究所的监测数据，研究建议广西桂林地区应减少吡虫啉和高效氯氟氰菊酯的使用次数，避免同一生长季连续多次使用这两种药剂。值得注意的是，桂林永福和灵川田间种群对新型杀虫剂氟啶虫胺腈也产生了低水平抗性。因此，桂林永福和灵川地区应减少氟啶虫胺腈的使用次数。

4. 混用增效

杀虫剂的合理混用不但能提高防治效果，而且是防治柑橘木虱产生抗药性的有效手段之一。关于农药混用，国内外存在两种不同看法：一种看法（以日本学者为代表）认为，不同作用机制的农药混用是抗性治理的一个好办法；另一种看法（以美国专家为代表）认为，混用将给害虫产生交互抗性和多抗性创造有利条件，会给害虫的防治和新药剂的研发带来更大的困难。因此，农药混剂研制过程中必须考虑和解决如何避免产生交互抗性和多抗性的问题，只有科学合理研制和使用混剂，才能充分发挥其在抗性治理中的作用。

5.1.4　我国登记用于柑橘木虱防治的药剂及施用方法

查询中国农药信息网（http://www.chinapesticide.org.cn），截至 2020 年 9 月 30 日，我国目前登记用于防治柑橘木虱的杀虫剂有 23 个产品，其中单剂 9 个、混剂 13 个、生物农药 1 个。单剂产品中有 21% 噻虫嗪悬浮剂、100g/L 吡丙醚乳油、2.5% 高效氯氟氰菊酯水乳剂、17% 氟吡呋喃酮可溶液剂、22.4% 螺虫乙酯悬浮剂、25% 喹硫磷乳油、4.5% 联苯菊酯水乳剂等；混剂产品有 30% 螺虫·噻虫嗪悬浮剂、10% 高氯·吡丙醚微乳剂等。具体药剂登记信息如表 5-6 所示。目前，我国登记的柑橘木虱防治药剂使用方法全部为常规喷雾法，用药量以地面常规喷雾时的药剂稀释倍数表示，如药剂稀释 3000～4000 倍液喷雾。对于目前发展的植保无人飞机低容量喷雾方式，这种药剂稀释方法就不能满足飞防需求，需要大幅度提升药液浓度，减少施药液量，这就需要进一步进行田间试验，研究明确这些药剂采用植保无人飞机低容量喷雾时的稀释倍数、施药液量等参数。

5.1.5　通过控梢间接防控柑橘木虱

柑橘木虱成虫偏好在柑橘新萌发的嫩梢上产卵，据统计，成虫会将 80% 以上的卵产于腋芽和长度在 2cm 以内的嫩叶上，卵孵化为若虫后定点为害嫩梢。因此，若能控制柑橘嫩梢的

表 5-6　我国目前登记用于防治柑橘木虱的杀虫剂产品

登记证号	杀虫剂名称	剂型	毒性	含量	有效成分	用药量	施用方法
PD20141845	噻虫嗪	悬浮剂	低毒	21%		3360~4200 倍液	喷雾
PD20131935	吡丙醚	乳油	低毒	100g/L		1000~1500 倍液	喷雾
PD20121716	高效氯氟氰菊酯	水乳剂	低毒	2.5%		1500~2500 倍液	喷雾
PD20121714	联苯菊酯	水乳剂	低毒	4.5%		1500~2500 倍液	喷雾
PD20081835	联苯菊酯	乳油	低毒	25g/L		800~1200 倍液	喷雾
PD20093514	联苯菊酯	乳油	低毒	100g/L		1667~3333 倍液	喷雾
PD20111007	喹硫磷	乳油	中等毒	25%		1500~2000 倍液	喷雾
PD20110281	螺虫乙酯	悬浮剂	低毒	22.4%		4000~5000 倍液	喷雾
PD20184006	氟吡呋喃酮	可溶液剂	低毒	17%		3000~4000 倍液	喷雾
PD20200749	螺虫·噻虫嗪	悬浮剂	低毒	30%	噻虫嗪 15%, 螺虫乙酯 15%	3000~4000 倍液	喷雾
PD20200607	噻虫嗪·虱螨脲	悬浮剂	低毒	20%	噻虫嗪 10%, 虱螨脲 10%	3000~4000 倍液	喷雾
PD20190102	高氯·吡丙醚	微乳剂	中等毒	10%	高效氯氰菊酯 5%, 吡丙醚 5%	1500~2500 倍液	喷雾
PD20183259	联苯·螺虫酯	悬浮剂	低毒	26%	联苯菊酯 6%, 螺虫乙酯 20%	5000~6000 倍液	喷雾
PD20182775	螺虫·吡丙醚	微乳剂	低毒	30%	吡丙醚 15%, 螺虫乙酯 15%	3000~5000 倍液	喷雾
PD20181762	啶虫·毒死蜱	微乳剂	中等毒	40%	啶虫脒 5%, 毒死蜱 35%	2667~3200 倍液	喷雾
PD20180536	螺虫·噻嗪酮	悬浮剂	低毒	35%	螺虫乙酯 11%, 噻嗪酮 24%	2000~3000 倍液	喷雾
PD20180510	吡丙·噻嗪酮	悬浮剂	低毒	25%	吡丙醚 2%, 噻嗪酮 23%	1500~2500 倍液	喷雾
PD20180509	阿维·螺虫酯	悬浮剂	低毒	20%	螺虫乙酯 17%, 阿维菌素 3%	3500~4500 倍液	喷雾
PD20171744	金龟子绿僵菌 CQMa421	可分散油悬浮剂	微毒	80 亿孢子/mL		1000~2000 倍液	喷雾
PD20170137	啶虫·毒死蜱	乳油	低毒	34%	啶虫脒 4%, 毒死蜱 30%	1500~2500 倍液	喷雾
PD20120400	高氯·毒死蜱	乳油	中等毒	51.5%	高效氯氰菊酯 1.5%, 毒死蜱 50%	1000~2000 倍液	喷雾
PD20120394	氯氰·毒死蜱	乳油	中等毒	522.5g/L	氯氰菊酯 47.5g/L, 毒死蜱 475g/L	1000~1500 倍液	喷雾
PD20083079	氯氰·毒死蜱	乳油	中等毒	55%	氯氰菊酯 5%, 毒死蜱 50%	1000~1500 倍液	喷雾

生长，则可以减少虫卵数量，进而控制柑橘木虱的种群数量。脐橙嫩梢抽发速度快，一年四季可抽发 5～8 次。夏秋季高温多雨易引起嫩梢大量萌发和快速疯长，而夏梢恰与生理落果期重叠，梢果矛盾致使大量落果，甚至影响来年挂果量。秋梢是翌年良好的结果母枝，但秋梢旺长也会消耗大量养分，进而影响脐橙产量。嫩梢易受柑橘木虱、潜叶蛾、粉虱、蚜虫以及溃疡病等病虫为害，秋梢过旺还会大大增加越冬代的数量。控梢、抹梢是柑橘生产中的重要环节，果农每年需投入大量精力和成本进行新梢的抹除，以便促进保花、保果和提高对潜叶蛾、柑橘木虱等的防治效率。目前主要的控梢方式有科学施肥、环割控梢、以果控梢等，以及人工抹梢、药剂杀梢等方式。随着脐橙的规模化种植，迫切需要筛选更加高效、安全的控梢剂以提高控梢和杀梢技术。

中国农业科学院植物保护研究所以 '纽荷尔脐橙' 为供试树种，喷施不同质量浓度的乙氧氟草醚药液，探究其杀梢效果及对柑橘木虱栖息分布的影响，并建立了嫩梢萎蔫的分级标准和柑橘木虱栖息分布的研究方法。结果表明：乙氧氟草醚对脐橙树苗和定植树有相似的杀梢效果，质量浓度为 10mg/L 时即有一定的杀梢作用，40～55mg/L 时杀梢效果最佳，速效性优异，对柑橘叶片和成熟期果实无药害。采用 40mg/L、55mg/L 乙氧氟草醚药液对树苗喷雾，3d 后嫩梢长度抑制率分别为 86.1%、124.7%，嫩梢直径抑制率分别为 83.8%、94.8%；7d 后校正杀梢率分别为 93.7%、84.1%，柑橘木虱校正死亡率分别为 7.8%、21.4%，柑橘木虱栖息抑制率分别为 81.0%、84.4%。采用 40mg/L、55mg/L 乙氧氟草醚药液对定植树喷雾，3d 后嫩梢长度抑制率分别为 85.9%、118.8%，嫩梢直径抑制率分别为 83.9%、104.1%；7d 后校正杀梢率分别为 96.6%、82.4%。嫩梢萎蔫可使嫩梢上的柑橘木虱虫卵和若虫死亡，对成虫死亡率影响小，但栖息环境发生迁移。因此，乙氧氟草醚施用于脐橙可快速杀梢，减少柑橘木虱的食物来源，有效控制柑橘木虱种群数量。同时，中国农业科学院植物保护研究所的研究还表明，调环酸钙对柑橘嫩梢也有很好的控制效果（崔宗胤等，2020）。

5.2 柑橘木虱精准施药技术与装备研发

柑橘木虱传统化学防治的施药方式主要包括在田间铺设管道、采用背负式喷雾器两种，如图 5-1 所示。其中，田间铺设管道需要在田间建设药池，人工拖拽管道至柑橘树附近，采用手持喷头进行喷药；背负式喷雾器需要背着药桶进行施药。上述两种化学防治都是喷淋式的大容量农药施药方式，不仅人工成本高、效率低、浪费农药和水资源，而且对施药者本身及环境都污染严重。

目前，发达国家在柑橘木虱防治过程中已广泛采用细雾滴、低容量、气流辅助喷洒等精准施药技术取代大容量喷洒方法，在保障防治效果的同时，大幅度增加农药利用率，降低污染。常规的施药机具及方式已不能满足农药减施增效的生产技术要求，应该采用适应绿色生态发展的精准施药技术。

图 5-1　传统化学防治方式

我国柑橘种植地块既有平地，也有丘陵或山地。平地柑橘园进行植保作业相对容易，可以采取地面自走式或牵引式植保机械开展风送喷雾作业、管道喷雾作业、人工背负喷雾作业、航空植保作业；在丘陵或山地柑橘园中，柑橘树沿坡地等高线种植，地面行走式施药器械难以进入作业，人工背负式喷雾作业操作也较困难，需要研发航空低容量喷雾技术、智能精准喷雾技术、缓释颗粒根部施药技术等高效精准施药技术与装备。

5.2.1　喷雾技术的概念与分类

根据喷雾场所和防治的需要，人们研究发展出了多种多样的喷雾方法，每种喷雾方法都有其特点和使用范围。农药喷雾技术的分类方法很多，根据喷雾机具、作业方式、施药液量、雾化程度、雾滴运动特性等参数，喷雾技术各种各样。

1. 根据施药液量分类

喷雾过程中施药液量的多少大体与雾化程度相一致，采用粗雾喷洒方法，就需要大的施药液量；采用细雾喷洒方法，就需要采用低容量或超低容量喷雾方法。

在农药使用技术中，单位面积（每公顷）所需要的喷洒药液量称为施药液量或施液量，用"L/hm^2"表示。施药液量是根据田间作物上的农药有效成分沉积量以及不可避免的药液流失量的总和来表示的，是植保机具进行田间作业时的一项重要技术指标。

在农药喷雾技术中，"水"在某种程度上主要起着农药有效成分分散载体的作用。因此，施药液量的多少并不能决定农药有效成分向靶标生物传递的效率，并不是说施药液量越大，药剂有效成分沉积到靶标上就越多，而实际情况有时恰恰相反。我国各地几十年来习惯采用高容量喷雾方法，误以为喷雾过程中喷出的药液越多越好，故意把本来设计进行中容量或低容量喷雾的小喷片钻成大喷片孔径，反而影响了作业质量和作业效率。

（1）大容量喷雾法

每亩果园施药液量在 67L 以上的喷雾方法称为大容量（high volume，HV）喷雾法，也称为常规喷雾法、传统喷雾法。大容量喷雾方法的雾滴粗大，所以也称为粗喷雾法。大容量喷雾法采取液力式雾化原理，使用液力式喷头，适应范围广。但这种粗大的农药雾滴在作物靶标叶片上极易发生液滴聚并，引起药液流失。

（2）中容量喷雾法

每亩果园施药液量在 33～67L 的喷雾方法称为中容量（median volume，MV）喷雾法，与大容量喷雾法之间的区分并不严格。中容量喷雾法采取液力式雾化原理，使用液力式雾化部件（喷头），适应范围广。采用中容量喷雾法进行田间作业时，农药雾滴在作物靶标叶片上会发生重复沉积，引起药液流失，但流失现象比大容量喷雾法轻。

（3）低容量喷雾法

每亩果园施药液量在 13～33L 的喷雾方法称为低容量（low volume，LV）喷雾法，雾滴细、施药液量少、工效高、药液流失少、农药有效利用率高。对于施药装备，可以通过调节药液流量调节阀、机械行走速度和喷头组合等实施低容量喷雾作业；对于手动喷雾器，可以通过更换小孔径喷片等措施来实施低容量喷雾；另外，采用双流体雾化技术也可以实施低容量喷雾作业。

（4）很低容量喷雾法

每亩果园施药液量在 3～13L 的喷雾方法称为很低容量（very low volume，VLV）喷雾法，和低容量喷雾法之间并不存在绝对的界线。很低容量喷雾法工效高、药液流失少、农药有效利用率高，但容易发生雾滴飘移。其雾化原理可以是液力式雾化，通过更换喷洒部件实施；也可以是低速离心雾化；或者采用双流体雾化技术实施低容量喷雾作业。

（5）超低容量喷雾法

每亩果园施药液量在 3L 以下的喷雾方法称为超低容量（ultra low volume，ULV）喷雾法，雾滴直径小于 100μm，属于细雾喷洒法。其雾化原理是采取离心雾化法或转碟雾化法，雾滴直径取决于圆盘（或圆杯等）的转速和药液流量，转速越快雾滴越细。超低容量喷雾法的施药液量极少,必须采取飘移喷雾法。但是由于超低容量喷雾法雾滴细小,容易受气流的影响,因此施药地块的布置以及喷雾作业的行走路线、喷头高度和喷幅的重叠都必须严格设计。

实际上喷雾过程中的施药液量不易划分,低容量喷雾法、很低容量喷雾法、超低容量喷雾法 3 种喷雾方法,雾滴较细或很细,所以也统称为细喷雾法。不同喷雾方法的分类及应采用的喷雾机具和喷头简单列于表 5-7,供读者参考。

表 5-7　不同喷雾方法在柑橘园的分类及应采用的喷雾机具和喷头

喷雾方法	柑橘园施药液量/(L/亩)	选用机具	选用喷头
大容量喷雾法(HV)	>67	背负式喷雾器 管道式喷雾装置	1.3mm 以上空心圆锥雾喷片,大流量的扇形雾喷头
中容量喷雾法(MV)	33~67	果园风送式喷雾机	0.7~1.0mm 小喷片,中流量的扇形雾喷头
低容量喷雾法(LV)	13~33	背负式机动弥雾机 植保无人飞机	0.7mm 小喷片,离心旋转喷头 小流量的扇形雾喷头
很低容量喷雾法(VLV)	3~13	植保无人飞机 电动离心喷雾机 烟雾机	小流量的扇形雾喷头 离心旋转喷头,双流体喷头
超低容量喷雾法(ULV)	<3	电动离心喷雾机 烟雾机	离心旋转喷头 超低容量喷头

2. 农药雾滴及雾滴直径

液体在气体中不连续的存在状态称为液滴,在农药使用过程中,药液经过喷雾器械雾化部件的作用分散形成的液滴称为雾滴。从喷头喷出的农药雾滴并不是均匀一致的,而是有大有小,呈一定的分布,雾滴的大小表示通常称为雾滴粒径。在一次喷雾中,有足够代表性的若干个雾滴的平均直径或中值直径称为雾滴直径,通常用微米(μm)作为单位。雾滴直径是衡量药液雾化程度和比较各类喷头雾化质量的主要指标。因与喷头类型有关,故也是选用喷头的主要参数。雾滴直径的表示方法有 4 种:体积中值中径(VMD)、数量中值中径(NMD)、质量中值中径、沙脱平均直径,常用 VMD 或 NMD 表示雾滴直径。

(1)体积中值中径

在一次喷雾中,将全部雾滴的体积按照从小到大顺序累加,当累加值等于全部雾滴体积的 50% 时,所对应的雾滴直径为体积中值直径(volume median diameter,VMD),简称体积中径(图 5-2)。相对于数量中径,体积中径能表达绝大部分药液的直径范围及其适用性,因此喷雾中多采用体积中径来表达雾滴群的大小,作为选用喷头的依据。

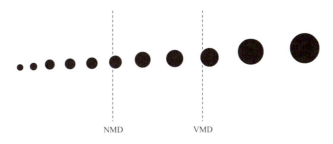

图 5-2　雾滴的数量中径（NMD）和体积中径（VMD）

（2）数量中值直径

在一次喷雾中，将全部雾滴按照从小到大顺序累加，当累加的雾滴数目为雾滴总数的 50% 时，所对应的雾滴直径为数量中值直径（number median diameter，NMD），简称数量中径（图 5-2）。如果雾滴群中细小雾滴数量较多，则将使雾滴中径变小；但数量较多的细小雾滴总量在总施药液量中只占非常小的比例，因此数量中径不能正确地反映大部分药液的直径范围及其适用性。

按照球体体积计算公式，我们很容易知道，1 个 500μm 的雾滴，假如雾滴直径减小一半，可以变成 8 个 250μm 的雾滴，即雾滴数量增加 8 倍（图 5-3）。因此，在农药喷雾过程中，尽量采用细雾滴喷雾，这样可以显著增加同等体积药液所形成的雾滴数。对柑橘叶片喷洒杀虫剂，农药雾滴直径减半，其雾滴数量增加 8 倍，雾滴在作物叶片上的沉积密度就增加到原来的 8 倍（图 5-4）。

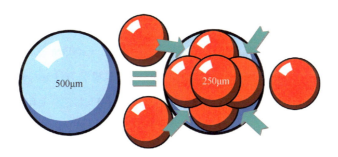

图 5-3　雾滴直径与雾滴数量之间的关系

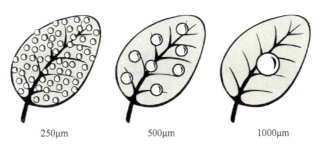

图 5-4　雾滴直径、雾滴数量与雾滴在叶片覆盖的关系

雾滴直径与雾滴覆盖密度、施药液量的关系如表 5-8 所示，由于雾滴直径与雾滴数量是立方的关系，雾滴越细小，雾滴数量成倍甚至几十倍地增加。喷雾时雾滴越细小，则单位面积上需要的施药液量就越少。例如，如果采用 250μm 的雾滴喷雾，要达到雾滴覆盖密度为 5 个雾滴/cm²，则需要的施药液量为 27L/亩；如果采用 70μm 的雾滴喷雾，要达到雾滴覆盖密度为 6 个雾滴/cm²，则需要的施药液量只有 0.72L/亩。

表 5-8　柑橘叶面喷雾时雾滴直径与施药液量的关系

雾滴直径/μm	雾滴体积/pL	雾滴数/μL	雾滴表面积/（mm²/μL）	施药液量 1L/hm² 条件下理论上的雾滴覆盖密度/（个/cm²）	每平方厘米覆盖 1 个雾滴需要的施药液量/L
20	4.2	238 732	300	2387	0.042
40	33.5	29 842	150	298.4	0.335
70	180	5 568	86	55.7	1.797
100	524	1 910	60	19.1	5.24
150	1 767	566	40	5.7	17.7
200	4 189	239	30	2.4	41.9
250	8 181	122	24	1.2	81.8
300	14 137	71	20	0.7	141.4
400	33 510	30	15	0.3	335.2
500	65 450	15	12	0.15	654.7

我国对雾滴直径的分类如表 5-9 所示。雾滴直径在 100～200μm 的称为细雾。细雾喷洒在植株比较高大、株冠比较茂密的作物上效果比较好。细雾喷洒方法适合喷洒杀虫剂防治柑橘木虱，能充分发挥细雾的穿透性能。但在柑橘园喷洒除草剂时不得采用细雾喷洒方法。小于等于 100μm 的雾滴称为极细雾（也称超细雾），这种极细雾的雾滴在空中悬浮时间长，易被靶标生物捕获，能够沉积分布到隐蔽的区域。根据我国的规定和习惯，将极细雾分为弥雾和气雾。人们习惯上把小于等于 50μm 的雾滴称为气雾，因为这样的细雾在空气中的飘浮时间比较长；而把 51～100μm 的细雾称为弥雾，气力式雾化所产生的雾滴基本属于这个范围。

表 5-9　我国对雾滴直径的分类规定

雾的分类	气雾	弥雾	细雾	粗雾
体积中径/μm	≤50	51～100	101～400	>400

雾滴直径是农药喷雾技术中最为重要和最易控制的参数，是衡量喷头喷雾质量的重要参

数，雾化程度的正确选择是用最少药量取得最好药效及减少环境污染等的技术关键。粗大雾滴的特点如下：①有较大的动能，能很快沉降到靶标正面；②不易发生随风飘移及蒸发散失，有利于控制飘失；③粗大雾滴撞击到靶标上后的附着力差，易发生弹跳和滚落流失（称为田内流失），造成大量农药损失并污染环境。细小雾滴的特点如下：①由于雾滴体积与其直径的立方成正比，一定体积的药液所产生的细小雾滴的数量将几倍甚至几十倍地增加粗大雾滴的数量，因此，细小雾滴对靶标的覆盖密度和覆盖均匀度远优于粗大雾滴；②小雾滴有较好的穿透能力，能随气流深入株冠层，沉积在果树或植株深处靶标正面或大雾滴不易沉积的背面；③细小雾滴在靶标上的附着力强，不会产生流失现象，农药利用率高；④细小雾滴易蒸发和飘失，造成环境污染。因此，在选择农药喷雾技术时，应采用合适的方法，在不造成环境污染的前提下，充分发挥细小雾滴的优势，有效防治柑橘木虱。

5.2.2　喷头及选择

柑橘木虱防控中的农药喷雾作业是否能取得预期的防治效果，取决于农药品种、药液浓度（稀释倍数）、喷雾时期、温度、风速、喷头类型、雾滴大小、雾滴密度等多种因素。有些因素是无法进行人为控制的，如温度、风速、害虫龄期等，我们只能根据喷雾技术的要求选择合适的条件；而有些因素则是完全由操作人员掌控的，如喷雾机具、喷头类型、喷雾压力、行走速度、药液浓度等。

尽管喷头在整个喷雾技术实施过程中只是一个体积很小的部件，但却是关键因素，是药液雾化的核心部件，它对喷雾质量往往具有决定性的影响。喷头不仅有气力式、液力式、旋转离心式等多种类型，还可以设计制造成可调喷头、导流喷头、调向喷头、组合喷头等多种型号，以满足不同喷雾技术的需要。

喷头之所以称为喷雾技术的核心部件，是因为其作用表现在如下几个方面：①喷头是形成雾滴的部件，决定着喷雾雾滴的大小，不同喷雾技术需要选择不同的喷头，如低容量喷雾需要选择雾化质量好、能形成细雾滴的喷头；②决定喷雾角度，喷雾角度与喷雾高度、喷雾面积直接相关，作物全田喷雾时，习惯采用大喷雾角的喷头，苗带喷雾或者局部喷雾时，可能小喷雾角度更适合；③决定喷雾量，喷雾量的多少与喷雾时行走速度、单位面积的施药液量直接相关；④决定农药雾滴飘移的风险，不同类型喷头所生成的细小雾滴的数量有差异，在喷洒除草剂时，不希望有雾滴飘移现象发生，此时就需要选择防飘喷头；⑤决定农药雾滴对作物株冠层的穿透能力，喷头类型、喷头的安装角度都对雾滴穿透株冠层有影响，一般来讲，气力辅助喷头所产生的雾滴对株冠层穿透性好，而选装圆盘喷头所生成的雾滴对作物株冠层的穿透能力则差，用户需要根据不同作业情况来选择；⑥决定农药雾滴在喷雾区域的沉积分布等。

1. 喷头的主要性能指标

（1）雾滴直径

喷头是生成雾滴的核心部件，所生成的雾滴直径（diameter of droplets）是喷头最重要的性能指标，喷嘴大小与喷雾压力决定了雾滴直径。一般来讲，喷头的喷嘴越大，喷雾压力越小，所生成的雾滴越大；喷嘴越小，喷雾压力越大，所生成的雾滴越小。

（2）喷雾角

在靠近喷头处由雾流的边界构成的角度为喷雾角（spray angle），喷雾角是喷头的重要性能指标，主要由喷头的机械结构所决定，与喷雾压力也有一定的关系。喷头上所标明的喷雾角（如 110°）也称为公称喷雾角（nominal spray angle），是指在某一基准压力下（如 0.3MPa）测得的喷雾角，用于表明该型号喷头特性。我国目前植保无人飞机、喷杆式喷雾机等安装的扇形雾喷头，所采用的多为 110 系列或 80 系列喷头（如 11001、11002、11003、8001、8002、8003 等，习惯上也被称为 1 号喷头、2 号喷头、3 号喷头），喷头编号中 110 表示喷雾角为110°，80 表示喷雾角为 80°。

（3）喷雾量

单位时间内喷出的液体的体积（L/min）为喷雾量（spray rate），习惯上也称为喷头流量、喷量，喷雾量与喷嘴的大小、喷雾压力有关。每种喷雾器所配置的喷头的喷雾量在出厂时都已经标定好，是喷头的重要参数，国际上要求当喷头的喷雾量有 10% 的误差时，就需要更换。用户在每个施药作业季开始喷雾前，应该认真校准喷头的喷雾量，以保证喷雾质量。

（4）射程

从喷头喷出的雾滴所能达到的有效距离（有效距离是指达到有关标准规定指标、视为具有防治效果的距离）为射程（range），水平方向上的有效距离为水平射程，垂直方向上的有效距离为垂直射程。射程与喷头类型有关，也与喷雾压力有关，一般情况下，喷雾压力越大，射程越远。

扇形雾喷头的喷雾角度、喷雾距离与雾滴覆盖范围密切相关（图 5-5），喷雾角度越大、喷雾距离（喷雾高度）越大，雾滴对靶标的覆盖范围就越大。

2. 喷头的选择、维护与更换

为便于用户选择，国际组织规定，不同流量的喷头应该采用不同的颜色来标识。表 5-10

给出了我国目前常用扇形雾喷头的型号、颜色、不同工作压力下的喷雾量等参数，用户可以根据喷头型号、喷雾压力、行走速度等计算出施药液量等参数。

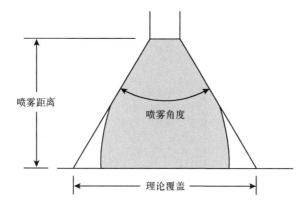

图 5-5　扇形雾喷头喷雾角度、喷雾距离与理论覆盖范围的关系

表 5-10　我国目前常用扇形雾喷头的性能指标

喷头			喷雾压力/ MPa	喷雾量/ (L/min)	不同行走速度下的施药液量/(L/hm²)				
俗称	型号	颜色			4km/h	5km/h	6km/h	7km/h	8km/h
1 号	11001 或 8001	橘黄色	0.1	0.23	69.0	55.2	46.0	39.4	34.5
			0.15	0.28	84.0	67.2	56.0	48.0	42.0
			0.20	0.32	96.0	76.8	64.0	54.9	48.0
			0.25	0.36	108	86.4	72.0	61.7	54.0
			0.30	0.39	117	93.6	78.0	66.9	58.5
			0.40	0.45	135	108	90.0	77.1	67.5
	110015 或 80015	绿色	0.1	0.34	102	81.6	68.0	58.3	51.0
			0.15	0.42	126	101	84.0	72.0	63.0
			0.20	0.48	144	115	96.0	82.3	72.0
			0.25	0.54	162	130	108	92.6	81.0
			0.30	0.59	177	142	118	101	88.5
			0.40	0.68	204	163	136	117	102
2 号	11002 或 8002	黄色	0.1	0.46	138	110	92.0	78.9	69.0
			0.15	0.56	168	134	112	96.0	84.0
			0.20	0.65	195	156	130	111	97.5
			0.25	0.72	216	173	144	123	108
			0.30	0.79	237	190	158	135	119
			0.40	0.91	273	218	182	156	137

喷头			喷雾压力/	喷雾量/	不同行走速度下的施药液量/(L/hm²)				
俗称	型号	颜色	MPa	(L/min)	4km/h	5km/h	6km/h	7km/h	8km/h
3 号	11003 或 8003	蓝色	0.1	0.68	204	163	136	117	102
			0.15	0.83	249	199	166	142	125
			0.20	0.96	288	230	192	165	144
			0.25	1.08	324	259	216	185	162
			0.30	1.18	354	283	236	202	177
			0.40	1.36	408	326	272	233	204
4 号	11004 或 8004	红色	0.1	0.91	273	218	182	156	137
			0.15	1.12	336	269	224	192	168
			0.20	1.29	387	310	258	221	194
			0.25	1.44	432	346	288	247	216
			0.30	1.58	474	379	316	271	237
			0.40	1.82	546	437	364	312	273

注：表格中施药液量以喷头喷雾高度 50cm 进行计算

3. 喷头堵塞的处理

喷头是精密的喷洒部件，孔径大小决定着雾滴大小、喷雾形状和喷头流量。为了形成均匀细小的雾滴，在液力式喷雾过程中，尽量提倡采用小孔径喷头喷雾。柑橘园进行喷雾作业时，因制剂质量差或颗粒粗、配制药液的水中杂质、喷雾器缺少滤网，经常发生喷头堵塞现象，如何正确处理喷头堵塞问题，不仅与喷雾质量有关，也事关用户的安全健康。

（1）喷头堵塞的原因

喷头堵塞的原因主要有以下 3 种。

1）制剂质量差或颗粒粗

固态农药制剂（如可湿性粉剂、悬浮剂）在加工过程中，需要加入矿物载体（如滑石粉、硅藻土）作为填料，如果企业加工设备落后，生产的农药制剂中就存在一些较大粒径的矿物颗粒。另外，农药悬浮剂在贮存过程中，因颗粒间聚并，发生沉淀，也会形成一些大颗粒。在用水稀释后，这些颗粒物质就会导致喷头堵塞，影响喷雾效果。

可湿性粉、水分散粒剂等兑水配成悬浊液（简称悬液），即细小的固体微粒悬浮在水中，良好者呈均匀浑浊状，且在一定时间内要求保持相对稳定，不能出现大量沉淀。有经验的农药用户采用质量不太好的制剂配成悬液，在喷雾作业进行一半左右时，往往会使劲摇振一下喷雾器，或者对手动喷雾器补充打气，以便把剩余的悬液再混匀。

2）配制药液的水中杂质

一般，配制药液要用洁净水，不要用脏水、泥水。含固体悬浮物太多的水，其中的固体杂质可能会堵塞药液喷雾器的喷嘴，可能影响药液有效成分的稳定性，更有可能破坏药液的良好理化性状。优良的农药制剂，适应配制药液用水硬度范围较宽，既可用硬度在标准硬水左右的水（如以地下水为水源的北方城镇自来水），也可用"软水"，即硬度很低的水（如雨水、河水），还可用硬度明显高于标准硬水的水（如石灰岩地区的井水）。但一般的农药制剂只适应硬度在软水到标准硬水左右的水质。含无机盐太多的水，会产生"盐析作用"，破坏药液的良好理化性状。如果水中含有重金属离子，更会使一些农药有效成分减效或失效。因此，农药用户在配制药液时，尽量利用水质好一点的水源，不要用无机盐含量过高的"苦水"。只有"苦水"水源的地区，须先用少量农药制剂试配药液，查看其理化性状是否被破坏，再决定该水源是否可用。

3）喷雾器缺少滤网

喷雾设备有多级过滤装置，一般在药液箱加液口、喷杆开关前、喷头等处至少有三级过滤装置。在安装滤网的情况下，向药液箱中灌注水时，速度偏慢，有些农药用户就选择把滤网去掉。当没有过滤装置时，水中的大颗粒杂质会进入喷雾器，在喷雾过程中就会堵塞喷头。所以，在田间喷雾前，要检查所用喷雾设备是否装配滤网。

（2）喷头堵塞后，农药用户常采取的错误行为

田间喷雾发现喷头堵塞后，很多农药用户常常采用嘴吹喷头或金属刀具捅喷头的错误方法，很容易被农药污染。

1）嘴吹喷头

不少人发现喷雾器的喷头堵塞后，急于维修，经常徒手拧下喷头，把喷头放进嘴里用劲吹，试图把堵塞喷头的颗粒杂质吹出来。这样做是很危险的，稍有不慎，就会经口吸入农药，特别是喷洒剧毒、高毒杀虫剂和中等毒性除草剂百草枯时，这种用嘴吹的方式更危险。

2）金属刀具捅喷头

如上所述，喷头是精密的喷洒部件。喷头出厂后，要在使用一定时间后校正其喷雾性能，当发现喷头磨损后，按照国际上的要求，需要更换新喷头。若用坚硬的金属刀具、钢钉等来处理喷头，很容易损坏喷头，使喷头的雾化质量大打折扣，最终不能满足农药喷雾的要求。

（3）喷头堵塞后的正确处理方式

喷雾施药过程中遇喷头堵塞等情况时，应立即关闭喷杆上的开关，先用清水冲洗喷头，然后戴上乳胶手套进行故障排除，用毛刷清洗喷孔，严禁用嘴吹吸喷头和滤网。

5.2.3　柑橘木虱防治时扇形雾喷头的选择

为寻找在柑橘树中沉积分布较好且能够高效防治柑橘木虱的雾滴直径，农业农村部南京农业机械化研究所于 2019 年在江西赣州开展了不同型号扇形雾喷头喷雾防治柑橘木虱的效果比较研究。试验选取 YZK8001、YZS8002、YZS8003、YZS8004 等 4 种型号扇形雾喷头，并分别将 4 种喷头安装在搭建的龙门架上进行试验。试验选取树龄在 3～5 年且已结有果实的柑橘树，树形为自然圆头形，所选柑橘树均受柑橘木虱侵害，且在树冠中的柑橘木虱成虫数量大于 50 只。选取 4 株符合要求的柑橘树进行试验，为防止外界柑橘木虱影响试验结果的准确性，同时保证柑橘树的光照充足，选取 40 目的防虫网搭建棚室，将柑橘树包围。在防虫网内借助龙门架采用从上往下喷雾的方式进行施药，龙门架上两个喷头的间距为 130cm，喷头距离树冠高度 0.5m，喷头与龙门架水平横杆间有 15° 的夹角。装置示意图和实际图分别如图 5-6 和图 5-7 所示。

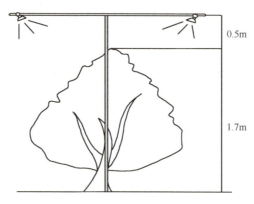

图 5-6　试验装置示意图

图 5-7　在防虫网内进行喷雾试验

如本章 5.2.2 所述，YZK8001、YZS8002、YZS8003、YZS8004 等 4 种喷头的流量不同，试验时在各个防虫网内喷施相同浓度的农药。为保证各个处理的施药量相同，测定各个喷头各自的流量后，在控制每株树施药量为 250mL 的条件下，计算出对应喷雾方式所需的施药时间，喷雾压力均为 0.4MPa。将树冠内各高度层采样点测得的数值取平均值，处理结果如表 5-11 所示。

表 5-11　柑橘冠层内雾滴覆盖率（%）

冠层高度/m	1 号防虫网		2 号防虫网		3 号防虫网		4 号防虫网	
	叶面	叶背	叶面	叶背	叶面	叶背	叶面	叶背
1	38.81	0.26	50.40	0.21	40.23	0.07	39.69	0.02
2	26.33	0.18	44.71	0.05	42.82	0.05	40.72	0.02
3	4.43	0.09	15.43	0.09	37.37	0.03	6.02	0.02

由表 5-11 数据直观分析可知：在 2 号防虫网内 1m 高度处，叶面的雾滴覆盖率最大（50.4%），这是由于 2 号喷头相比 1 号喷头雾滴直径大，飘移小；3 号、4 号喷头的雾滴直径大，在相同流量的情况下雾滴个数少，在柑橘树叶片上分布不均匀，因此导致叶面雾滴覆盖率降低；在 1 号防虫网内 1m 高度处，叶背的雾滴覆盖率最大（0.26%），这是由于 1 号防虫网内雾滴直径最小，更容易扩散到叶背。3 号防虫网内在树冠 3 个高度的叶面雾滴覆盖率都较高且接近，由此可以判断 YZS8003 号喷头在柑橘树冠层中的穿透性最好。过小的雾滴自身质量太小，在离开喷头后所具有的动能不够；过大的雾滴虽然动能更大，但由于雾滴大，雾滴个数就会减少，被叶片阻挡的概率就会增加。

不同型号喷头喷雾对柑橘木虱防治效果的结果表明：在施药 1d 后，2 号、3 号防虫网内虫口减退率最高（达 80% 以上），而且 2 号、3 号防虫网内的虫口减退率在 3d 和 7d 时仍是 4 个防虫网中减退率较高的，防治效果较好。结合沉积分布试验所得出的结论，由于在 2 号、3 号防虫网内叶面覆盖率较高，同时 2 号、3 号防虫网内的柑橘木虱灭杀性最好，说明雾滴覆盖率是影响杀虫剂防治柑橘木虱效果的主要因素，应选择雾滴覆盖率好的方式进行施药。

此外，防虫网内的柑橘木虱若虫没有全部被杀死，在施药后有部分若虫发育为成虫，导致虫口减退率下降。4 个防虫网内均有这个现象。这与 4 种喷头施药在叶背的雾滴覆盖率都特别低有关，藏在叶背的柑橘木虱成虫及若虫未能被杀死，导致在施药后防虫网内柑橘木虱数量出现持续上升的趋势。

5.2.4　喷头选择及安装位置与沉积分布研究

丘陵山地柑橘果园正逐步推广固定管道式喷灌施药技术，在快速防治柑橘木虱的同时最大限度地降低劳动强度，有利于提高生产效率，以合理的投入获得较好的效益，有利于果园的集约化经营。固定管道式喷灌施药系统的管道及喷头常年固定不动，柑橘树冠层高大稠密，喷头选择及喷头安装位置是影响施药效果的关键因素。

农业农村部南京农业机械化研究所于 2019 年在江西赣州开展了喷头选择安装试验，试验选取树龄在 8～10 年的高大柑橘树冠层，树形为自然圆头形，冠层直径 3.0m、高度 2.5m。在冠层中心位置布置龙门架，采用从上往下喷雾的方式进行喷洒，龙门架上 2 个喷头的间距为 1.5m，喷头距离树冠高度为设计变量，喷头与龙门架水平横杆间呈 90° 直角。扇形雾喷头（YZK8001、YZS8002、YZS8003、YZS8004）、乐苗 1205 型激射式喷头等两种类型喷头试验装置示意图及实物图如图 5-8 和图 5-9 所示。

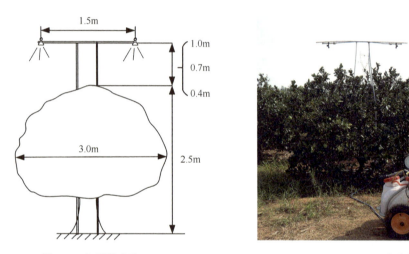

图 5-8　扇形雾喷头（YZK8001、YZS8002、YZS8003、YZS8004）试验装置

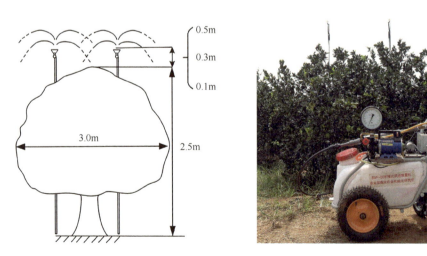

图 5-9　乐苗 1205 型激射式喷头试验装置（薛新宇团队　供图）

由于各个喷头的流量不同，为保证各个处理的施药量相同，测定各个喷头各自的流量后，在控制每组喷头施药量为 1000mL 的条件下，计算出对应喷雾方式所需的施药时间，喷雾压力均为 0.4MPa。将柑橘树冠分层取样，冠层垂直方向分为上、中、下 3 个采样层，冠层水平方向以中心点为圆心分为 4 个采样环，采样区布置如图 5-10 所示。

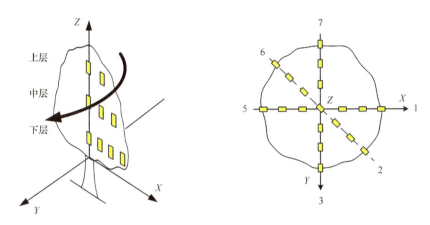

图 5-10　采样区布置示意图

各采样区测得的数值取平均值，不同布置高度下，Lanao 系列喷头在各采样区雾滴沉积覆盖率垂直方向的结果表明：在柑橘树冠层垂直方向，扇形雾喷头距离冠层顶端高度变化对雾滴穿透性影响不明显，对雾滴直径影响较为显著，其中 YZK8001 型喷头喷嘴雾滴直径较小，雾滴单体惯性较小，雾滴群自身动能不够，在冠层垂直方向穿透能力不足。该系列喷头随雾滴直径增加，喷洒雾滴群向下的动能增加，垂直方向的穿透性有所提升，其中 YZS8002 型、YZS8003 型喷头有较好的冠层穿透性。YZS8004 型喷头喷雾流量较大，在相同施药液量情况下喷头工作时间最短，其喷洒的雾滴直径最大，在垂直方向的冠层顶端产生药液积聚现象，雾滴无法有效穿透到冠层下部。

在柑橘树冠层水平方向，扇形雾喷头距离冠层顶端高度及喷头雾滴直径对分布均匀性的影响较为显著，喷头布置高度决定雾滴下落时间，若喷头到冠层距离过短，雾滴撞击到冠层叶片时，其在水平方向的运动速度尚未完全衰减，导致径向扩散不充分。大粒径雾滴在雾化过程中获得了较大的水平方向的运动能力，可提高冠层外圈的雾滴沉积覆盖率。综上所述，选取 YZS8002 型喷头布置在距离冠层 70cm 处，以及 YZS8003 型喷头布置在距离冠层 100cm 处的组合具有较好的垂向穿透性和水平径向分布均匀性。

采用乐苗 1205 型激射式喷头喷雾，农药雾滴在柑橘树冠层垂直方向的沉积穿透性效果较好，不同高度情况下雾滴覆盖密度均大于 30%，其中喷头距离冠层顶端高度增加到 50cm 时，雾滴雾化充分，细小雾滴对果树冠层下层区域的沉积穿透性提升较为明显。农药雾滴在柑橘树冠层水平方向沉积分布均匀性整体较好，喷头高度变化对冠层水平径向沉积的中心区域及外缘区域存在较显著影响。喷头高度不足,喷洒雾滴径向运动不充分,则使果树冠层中心位置的雾化搭接区沉积覆盖率有所下降;喷头高度过高,喷洒雾滴径向运动超过冠层外缘,则造成雾滴流失,降低农药有效利用率。乐苗 1205 型激射式喷头选用距离冠层顶端 30cm 高度时,其垂直及水平方向的雾滴沉积覆盖率均达到 30% 以上,具有较好的沉积分布性。

5.2.5 柑橘园风送式喷雾技术

小农户果农在果园喷雾时,采用手动喷雾器或机动喷雾机,一是作业效率低,二是喷洒出去的雾滴很难穿透果树茂密的冠层,只能加大施药液量,结果导致药液大量流失,不仅浪费农药、浪费水,防治效果还不理想。工业化国家很早就开始采用风送式喷雾技术,依靠强大气流的吹送作用,使裹挟有大量雾滴的气流替换掉果树冠层内的空气,进而使药剂在冠层内沉积分布,达到均匀沉积的目的。这种喷雾方式属于置换式喷雾技术,是发达国家果园病虫害防治的主要技术,我国柑橘园也已开始研究推广这种风送式喷雾技术。

果园风送式喷雾机是一种适用于较大面积果园施药的大型机具。它不像一般喷雾机仅靠液泵的压力使药液雾化,而是依靠风机产生强大的气流将雾滴吹送至果树的各个部位。风机的高速气流有助于雾滴穿透稠密的果树枝叶,并促使叶片翻动,提高了药液附着率且不会损伤果树的枝条或损坏果实。它具有喷雾质量好、用药省、用水少、生产率高等优点。但需要果树栽培技术与之配合,如针对株行距及田间作业道路的规划、树高的控制、树型的修剪与改造等。

果园风送式喷雾机有悬挂、牵引式和自走式等。牵引式又包括动力输出轴驱动型和自带发动机型两种。我国主要机型为中小型牵引式动力输出轴驱动型、小型悬挂式或自走式机型。前者成本低,而后者机动性好、爬坡能力强,适用于密植或坡地果园。

1. 果园风送式喷雾机的主要结构

果园风送式喷雾机分为动力和喷雾两部分。喷雾部分由药箱、轴流风机、四缸活塞式隔膜泵或三缸柱塞泵、调压分配阀、过滤器、吸水阀、传动轴和喷洒装置等组成(图 5-11)。

轴流风机为喷雾机的主要工作部件,其性能好坏直接影响整机的喷洒质量和防治效果。它由叶轮、叶片、导风板、风机壳和安全罩等组成。叶轮直径为 580mm,叶片有 14 片,由铸铝制造。为了引导气流进入风机壳内,风机壳的入口处特制成有较大圆弧的集流口。在风机壳的后半部设有固定的出口导风板,以消除气流圆周分速带来的损失,保证气流轴向进入、径向流出,提高风机的效率。风机壳由铸铝制成。

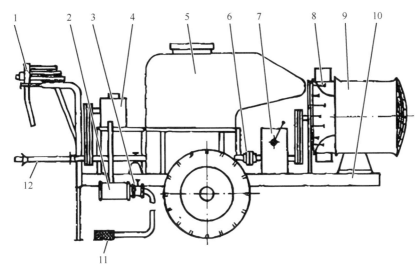

图 5-11　果园风送式喷雾机喷雾部分的结构（袁会珠，2011）

1.调压分配阀；2.过滤器；3.吸水阀；4.液泵；5.药箱；6.联轴器；7.增速箱；
8.喷洒装置；9.轴流风机；10.底盘；11.吸水头；12.万向节

2. 果园风送式喷雾机的工作原理

果园风送式喷雾机的工作原理：当拖拉机驱动液泵运转时，药箱中的水经吸水头、开关、过滤器进入液泵。然后经调压分配阀总开关的回水管及搅拌管进入药液箱，在向药箱加水的同时，将农药按所需的比例加入药箱，这样就可以边加水边混合农药。喷雾时，药箱中的药液经出水管、过滤器与液泵的进水管进入液泵，在液泵的作用下，药液由液泵的出水管路进入调压分配阀的总开关，在总开关开启时，一部分药液经两个分置开关，通过输药管进入喷洒装置的喷管中。进入喷管的具有压力的药液在喷头的作用下，以雾状喷出，并通过风机产生的强大气流，将雾滴再次进行雾化。同时将雾化后的细雾滴吹送到果树枝叶上。

3. 果园风送式喷雾机的应用

（1）施药前准备工作

1）施药气象条件

气温大于 32℃时，在酷暑天中午烈日下应尽量避免喷药。喷洒作业时风速应低于 3.5m/s（三级风），避免飘移污染。应避免在降雨时进行喷洒作业，以保证良好防效。

2）果树种植要求

目前较广泛使用的果园风送式喷雾机都配备轴流风机，适合用在生长高度 5m 以下的乔砧果园和经改造的乔砧密植果园。

被喷施的果树树型高矮应整齐一致，整枝修剪后，枝叶不过密，枝条排列开放，使药雾易于穿透整个树冠，均匀沉积于各个部位。

结果实枝条不要距地面太近；疏果时（如苹果等），最好不留丛果或双果。

果树行距在修剪整枝后，应大于机具最宽处的 1.5～2.5 倍（矮化果树取小值，乔化高大果树取大值）。行间不能种植其他作物（绿肥等不怕压的作物除外）。地头空地的宽度应大于或等于机组转弯半径。

行间最好没有明沟灌溉系统。隔行喷施将影响防治效果。

3）机具准备与调试

将牵引式果园喷雾机的挂钩挂在拖拉机牵引板上，插好销轴并穿上开口销，然后安装万向传动轴。

悬挂式果园喷雾机还要调整拖拉机上的拉杆，使其处于平衡状态，紧固两侧链环，以防工作时喷雾机左右摆动。

检查液泵和变速箱内的润滑油是否到油位；各黄油嘴处加注黄油；拖拉机、喷雾机轮胎充气；隔膜泵气室充气。药箱中装入 1/3 容量清水，在正常工作状态下喷雾。检查各部件工作是否正常，各连接部位有无漏液、漏油等现象。尤其要检查药液雾化性能、风机运转性能、搅拌器搅拌性能、管路控制系统等是否正常，易老化的橡胶密封件和塑料件是否要更换。

喷头配置：根据果树生长情况和施药液量要求，选择喷头类型和型号。如将树高方向均分成上、中、下三部分，喷量的分布大体应是 1/5、3/5、1/5。如果树较高，喷雾机上方可安装窄喷雾角喷头以提高射程。

喷量调整：根据喷量要求选择不同孔径、不同数量喷头。

泵压调整：顺时针转动泵调压阀，使压力增大，反之压力减小。泵压一般控制在 1.0～1.5MPa。

喷幅调整：根据果树不同株高，利用系在风机上的绸布条观察风机的气流吹向，调整风机出风口处上、下挡风板的角度，使喷出的雾流正好包容整株果树。

风量、风速调整：当用于矮化果树和葡萄园喷雾时，仅需小风量低风速作业，此时降低发动机转速（适当减小油门）即可。

4）作业参数计算

a. 喷雾机组行走速度的计算。喷雾机组行走速度除与施药液量有关外，还受风机风量的影响。风机气流必须能置换靶标体积内的全部空气。机组行走速度可由以下公式计算。

$$V = \frac{Q \times 10^3}{Bh} \qquad (5\text{-}1)$$

式中，V 为拖拉机行走速度（km/h）；Q 为风机风量（m³/h）；B 为行距（m）；h 为树高（m）。V 一般为 1.8～3.6km/h（0.5～1m/s），如计算的速度超此范围，可通过调整喷量（改变喷头数、喷孔大小等）的方法来调节。

b. 作业路线的确定。作业时，操作者应尽可能位于上风口，避免处于药液雾化区域。一般应从下风处向上风处行进作业。同时，机具应略偏向上风侧行进。

（2）施药中的技术规范

普通担架式喷雾采用大容量喷雾技术，而果园风送式喷雾机作业采用中容量喷雾技术，在减少施药液量的同时应保证施药量满足防治要求，所用农药配比浓度应比常量喷雾提高2～8 倍。

在果树枝叶茂盛时，果园风送式喷雾技术每米树高推荐的施药液量为 600～800L/hm^2，远小于大容量喷雾方法的 10 000L/hm^2 的施药液量，因此作业效率高。可根据季节、枝叶数量、防病或防虫、内吸药剂或保护药剂进行适当调节，保证树冠各部位枝叶、果实都能均匀接收药雾，且无药液流失（图 5-12）。

图 5-12　果园风送式喷雾机喷雾作业

在采用果园风送式喷雾技术过程中，导风板的安装角度也很重要，上导风板的安装斜度应保证每一行树内大部分树冠都能处在喷施的药雾气流中；下导风板的安装斜度应保证喷施的药雾到达下部树冠，并使药液不喷在地面上（图 5-13）。此外，在喷雾过程中，喷雾机是不停顿持续前进的，故要取得满意的喷雾质量，果园的结构和修剪必须与果园风送式喷雾技术的特点结合起来。果树应采用矮化密植栽培，疏去过分稠密的枝叶，利于喷雾时雾滴的穿透。

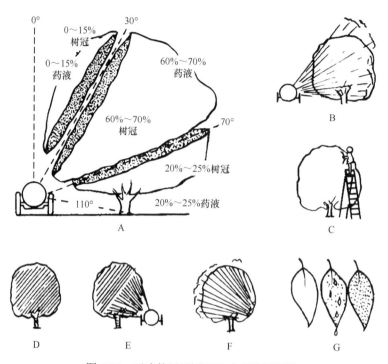

图 5-13　正确使用果园风送式喷雾机图解

图片来源：富美实公司。A：正确的喷头配置和喷头大小选择（0～15% 的树冠分布 0～15% 的药液，60%～70% 的树冠分布 60%～70% 的药液，20%～25% 的树冠分布 20%～25% 的药液，根据果园中树型变化稍有不同）；B 和 F：喷头大小、喷头配置和喷雾机的行进速度正确时，整株果树均处于药雾气流中；C：检查药雾穿透沉积情况；D：树冠内空气处于静止状态；E：喷雾机行进速度过快，药物气流不能完全置换整株果树树冠层内的静止空气；G：右边的叶片表示药液沉积分布不当，中间的叶片表示喷雾过量，造成药液流失

　　将风机离合器处于分离状态，液泵调压阀处于卸荷状态，启动机具，向药箱中加水至一半时，液泵调压阀处于加压状态，打开搅拌管路，随即往药箱中加入农药（有自动加水功能的机具可边加水边加农药），满箱后，继续运转 10min，让药液充分搅拌均匀。

　　机组到地头后，选择好行走的路线，结合风机离合器，打开截止阀进行喷雾作业。作业中应随时注意机组工作状态，如发现不正常声响和不正常现象，应立即停车，待查出原因并排除故障后再继续作业。每次开机或停机前，应将调压手柄放在卸压位置。

　　（3）施药后技术处理

　　每次作业完成以后，应将残液倒出，并向药箱中加入 1/5 容量（不少于 100L）的清水，以工况状态喷液，清洗输液管路剩余药液，检查各连接处是否有漏液、漏油，并及时排除。清洗后应将清洗水排尽，并将机具擦干。

　　泵的保养按使用说明书要求进行，其余同喷杆喷雾机。

当防治季节过后，机具长期存放时，应彻底清洗机具并严格清除泵内及管道内积水，防止冬季冻坏机件。

拆下喷头清洗干净并用专用工具保存好，同时将喷杆上的喷头座孔封好，以防杂物、小虫进入。应将机具放在干燥通风的机库内，避免露天存放或与农药、酸、碱等腐蚀性物质放在一起。

5.2.6 植保无人飞机低容量喷雾技术

植保无人飞机低容量喷雾技术是近几年兴起和快速发展的现代农业技术之一，具有省工省水、快速高效、人药分离、作业及时、精准施药等优点。国家航空植保科技创新联盟、中国农业科学院植物保护研究所、西南大学/中国农业科学院柑桔研究所、华南农业大学等单位自 2017 年开始，组织开展了柑橘园植保无人飞机低容量喷雾技术研究，探索了植保无人飞机喷雾在柑橘冠层的雾滴沉积分布规律和无人飞机植保作业参数，并开展了对柑橘木虱防治效果的研究。

1. 植保无人飞机的主要类型及特点

国内用于植保作业的无人飞机产品型号、品牌众多，从升力部件类型来划分，主要有单旋翼植保无人飞机和多旋翼植保无人飞机等类型；从动力部件类型来划分，主要有电动植保无人飞机和油动植保无人飞机等类型；从起降类型来划分，主要有垂直起降型和非垂直起降型。其中，非垂直起降型无人飞机的飞行速度高、无法定点悬停，现有技术条件下不能满足植保作业要求，常用来进行遥感航拍等作业。因此目前市场上常见的植保无人飞机机型主要是单旋翼和多旋翼的垂直起降型无人飞机，包括油动单旋翼植保无人飞机（图 5-14）、电动单旋翼植保无人飞机（图 5-15）、电动多旋翼植保无人飞机（图 5-16）等类型。

图 5-14　油动单旋翼植保无人飞机

图 5-15　电动单旋翼植保无人飞机

图 5-16　电动多旋翼植保无人飞机

中国农业科学院柑桔研究所比较研究了植保无人飞机喷雾在柑橘冠层的雾滴沉积分布规律和无人飞机植保作业参数。在丰产期的'鸡尾葡萄柚'园中，研究人员将 4 行约 100 株自然圆头形树冠修剪成开心形，另选 4 行自然圆头形树冠作为对照。在采样植株冠层内部搭设立体网格架，网格架垂直方向分为上、中、下 3 层，每层设置 3×5 共计 15 个采样点，每株树共计 45 个观察点，每个点放置两张 4cm×6cm 铜版纸卡作为雾滴承接载体。以 0.5% 诱惑红水溶液作为示踪剂，六旋翼植保无人飞机分别在不同飞行作业速度（v_1=0.7m/s、v_2=1.2m/s、v_3=1.7m/s）和不同作业高度（h_1=1.0m、h_2=1.5m、h_3=2.0m）处理下喷雾。每次处理后采集纸卡，计算雾滴在柑橘叶片上的覆盖率，分析所喷洒的雾滴在植株冠层的沉积分布规律，优选作业参数。以管道系统人工手持喷枪喷雾为对照，通过筛选出的优选作业参数开展柑橘木虱与潜叶蛾的植保无人飞机防控试验验证。施药日期依据果园气候和害虫发生情况确定，试验周期从 2017 年 4 月始到 10 月止，即此园春梢萌发到秋梢老熟的全部时期，其中包括了全年柑橘木虱和潜叶蛾危害高峰期。每次作业时，记录植保无人飞机和人工喷雾的作业量、耗费时间、用药量、用工人次、用水量、农药价格及其他支出等信息，喷药后每隔 15d 左右调查一次虫口情况。试验结果表明：柑橘园植保无人飞机喷雾施药，在兼顾作业效率和有效雾滴沉积的情况下，以开心形树冠、飞行高度 1.0m 和飞行速度 1.7m/s 为作业参数，其作业雾滴穿透性和分布效应较佳，平均雾滴覆盖率达 19.1%；采用此作业参数，在柑橘园实施柑橘木虱与潜叶蛾的植保无人飞机防控试验，与人工喷雾作业相比，防治效果不存在显著性差异，但植保无人飞机喷雾作业的效率、总成本、施药量分别是人工喷雾的 45 倍、63.3%、10%。结果表明，基于适宜的喷雾作业参数和树形结构的柑橘木虱与潜叶蛾多旋翼植保无人飞机飞防作业，可获得较好的防治效果，并且可显著提高作业效率、显著减少农药施用量，降低植保作业的综合成本。

2. 柑橘园植保无人飞机智能精准喷雾技术

近两年，我国植保无人飞机精准施药技术研发取得突破，通过多学科交叉，研究和熟化高精度导航定位技术、多传感器融合技术、多机协同技术、自动避障系统、仿地飞行控制技术等，为航空精准施药提供必要的辅助技术支撑。其中，研究提出了结合作物特征和无人飞机结构特征的微调设置以控制航迹；设计了基于 GPS（全球定位系统）和 GPRS（通用分组无线服务技术）混合的定位算法，提高了农业植保无人飞机的定位精度；基于实时动态差分技术（real-time kinematic，RTK）的北斗卫星导航系统优化了植保无人飞机飞控系统，大幅度提高了作业航迹的精度。此外，也将全球导航卫星系统（global navigation satellite system，GNSS）与惯性导航、视觉导航等技术相融合进行无人飞机航迹控制的研究。

针对山地丘陵果园喷雾难题，深圳市大疆创新科技有限公司研发了丘陵山地果园植保无人飞机智能精准喷雾技术，其由果园测绘、果园场景建模、精准喷雾 3 个环节组成。第一步是果园测绘，即在 RTK 下，P4R 测绘无人飞机对整个目标果园进行测绘，通过 P4R 所携带的高清摄像机从不同角度对整个果园全覆盖拍摄图片，测出果园内果树树冠尺寸、树高以及每株果树在果园的位置坐标，为后续果园场景建模作准备；第二步是果园场景建模，通过 P4R 测绘照片在"Terra"软件进行果园场景建模，对目标果树进行识别，并识别非果树目标（包含建筑、电线杆、非果树树木等），将果园内所有事物呈现在"Terra"软件建模中，开启"Terra"软件识别功能后，可在果园建模场景中规划 T16 作业航线并设定航线参数如航线高度、航线间距等，建成满足地势所需航线，植保无人飞机按该航线飞行时，只在识别出果树的位置开启喷洒功能，做到精准高效施药；第三步是精准喷雾，将上一步制作的航线导入植保无人飞机遥控器，根据在"Terra"软件中的识别结果，植保无人飞机根据树冠大小和果树位置进行精准自行喷洒，可按该航线定期对不同时期病虫害进行喷雾作业。植保无人飞机根据作业地形的不断变化，实现了保持喷头和树冠高度的一致性，并且能做到断点补喷的智能化和精准化。

中国农业科学院植物保护研究所和深圳市大疆创新科技有限公司联合建立的"农业无人机联合实验室"于 2020 年在江西赣州、南丰开展的植保无人飞机山地柑橘园智能作业模式田间试验结果明确了人工智能（AI）果树识别模式在山地丘陵果园对柑橘的验证方法，并通过主产区不同果树树龄、不同种植坡度、不同识别方法等验证了植保无人飞机 AI 果树识别技术的可行性和可靠性（图 5-17）。试验结果表明：P4R 测绘无人飞机对树龄为 2～5 年柑橘树的识别率为 79.6%～98.6%，对树龄为 10～15 年柑橘树的识别率为 98.3%～99.0%，能满足现实果树生产需要。其对柑橘木虱防治试验结果表明：药后 14d，10% 高氯·吡丙醚微乳剂有效成分 12～15g/亩，对柑橘木虱成虫和若虫的防效均高于 90%；采用植保无人飞机低容量喷施 10% 高氯·吡丙醚微乳剂，有效成分用量 12g/亩时，其对柑橘木虱成虫和若虫的防效即可达到背

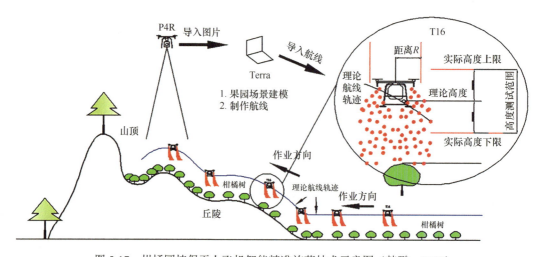

图 5-17　柑橘园植保无人飞机智能精准施药技术示意图（韩鹏，2020）

负式电动喷雾器 15g/亩时的防效；同等剂量下植保无人飞机低容量喷雾对柑橘木虱成虫和若虫的防效显著高于背负式电动喷雾器常规大容量喷雾处理。

5.3 天敌资源发掘、规模化繁育与释放技术

柑橘木虱是柑橘黄龙病病原细菌亚洲种（*Candidatus* Liberibacter asiaticus）的唯一自然虫媒（Hall et al.，2013）。柑橘木虱成虫和四龄或五龄若虫都可以通过取食感病植株而获得黄龙病病原菌，且获得病原菌后病原菌能在柑橘木虱体内增殖，终身携带病原菌。因此，柑橘木虱是引起田间柑橘黄龙病近距离传播、扩散的最主要因素之一。目前，有效防治柑橘木虱，合理利用柑橘木虱的天敌进行绿色防控是首选措施。天敌资源发掘、规模化繁育与释放技术显得尤为重要。

5.3.1 天敌资源发掘

柑橘木虱的天敌资源主要有寄生性天敌、捕食性天敌、虫生真菌等三大类。

5.3.1.1 柑橘木虱的寄生性天敌

国内外报道，柑橘木虱寄生蜂包括 2 种初寄生蜂和 18 种重寄生蜂，2 种初寄生蜂分别为姬小蜂科的亮腹姬小蜂（或称亮腹釉小蜂）（*Tamarixia radiata*）、跳小蜂科的阿里食虱跳小蜂（*Diaphorencyrtus aligarhensis*）（Waterston，1922；Hayat and Lin，1988；Tang and Aubert，1990；王竹红等，2019）；18 种重寄生蜂隶属于小蜂总科的姬小蜂科（Eulophidae，2 种），跳小蜂科（Encyrtidae，8 种）（Hayat and Lin，1988；Bistline-East and Hoddle，2016），棒小蜂科（Signiphoridae，1 种）（Bistline-East and Hoddle，2014），蚜小蜂科（Aphelinidae，6 种）（Hoddle et al.，2013），金小蜂科（Pteromalidae，1 种）。重寄生蜂寄生降低了初寄生蜂的自然种群，影响了初寄生蜂对害虫的控制作用。亮腹姬小蜂和阿里食虱跳小蜂都是专性寄生蜂，除直接寄生柑橘木虱若虫致其死亡外，还能取食低龄若虫（钱景秦等，1991）。亮腹姬小蜂是外寄生，阿里食虱跳小蜂是内寄生。阿里食虱跳小蜂可在田间定殖，自 2006 年起美国佛罗里达州橘园已经遍布柑橘木虱啮小蜂。经调查发现，秋季寄生率较高，达 40%～50%；而春、夏季寄生率较低，低至 20% 以下（Qureshi et al.，2009）。由此可见，利用柑橘木虱寄生性天敌控制柑橘木虱数量是一个很有效的措施，有很大的发展空间，在今后控制柑橘木虱种群数量上值得推广使用。

1. 亮腹姬小蜂

亮腹姬小蜂隶属于姬小蜂科，最早由 Waterston（1922）在印度莱亚尔普尔（Lyallpur）[现为巴基斯坦费萨拉巴德（Faisalabad）]发现，被定名为 *Tetrastichus radiatus*。

（1）形态特征

1）雌成虫

体长 0.97～1.29mm。体大部分黑褐色，腹部第 1～4 节背板或第 1～5 节背板中央大部分黄色，呈大黄色斑；腹部腹板黄色，第 3 产卵瓣暗褐色。头部复眼和单眼红褐色。触角基节暗褐色，柄节浅褐色，背缘暗褐色，其余各节暗黄色。翅透明。足浅黄色，基节和跗节末端暗褐色。触角 8 节（触角式 1,1,3,3），具 1 小环状节；柄节长为宽的 3.65 倍；梗节约等长或稍长于第 1 索节；第 1～3 索节长度比分别为 11∶10∶9，分别具 4～7 个刺状感觉器；棒节 3 节，末端具针状突出，各棒节分别具 7～11 个刺状感觉器。中胸盾片中叶近侧缘具 2 对毛，小盾片亚中线外缘具 2 对毛，盘状感觉器靠近前 1 对毛；并胸腹节褶皱不完整，具一些不规则的网状纹。前翅长为宽的 2.33 倍；亚缘脉端部呈折断痕，亚缘脉具 1 根刚毛，端部下方具 2 或 3 根毛；前缘室基部具 1 或 2 根细毛，端部具 3 或 4 根细毛；缘脉具 7～9 根刚毛。足跗节 4-4-4。产卵器从腹部第 2 腹节伸出，稍突出腹末端，产卵器为中足胫节长的 1.59 倍，第 3 产卵瓣为产卵器长的 0.19 倍（图 5-18）。

2）雄成虫

体色、形态特征等与雌性相近。但个体稍小，体长 0.84～1.05mm，腹部第 1～2 节背板中央大部分暗黄色，边缘黑褐色，呈暗黄色小斑；腹部第 1～3 腹板大部分暗黄色，其余腹板黑褐色。触角 9 节（触角式 1,1,4,3）；柄节基向近 2/5～1/2 处具 1 小长圆形感觉区；索节 4 节，各节分别具 1 排 6 或 7 根长刚毛；第 1 棒节 1 排刚毛稍短，棒节末端具针状突出。雄性外生殖器长，从腹部第 4 腹节基部伸出，指状突端部暗褐色（图 5-18）。

（2）生物学特性

亮腹姬小蜂一般寄生三龄至五龄的柑橘木虱若虫，最喜欢在五龄柑橘木虱若虫上产卵，在三龄至五龄的柑橘木虱若虫上产卵，出蜂率分别为 33%、71%、85%（钱景秦等，1991）。一生产卵 300 粒。为了获取营养以利于自身发育，亮腹姬小蜂雌成虫、雄成虫均可取食柑橘木虱若虫分泌的蜜露，雌成虫还可用产卵针刺穿柑橘木虱若虫，以供雌成虫、雄成虫吸食柑橘木虱若虫体液。1 头雌蜂一生可杀死 500 头柑橘木虱若虫，80% 是寄生致死，20% 是刺穿吸食体液致死。温度影响亮腹姬小蜂杀死柑橘木虱的能力（包括寄生和取食寄主）。亮腹姬

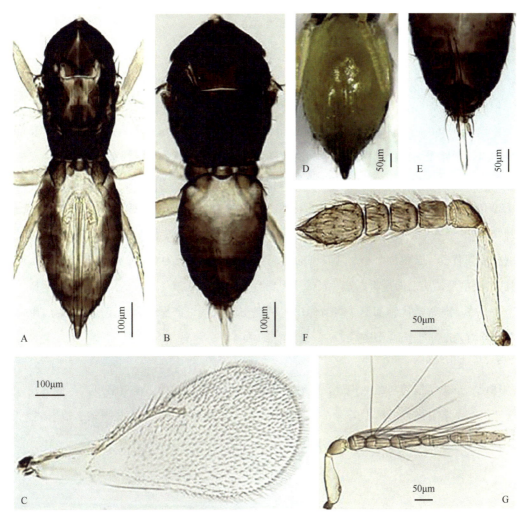

图 5-18　亮腹姬小蜂（*Tamarixia radiata*）（黄建　供图）

A：雌成虫胸腹部；B：雄成虫胸腹部；C：前翅；D：雌成虫产卵器；E：雄成虫外生殖器；F：雌成虫触角；G：雄成虫触角

小蜂的生殖方式是两性产雌，孤雌产雄。发育历期主要与温度、光照条件密切相关，能在 15～32℃发育，在 25℃，14h∶10h（L∶D）条件下，亮腹姬小蜂世代历期为 12d，卵、幼虫、预蛹、蛹期分别为 2d、4d、1d、5d。当每日供给 20 头柑橘木虱时，雌蜂寿命为 12～24d，产卵量 166～330 粒。只饲蜜糖不供给寄主时，雌蜂寿命可达 3d（钱景秦等，1991）。雄成虫触角索节 4 节，各节分别具 1 排 6 或 7 根长刚毛，能感知交配相关的挥发性信息物质；而雌成虫触角的索节、棒节的多孔刺状感觉器对寄主相关的挥发性信息物质更敏感，以利于搜索寄主。亮腹姬小蜂雌蜂找到寄主后，先对寄主进行检查，判断寄主的生理状况、寄主大小是否适合以及是否已经被寄生，若认为适合寄生，则将产卵器慢慢伸出，两步刺入寄主，将毒素注入寄主体内，然后将卵产于柑橘木虱若虫中、后足的基节窝中，待亮腹姬小蜂幼虫孵化后再钻入寄主体内，发育至成蜂羽化（徐金汉和汤玉清，1993）。

2. 阿里食虱跳小蜂

（1）形态特征

1）雌成虫

体长 1.14mm。头、胸部黑色；腹部基半部褐黄色，端半部暗褐色至黑褐色；第 2 负瓣片侧缘和第 3 产卵瓣黑褐色。触角基节和柄节基半部暗褐色，其余各节褐黄色至暗黄色。翅透明。足褐黄色至暗黄色，基节和跗节末端暗褐色。触角 11 节（触角式 1,1,6,3）；柄节长为宽的 7.22 倍；梗节稍长于第 1 和第 2 索节之和；第 1 至第 6 索节逐节变大，各索节宽大于长，分别具 1～5 个条形感觉器；棒节长于末 3 节索节之和，各棒节分别具 4～8 个条形感觉器。前胸和中胸背板、三角片、小盾片具密的黑褐色细毛。前翅长为宽的 2.20 倍，缘毛短；亚缘脉具 11 根刚毛，其端部呈折断痕，前缘室具细毛；缘脉具 3 或 4 根刚毛，下方具透明斑。足跗节 5-5-5。产卵器从腹部第 3 腹节伸出，稍突出腹末端，产卵器为中足胫节长的 1.17 倍，第 3 产卵瓣为产卵器长的 0.26 倍。

2）雄成虫

体色、形态特征等与雌性相近。但触角 9 节（触角式 1,1,6,1）；梗节最短；各索节长分别大于宽，第 1 索节最长，第 1 至第 6 索节逐节变短；棒节不分节，约等长于末 2 节索节之和。雄性外生殖器从腹部第 5 腹节伸出，长勺状。

（2）生物学特性

阿里食虱跳小蜂的发育分为 4 个阶段：卵期约为 2d，幼虫阶段分为 5 个龄期，整个发育阶段为 5～6d，老熟幼虫经过 1d 的预蛹期，进入蛹期，成熟蛹为黑褐色，蛹经过 5d 羽化为成虫。雌成蜂平均寿命 23d，雄成蜂平均寿命 15d。绝大多数雌蜂在 1 个寄主体内只产 1 粒卵，少数会产 2 粒卵，但无论产卵多少，1 个寄主中都只能羽化出 1 头成蜂。老熟蜂蛹呈黑褐色，蛹羽化为成虫后，在寄主空壳背面咬出羽化孔，钻出寄主外壳。阿里食虱跳小蜂的幼期存活率为 87.58%，单雌单日平均产卵量达 15.6 粒，平均产卵量约为 210 粒/雌，最高单雌产卵量可超过 300 粒。阿里食虱跳小蜂的生殖方式为两性生殖或孤雌生殖。阿里食虱跳小蜂的羽化行为具有明显的昼夜节律性，主要在白天羽化，并且集中在 5: 00～10: 00 时间段，且雄蜂的羽化时间比雌蜂的羽化时间提前 1.5h。

5.3.1.2　柑橘木虱的捕食性天敌

国内外已发现有 20 多种柑橘木虱的捕食性天敌，其中包括 11 科 41 种，主要有瓢虫 27 种、蓟马 3 种、草蛉 4 种、蜘蛛 4 种等（表 5-12）（任顺祥和郭振中，1990；庞虹，1991；

Michaud，2004；Pluke et al.，2005；孟翔等，2013；郑朝武和虞国跃等，2013；Seo et al.，2018）。

表 5-12　柑橘木虱捕食性天敌种类

种类	分布	文献
瓢甲科 Coccinellidae		
六斑月瓢虫 *Menochilus sexmaculata*	中国，印度，菲律宾，印度尼西亚	庞虹，1991
异色瓢虫 *Harmonia axyridis*	中国，俄罗斯，朝鲜，蒙古国，日本	庞虹，1991
八斑和瓢虫 *Synharmonia octomaculata*	中国，日本，南亚、东南亚至澳大利亚	郑朝武和虞国跃，2013
红肩瓢虫 *Harmonia dimidiata*	中国，日本，俄罗斯，朝鲜，越南，不丹，印度	郑朝武和虞国跃，2013
龟纹瓢虫 *Propylea japonica*	中国，日本，俄罗斯，朝鲜，越南，不丹，印度	郑朝武和虞国跃，2013
黄宝盘瓢虫 *Propylea luteopustulata*	中国，日本，朝鲜，越南，缅甸，尼泊尔，泰国，菲律宾，印度尼西亚，印度	郑朝武和虞国跃，2013
双带盘瓢虫 *Lemnia biplagiata*	中国，日本，朝鲜，越南，缅甸，尼泊尔，泰国，菲律宾，印度尼西亚，印度	郑朝武和虞国跃，2013
红基盘瓢虫 *Lemnia circumsta*	中国，尼泊尔，泰国，印度	郑朝武和虞国跃，2013
变斑盘瓢虫 *Coelophora inaequalis*	中国，波多黎各	Pluke et al.，2005
古巴光缘瓢虫 *Exochomus cubensis*	古巴	Grafton-Cardwell et al.，2013
奇氏光缘瓢虫 *Exochomus childreni*	中国	任顺祥和郭振中，1990
墨西哥瓢虫 *Curinus coeruleus*	墨西哥	Grafton-Cardwell et al.，2013
楔斑溜瓢虫 *Olla v-nigrum*	日本，朝鲜半岛，越南，美国	Grafton-Cardwell et al.，2013
七星瓢虫 *Coccinella septempunctata*	非洲，欧洲，亚洲；在中国分布于东北、华北、华中、西北、华东和西南地区	郑朝武和虞国跃，2013
红星盘瓢虫 *Phrynocaria congener*	中国，日本，印度，越南	庞虹，1991
四斑小毛瓢虫 *Scymnus frontalis*	中国，印度，菲律宾，越南	郑朝武和虞国跃，2013
十斑大瓢虫 *Anisolemnia dilatata*	印度，印度尼西亚，中国	郑朝武和虞国跃，2013
二星瓢虫 *Adalia bipunctata*	亚洲，非洲，欧洲，南美洲	郑朝武和虞国跃，2013
红颈瓢虫 *Synona consanguinea*	中国，越南，缅甸，泰国	郑朝武和虞国跃，2013
粗网巧瓢虫 *Oenopia chinensis*	中国	郑朝武和虞国跃，2013
华鹿瓢虫 *Sospita chinesis*	中国	郑朝武和虞国跃，2013
孟氏隐唇瓢虫 *Cryptolaemus montrouzieri*	波多黎各	Pluke et al.，2005
血红环瓢虫 *Cycloneda sanguinea*	波多黎各	Pluke et al.，2005
Chiloccorus cacti	波多黎各	Pluke et al.，2005
Chilomenes quadriplagiata	波多黎各	Pluke et al.，2005

种类	分布	文献
Cladis nitidula	波多黎各	Pluke et al.，2005
Hippodamia convergens	波多黎各	Pluke et al.，2005
蓟马科 Thripidae		
捕虱管蓟马 *Aleurodothrips fasciapennis*	亚热带地区	杜丹超等，2011
长角六点蓟马 *Scolothrips sexmaculatus*	中国新疆	杜丹超等，2011
黑蓟马科 Melanthripidae		
克氏黑蓟马 *Melanthrips knechteli*	中国	杜丹超等，2011
草蛉科 Chrysopidae		
亚非草蛉 *Chrysopa boninensis*	中国	陈润田等，1987
红通草蛉 *Chrysoperla rufilabris*	中国华中地区	杜丹超等，2011
大草蛉 *Chrysopa pallens*	中国，日本，朝鲜，欧洲	杜丹超等，2011
丽草蛉 *Chrysopa formosa*	中国	陈润田等，1987
花蝽科 Anthocoridae		
微小花蝽 *Orius minutus*	中国	陈润田等，1987
近管蛛科 Anyphaonidae		
近管蛛 *Anyphaena xiushanensis*	浙江	Navarrete et al.，2013
管巢蛛科 Clubionidae		
幽禁红螯蛛 *Chiracanthium inclusum*	美国	Navarrete et al.，2013
猫蛛科 Oxyopidae		
斜纹猫蛛 *Oxyopes sertatus*	中国	Grafton-Cardwell et al.，2013
皿蛛科 Linyphiidae		
草间钻头蛛 *Hylyphantes graminicola*	古北界	Navarrete et al.，2013
植绥螨科 Phytoseiidae		
胡瓜钝绥螨 *Amblyseius cucumeris*	古北界	张艳璇等，2011
大赤螨科 Anystidae		
圆果大赤螨 *Anystis baccarum*	中国	吴定尧，1980

目前发现 4 种对柑橘木虱有捕食性的蜘蛛（Grafton-Cardwell et al.，2013）。Grafton-Cardwell 等（2013）报道，蜘蛛是柑橘园中最重要的食肉动物，其次是叶蝉类、瓢虫类、食蚜类、半翅目和捕食性螨类。红基盘瓢虫、古巴光缘瓢虫和龟纹瓢虫的控制效果较好，红基盘瓢虫对柑橘木虱的捕食量很大，不仅可以捕食柑橘木虱的卵和若虫，对一定数量的成虫也可以进行捕食，捕食率高达 80% 以上（庞虹，1991；孟翔等，2013）。Seo 等（2018）报道了

楔斑溜瓢虫留在柑橘叶片上的分泌物对柑橘木虱有趋避作用。蓟马类主要捕食柑橘木虱的卵、若虫和个体较小的成虫。草蛉类主要捕食柑橘木虱的卵和若虫。目前发现蜘蛛和蚂蚁也会对柑橘木虱的卵以及若虫进行取食。墨西哥报道了一种捕食性的蜂 *Brachygastra mellifica* 可以捕食柑橘木虱的卵和若虫（杜丹超等，2011）。

5.3.1.3 柑橘木虱的虫生真菌

病原微生物是柑橘木虱的另一类重要天敌资源，主要是虫生真菌，在自然界中对柑橘木虱种群的消长起着重要的自然控制作用。由于昆虫病原真菌具有致病力强、分布范围广、种类繁多、在自然界条件下可以引起柑橘木虱疾病的暴发和流行等特点，国内外学者和研究机构普遍重视，投入了大量人力和物力对其生物学特性、剂型的开发研制及应用进行研究。

应用虫生真菌是控制柑橘木虱的另一种有效手段（Hall et al.，2012）。在适宜条件下，虫生真菌的自然流行可能抑制柑橘木虱。例如，在美国佛罗里达州的柑橘园，在秋冬雨季或雨季后，感染橘形被毛孢（*Hirsutella citriformis*）的柑橘木虱发生流行病，死亡率达 75%~80%（Meyer et al.，2007；Hall et al.，2012）。然而，真菌流行病的发生，不仅要依赖于上述环境条件，而且还受各种农事操作的强烈影响，且仅在柑橘木虱大暴发造成了严重危害之后才有可能发生。因此，在生产实践中，柑橘木虱的防控不能依赖田间真菌流行病的自然发生，必须进行虫生真菌发酵，大量生产后人工施放菌剂，才能防控好柑橘木虱。许多虫生真菌已被注册为微生物防治剂。例如，来自美国 Certis 公司的微生物杀虫剂 PFR-97，已在美国国家环境保护局注册登记使用，目前也在日本、韩国、欧洲登记使用，用于防治水果和蔬菜作物上的蓟马、粉虱、粉蚧、红蜘蛛等害虫，也用于橘园成功防治柑橘木虱（Hall et al.，2012）。在国内，利用虫生真菌防治柑橘木虱的研究起步较晚，但发展迅猛。目前，研究人员已就蜡蚧霉、玫烟色棒束孢及球孢白僵菌对柑橘木虱的致病性和控制效果进行了广泛的研究（陈祝安等，1985；谢佩华等，1988a，1988b；宋晓兵等，2016，2017，2018；代晓彦等，2017）。此外，福建农林大学研究团队还发现球孢白僵菌、金龟子绿僵菌可叶面喷施或灌根，以内共生菌的方式定植于柠檬和柑橘植株体内，促进柠檬和柑橘的生长。同时，菌丝能侵染柑橘木虱致病，或产生代谢产物（毒素）毒杀柑橘木虱。相比传统的叶面喷施，灌根施入土壤的施用方式拓展了生防真菌的施用方法（Keppanan et al.，2019a）。

国内外报道的柑橘木虱病原真菌有 11 种，主要有丝孢目（Hyphomycetales）的棒束孢属（*Isaria*）（原拟青霉属 *Paecilomyces*）、蜡蚧霉属（*Lecanicillium*）（原轮枝孢属 *Verticillium*）、白僵菌属（*Beauveria*）、绿僵菌属（*Metarhizium*）、被毛孢属（*Hirsutella*）。此外，枝顶孢霉属（*Acremonium*）、镰孢菌属（*Fusarium*）的一些种也对柑橘木虱有致病作用（表 5-13）（Samson，1974；陈祝安等，1985；Aubert，1987；谢佩华等，1988a，1988b；Subandiyah et al.，2000）。

表 5-13　在柑橘木虱种群中自然流行发生的虫生真菌

种类	分布	文献
丝孢目 Hyphomycetales		
球孢白僵菌 *Beauveria bassiana*	中国，以色列	张艳璇等，2011
蜡蚧霉 *Lecanicillium lecanii*	中国，日本，丹麦，西班牙，墨西哥，古巴等	谢佩华等，1988a，1988b
玫烟色棒束孢 *Isaria fumosoroseus*	中国，希腊，印度，美国	Samson，1974；陈祝安等，1985；Subandiyah et al.，2000
宛氏棒束孢 *I. varioti*	中国	陈祝安等，1985
爪哇棒束孢 *I. javanicus*	中国	
肉座菌目 Hypocreales		
金龟子绿僵菌 *Metarhizium anisopliae*	美国，中国	Gandarilla-Pacheco et al.，2013
瘤座孢目 Tuberculariales		
黄色镰孢菌 *Fusarium culmorum*	中国	陈祝安等，1985
盘菌目 Pezizales		
柑橘煤炱菌 *Capnodium citri*	美国	Gandarilla-Pacheco et al.，2013
丛梗孢目 Miniliales		
尖孢枝孢菌 *Cladosporium* sp.	中国	陈祝安等，1985
C. spec. nr. *oxysporum*	美国	Aubert，1987
壳霉目 Sphaeropsidales		
匍柄霉 *Stemphylium* sp.	中国	陈祝安等，1985

侵染柑橘木虱的昆虫病原真菌主要分布在半知菌亚门的丝孢目，目前国内常见且研究比较充分的主要包括球孢白僵菌（*Beauveria bassiana*）、蜡蚧霉（*Lecanicillium lecanii*）、玫烟色棒束孢（*Isaria fumosoroseus*）、金龟子绿僵菌（*Metarhizium anisopliae*）、橘形被毛孢（*Hirsutella citriformis*）等几种。

1. 球孢白僵菌

（1）分类学地位及其地理分布

球孢白僵菌隶属于半知菌亚门丝孢纲丝孢目丛梗孢科白僵菌属。球孢白僵菌广布全世界，寄主范围广。根据各国有关研究材料报道，球孢白僵菌可寄生鳞翅目、鞘翅目、膜翅目、双翅目、半翅目、直翅目、等翅目、缨翅目、脉翅目、革翅目、蚤目、螳螂目、虱蠊目、纺足目共 14 目 149 科 521 属 707 种昆虫以及蜱螨目的 6 科、10 余种螨和蜱，是目前国内外研究比较全面的虫生真菌种类之一。

（2）形态特征

球孢白僵菌菌落绒状，丛卷毛状至粉状，有时呈绳索状，但很少形成孢梗束；白色，后期会变成淡黄色，偶呈淡红色；背面无色，或淡黄至粉红色。气生菌丝透明，光滑，壁薄，疏松，有时成簇生长。菌丝具隔膜，直径 1.5～2μm。分生孢子梗着生在营养菌丝上，粗 1～2μm，产孢细胞（瓶梗）浓密簇生于菌丝、分生孢子梗或膨大的泡囊（柄细胞）上，球形至瓶形，颈部明显延长成粗 1μm、长 20μm 的产孢轴，轴上具小齿突，呈膝状弯曲。分生孢子球的分生孢子梗或小枝可多次直角分叉，聚集成团。分生孢子球形，直径 2～2.5μm，生于自瓶状细胞延伸而成的小枝梗顶端。瓶状细胞多变化，由腹端逐渐变细，与主枝或侧枝着生的部位多呈直角。分生孢子单胞，透明，壁薄，球形至椭圆形（洪华珠等，2010）。

（3）生物学特性

入侵途径及过程：球孢白僵菌主要通过接触体壁侵入，但也可通过消化道、气孔及伤口等途径侵入虫体内，感染的途径因昆虫的种类、虫态、环境条件等不同而有差别，有学者将球孢白僵菌对寄主的侵染过程分为 10 个阶段，即分生孢子的附着、萌发、穿透表皮、菌丝在血腔内生长、产生毒素、寄主死亡、菌丝入侵所有器官、菌丝穿出表皮、产生分生孢子、分生孢子扩散。当球孢白僵菌的分生孢子与柑橘木虱等寄主昆虫的体表接触时，孢子在适宜的温度及湿度条件下，吸取空气中的水分而膨胀、萌发，长出 1 或 2 根芽管，芽管分泌各种水解酶，溶解虫体表层的几丁质后进入虫体，芽管不断生长、伸入虫体内壁，并伸长变为菌丝，不断吸取虫体内的水分和养分而不断生长、伸长、分枝、增殖，直到整个虫体充满菌丝而死亡、僵硬，僵虫在适宜的温度及湿度条件下产生分生孢子梗，分生孢子梗穿过虫体，产生分生孢子，向外飞扬，随风传播，再侵染其他昆虫个体。

代谢产物：迄今已发现球孢白僵菌会产生多种类型的代谢产物，包括毒素类、水解酶类、有机酸类等，绝大多数对昆虫有不同程度的致病性，有的还兼具杀菌、抗菌作用，球孢白僵菌在代谢过程中能合成、分泌一系列胞外水解酶，如胞外蛋白酶、几丁质酶、脂肪酶、纤维素酶等，研究它们在昆虫致病中的作用，认为它们在菌体入侵时，尤其在穿透昆虫体壁过程中，是以整体系统的方式起作用，即共同溶解昆虫表皮，以利于菌体侵染（Wang et al., 2017a），在球孢白僵菌菌丝广泛侵入器官和组织之前，粉虱等寄主昆虫就可能趋于死亡，因此可以推测除了菌丝的入侵，球孢白僵菌产生的毒素还具有致死作用，目前在球孢白僵菌中已发现的几种毒素中最重要的有 3 种（白僵菌素、白僵菌交酯和球孢交酯，第一种是一种环状的缩羧肽，用丙酮和乙醇可以提取，对多种昆虫具有毒杀作用）（Wang et al., 2015），此外，球孢白僵菌在代谢过程中还可以产生草酸、柠檬酸等有机酸，据报道，这些有机酸可能通过削弱昆虫表皮蛋白质分子间的化学键，从而参与昆虫表皮的溶解，草酸还可能与表皮中的钙相互作用，最终使表皮更容易被蛋白酶或其他水解酶降解（Wang et al.，2015）。

球孢白僵菌不仅对很多寄主昆虫的幼虫（若虫）、蛹、成虫等各种虫态均能侵染，而且对下一代还有持效作用。另外，被球孢白僵菌侵染的害虫即使不能在短时间内僵死，也会因食量及活动量减少、生长缓慢、体重减轻而不能化蛹；即使能化蛹也会因其体重减轻而不能羽化为成虫；能羽化为成虫的，则成虫体重减轻而不能产卵；能产卵的，产卵量减少并且卵重减轻，卵不能孵化为幼虫等，直接影响下一代虫口密度及其生长发育。

（4）致病力影响因子

温度：球孢白僵菌对温度的适应范围较广，在5～30℃均能发芽、生长，温度通常影响其孢子发芽、菌丝生长速度及致病力，球孢白僵菌分生孢子萌发和菌丝生长的适温为18～28℃，最适温度为25℃，5℃以下或34℃以上均能抑制球孢白僵菌的孢子发芽和生长，球孢白僵菌分生孢子抗低温的能力强，在20℃的低温条件下，无论湿度高低，经400h后，孢子仍具有萌发力，球孢白僵菌在生物体内的发育适温为25℃，相对湿度为70%条件下最好，在35℃的条件下无论湿度高低都将停止发育，在相对湿度为40%以下时，无论温度是否适合都不会发育。

湿度：球孢白僵菌分生孢子的萌发和菌丝的生长均要求较高的空气相对湿度，相对湿度在90%以下时，分生孢子一般难以发芽，但侵入昆虫体内和引起疾病的相对湿度范围要求相对宽松，湿度不仅影响分生孢子的萌发和菌丝的生长，而且关系到球孢白僵菌的传播与流行，这是因为病虫体内的菌丝常常需要潮湿的条件才能穿出昆虫体表生成气生菌丝和分生孢子，再随风撒播。研究表明，分生孢子的寿命在相对湿度34%和<5%时比在75%时要长，在4℃以下孢子含水量为15%时，球孢白僵菌分生孢子仅能贮藏6个月，当含水量降至8%时，贮藏一年的孢子存活率仍然高达81.3%（殷凤鸣等，1986），所以一般要求球孢白僵菌制剂的含水量在10%以下，这对孢子生活力的保存是有利的。

光照：分生孢子在直射阳光下暴晒90h以内，对活力有促进作用，但时间更长就会逐渐减弱其活力，暴晒超过150h可使孢子完全丧失活力，在田间施用球孢白僵菌制剂时，应避免阳光直晒，以保障治虫效果。

酸碱度：球孢白僵菌适宜的酸碱度范围较广，在pH 3.0～9.4的条件下孢子都能萌发，尤其是在pH 4.4的条件下，孢子萌发最快，且萌发率最高。在pH 4.5～5.0的环境中生长最旺盛，而形成孢子则以pH 6.0的环境最好，在pH低于2.0和高于10.0时，球孢白僵菌孢子不能萌发，在实际生产中，一般将培养料的pH调至5.0～6.5。

氧气：球孢白僵菌属于好氧真菌，在缺氧的条件下生长发育不良，氧气能促进孢子的萌芽和菌丝的生长，在开放培养中，氧气对分生孢子的形成至关重要，在用容器培养白僵菌时，应注意通气量，这样才能使菌丝生长良好。

营养条件：球孢白僵菌对营养的需要主要是碳源和氮源以及少量的微量元素，球孢白僵菌能够利用各种含有淀粉和糖类等物质的农副产品，作为碳素和能量的来源，其对氮源的要求不高；在微量元素中，锰和铁对球孢白僵菌产生分生孢子有促进作用，可提高产孢量 15% 以上，而镍、锌、钴和铜等则对孢子的产生有抑制作用。在实际生产中，用马铃薯或麦麸培育球孢白僵菌，即可满足其对碳源和氮源的需要。

2. 蜡蚧霉

（1）分类学地位及其地理分布

蜡蚧霉（*Lecanicillium lecanii*），又名蜡蚧头孢霉，隶属于半知菌亚门丝孢纲丝孢目丛梗孢科蜡蚧霉属（原轮枝孢属）。该菌广泛分布于热带、亚热带和温带，寄主范围相当广泛，有蚜虫、粉虱、木虱、天牛等。

（2）形态特征

在麦芽糖琼脂、燕麦琼脂及马铃薯葡萄糖琼脂等培养基上，菌落圆形，表面呈绒毛状至薄絮状，结构较致密，白色至奶油色，背面无色至深浅不一的黄色。气生菌丝分枝，分生孢子梗直立，透明，基部膨大，向上逐渐变细，呈锥形；具隔膜，第一次分枝呈轮生、对生或互生，第二次分枝呈轮生，双叉状或三叉状着生于第一次分枝上。分枝末端及主梗底端生瓶状产孢细胞。产孢细胞的瓶体下部膨大，上部渐细，较长，内壁芽生瓶梗式产孢细胞。分生孢子无色或略带淡褐色，单胞，球形、卵形、椭圆形或菱形，大小为 $2.5\sim4\mu m\times0.75\sim1.5\mu m$，以黏液聚集成黏性球状物，直径 $6\sim30\mu m$。分生孢子形成的球状物通常含孢子数 $6\sim25$ 个，个别可达 70 个（蒲蛰龙和李增智，1996）。

（3）生物学特性

入侵途径及过程：与其他虫生真菌相似，蜡蚧霉也是通过接触昆虫表皮，或从昆虫的呼吸器官（如气孔）等体表的孔道以及皮肤创伤部位等侵入，当蜡蚧霉分生孢子或菌丝落于虫体表面时，在适宜的温度环境，空气相对湿度 85%～100%，或体表有自由水存在的条件下，孢子很容易萌发并穿透柑橘木虱表皮，这一过程在 25～27℃ 及饱和湿度条件下往往只需要约 4h 即可完成，侵入柑橘木虱内的蜡蚧霉菌丝形成菌丝体，进行分枝生长，在柑橘木虱体腔内，蜡蚧霉的菌丝寄生对寄主组织是没有选择性的，菌丝最初在侵入部位的血腔内生长，然后向血腔的开口部位生长，最后沿着体壁的内侧向身体尾部的开口部位生长，菌丝停留于腔内局部，逐渐充满整个体腔（Keppanan et al.，2019b）。

代谢产物：1978 年日本首次报道了对蜡蚧霉毒素的研究，从蜡蚧霉和球孢白僵菌中提取出对家蚕有毒杀作用的活性物质，并对该活性物质的化学结构和生物活性等方面作了详细的测定与说明，认为蜡蚧霉产生的毒素与球孢白僵菌产生的环状缩羧肽——白僵菌素（bassianolide）相同（王联德等，2010；Keppanan et al.，2019a，2019b）。1982 年英国学者也对蜡蚧霉具有杀虫活性的物质进行了研究与报道，认为其代谢产物中含有吡啶-2,6-二羧酸（pyridine-2,6-dicarboxylic acid），该物质具有杀虫活性，并从部分蜡蚧霉菌株的次生代谢物中分离到具有杀虫作用的磷酸酯类物质，该活性物质有两个组分（一是占绝对量且相对稳定的如球孢交酯和白僵菌素类似物，15～20min 即可使供试害虫死亡；二是不稳定组分，如吡啶-2,6-二羧酸及吡啶二羧酸类似物，使供试害虫在几小时内死亡）（王联德等，2010）。

菌丝的生长致死和毒素作用致病机理：蜡蚧霉在机械作用和胞外蛋白酶等降解体壁的帮助下，穿透柑橘木虱的体壁，菌丝最初在侵入部位的血腔内生长，然后分别向体腔前后和身体的各个开口部位生长，最后充满整个体腔，吸取柑橘木虱虫体的营养和水分等，致使虫体循环障碍，组织细胞受到机械破坏，以致生理饥饿而死，目前已经证明蜡蚧霉能够产生白僵菌素，干扰寄主细胞的免疫系统，已经发现纯的毒素对寄主有免疫力、肌肉麻痹和损害马氏管的功能，但其对昆虫的毒杀机理尚未完全明了，已知蜡蚧霉对寄主的侵染致病至最终死亡主要通过以上两种方式共同作用。

（4）致病力影响因子

温度：温度对蜡蚧霉的生长和繁殖影响较大，孢子发芽和菌丝生长的适温为 20～25℃，最适温度为 23℃，低于 20℃或高于 32℃，蜡蚧霉孢子将停止生长。

湿度：蜡蚧霉的孢子萌发和菌丝生长都需要较高的湿度，空气相对湿度在 75% 以上时，孢子的萌发率和菌丝的生长随着湿度的上升而提高和加快，在饱和湿度和 26～28℃ 的环境中，孢子的萌发率最高，而相对湿度低于 75% 时，蜡蚧霉的孢子几乎不发芽。

光照：有关光照对蜡蚧霉的影响研究尚少，但已知长时间阳光直射可影响蜡蚧霉孢子的萌发，降低其活力，为保障治虫效果，在田间施用蜡蚧霉制剂时，应避开阳光直晒，可在早上、傍晚或阴天时使用。

酸碱度：在 pH 3.8～8.0 的条件下，蜡蚧霉都可以生长，可见其对酸碱度有较强的适应能力，蜡蚧霉的最适 pH 为 6.0～7.5，此时孢子萌发率最高，产孢量最大，在 pH 3.8 以下或 8.0 以上时，产孢量大大减少，而在 pH 3.5 以下或 8.5 以上时，孢子几乎不发芽。

氧气：研究表明，通气量对蜡蚧霉的产孢量影响较大，一般通气充足时，产孢量多，如在 500mL 锥形瓶中发酵 40mL 培养液，其产孢量为 $2.7×10^9$ 个/mL。当采用相同的容器发酵 100mL 培养液时，其产孢量则下降到 $1.4×10^8$ 个/mL，所以在蜡蚧霉的大量发酵生产中应注意加强通气。

营养条件：蜡蚧霉对营养的要求主要是碳源、氮源和一些微量元素，氮源中硫酸铵最适合其生长和繁殖，其次是硝酸铵，在氮源充足时，菌丝生长良好、迅速、繁殖快、产孢量高。葡萄糖、蔗糖和淀粉等均能作为其碳源。微量元素对蜡蚧霉的生长有一定的影响，锌（1μg/mL）能明显地促进蜡蚧霉菌丝的生长和产孢，其次为铁、铜，而银则能抑制菌丝的生长。1% 的洗衣粉液能够抑制孢子萌发，在营养丰富的条件下，接种蜡蚧霉孢子培养，孢子的萌发率高，可达 94.5%；当营养缺乏时，其萌发率低，如用蒸馏水培养孢子，其萌发率只有20% 左右。

3. 玫烟色棒束孢

（1）分类学地位及其地理分布

玫烟色棒束孢（*Isaria fumosoroseus*），又名粉红僵霉菌，隶属于半知菌亚门丝孢纲丝孢目丛梗孢科棒束孢属（原拟青霉属）。玫烟色棒束孢地理分布广，广泛分布于热带、亚热带地区以及温带的温室内，其昆虫寄主范围广，包括半翅目的褐飞虱、粉虱、介壳虫、蚜虫、木虱，鳞翅目的蚕蛾和云尺蛾，双翅目的家蝇以及一些鞘翅目和膜翅目的昆虫。

（2）形态特征

玫烟色棒束孢在萨氏培养基（SDAY）和马铃薯葡萄糖琼脂培养基上生长良好。在萨氏培养基上，气生菌丝随着菌龄的增长从白色转为黄色，产孢时颜色变暗；孢子粉的颜色从黑色至灰玫瑰色或粉黑色，因菌株不同而异；分生孢子产孢结构较简单，分生孢子梗呈瓶状或近球形，在菌丝端或短侧枝上轮生，瓶梗基部球形，上部细长呈长颈，单个瓶梗大小为 6.5～13.2μm×1.2～2.5μm；分生孢子柱形或长圆形，光滑透明，大小为 3.2～4.5μm×1.2～2.5μm，多形成孢子穗，长约 40μm；短龄菌落产生的孢子比长龄菌落产生的孢子萌发快（林乃铨，2010）。

（3）生物学特性

入侵途径及过程：玫烟色棒束孢侵染寄主昆虫的体内途径为通过接触穿透昆虫表皮，从昆虫的呼吸器官（如气孔）等体表的孔道以及皮肤创伤部位等侵入昆虫体内，当玫烟色棒束孢的分生孢子接触到柑橘木虱体表后，在适温 24～26℃、相对湿度 85%～100% 的条件下，10～12h 即开始萌芽，长出菌丝并穿透柑橘木虱体壁，穿透部位多在粉虱若虫或伪蛹的节间处，可能是因为节间膜较薄，有利于菌丝的穿透。菌丝穿透寄主表皮到达体腔发生在感染后36～44h，进入体腔后菌丝利用虫体内部的营养迅速生长，以菌丝断裂形成菌丝段或以芽生方式形成芽孢子进行繁殖，在整个血腔中扩散，并将虫体内各组织器官逐渐分解利用，接种5～7d，柑橘木虱体腔内已充满玫烟色棒束孢的菌丝，之后菌丝从柑橘木虱的腹部和背部穿透体壁长出寄主体外，随着菌丝的继续生长，整个虫体逐渐被菌丝包裹，形成一个近半球形的子座，颜色由最初的白色逐渐变为棕褐色或棕红色。

代谢产物：采用酶联免疫法和质谱法测定，玫烟色棒束孢菌丝的抽提液中含有白僵菌交酯的类似物，且不同菌株在含量和构象上略有不同。通过反向高效液相色谱分离出该混合物，经分析其结构主要为白僵菌交酯 L（约占 60%）和白僵菌交酯 La（约占 40%），国外也有学者认为玫烟色棒束孢中对寄主的致死毒素还包括其分泌的青霉素，因此对玫烟色棒束孢的代谢物成分及毒素的结构等尚待深入研究（陈巍巍和冯明光，1999a）。

菌丝的生长致死和毒素作用致病机理：玫烟色棒束孢菌丝对柑橘木虱等寄主的致死同其他虫生真菌的作用过程相似，可参见蜡蚧霉的有关内容，目前发现玫烟色棒束孢能够产生两种结构不同的白僵菌交酯，同时还分泌青霉素，共同作用于柑橘木虱等昆虫寄主，干扰寄主细胞的免疫系统，导致寄主麻痹、功能失调、代谢紊乱而死。

（4）致病力影响因子

温度：玫烟色棒束孢菌丝在 8～32℃都可以生长，但最适温度为 24～28℃，32℃以上或8℃以下对玫烟色棒束孢的菌丝生长不利，但不同菌株对温度的适应性有一定差异，如欧洲菌株和美国菌株的生长温度（最适温）分别为 8～30℃（20～25℃）和 8～35℃（25～28℃），而来自印度季风气候区的菌株最耐高温，在 32～35℃下仍然可以生长，但是孢子萌发所需温度一般比菌丝生长的温度范围窄（陈巍巍和冯明光，1999b）。

湿度：湿度主要影响玫烟色棒束孢菌丝的生长、产孢、孢子萌发、侵染和流行等，孢子萌发需要较高的相对湿度，90% 以上的湿度较适合其菌丝生长和产孢，在田间试验中也发现玫烟色棒束孢在相当干燥的环境条件下（相对湿度 40%）感染柑橘木虱若虫的情况。在自然条件下，能在柑橘木虱虫体和土壤中存活一段时间，在环境适宜时产孢且开始侵染新的柑橘木虱个体；在较稳定的自然系统中，能在土壤中休眠或腐生，当温湿度适宜时，菌体活化并侵染寄主；在变化剧烈的农业耕作系统中，深耕、农药作用会大大降低孢子的活力，因而其水平传播一般是通过感病寄主的迁移来完成的，而垂直传播则是通过在寄主（包括虫尸）体内的跨季节存活而实现的。另外还有一种可能就是以分生孢子的形式在空气中传播，因为分生孢子很小，能在空气中悬浮而被气流携带。

光照：在离体培养条件下，光照对玫烟色棒束孢的影响较大，而且常与温度发生互作。阳光中的紫外线对其孢子萌发有抑制作用，室内研究表明，将分生孢子置于 295～1100nm 的紫外线下分别处理不同时间，处理 1h 的存活率为 5% 左右，处理 2h 的存活率仅为 0.1%，不同菌株之间对光照的敏感性有所差异，同时还发现在 25℃光照培养 4d 后转入黑暗中再培养 4d，产孢量比未经光照处理的菌株要高。

酸碱度：根据陈宜涛和冯明光（2003）的报道，玫烟色棒束孢菌株在 pH 3～10 的条件下均能生长，但中性偏微酸（pH 5～7）的环境比偏酸性（pH 3～4）或碱性（pH 8～10）环境更适于其生长。当 pH 从酸性逐渐变为碱性时，培养液从红色渐变为淡黄色至暗褐色；当 pH<4 时，培养液向红色转变；当 pH>8 时向暗色转变；pH 为 10 的培养液则变为暗褐色。

氧气：玫烟色棒束孢为好氧性真菌，在通气条件好的情况下，能形成大量的绒状菌丝，在接种第 8 天即可大量产生孢子，在通气差的条件下，气生菌丝大量生长，产孢慢，产孢量低，说明在满足营养、温度和光照的前提下，通气条件是其孢子形成的重要条件之一（吴伟等，2004）。

营养条件：对营养的要求主要是氮源、碳源和微量元素，根据李忠等（2004）的研究，就菌体生长而言，对碳源的要求以玉米粉为最好，对氮源的要求以酵母膏为最好，微量元素以铜为最好；就产孢量而言，碳源以玉米粉为最好，氮源以硫酸铵为最好，酵母膏次之，微量元素以铜为最好。

4. 金龟子绿僵菌

（1）分类学地位及其地理分布

金龟子绿僵菌（*Metarhizium anisopliae*）隶属于子囊菌门粪壳菌纲肉座菌目麦角菌科绿僵菌属。寄主范围广，常见寄主有金龟甲、象甲、蝽象、蚜虫、木虱，以及鳞翅目幼虫等。

（2）形态特征

菌落最初白色，产孢后渐变绿色；产孢细胞柱状单生、对生或轮生于孢子梗末端，着生离散或彼此靠拢呈栅栏状排列；分生孢子柱形至卵圆形，有时中部稍细，在产孢细胞上排列成链，两端多为截形而不太圆，大小为 5～8μm×3～4μm；充分产孢的菌落表面有时结壳，开裂；绿僵菌在 10～30℃条件下都能生长，生长适温为 24～26℃；适宜的相对湿度为 80%～90%；pH 4.7～10 均可生长，最适 pH 为 6.9～7.4；培养 3d 后开始形成分生孢子，7～8d 大量产孢；培养后期温度降至 20～23℃，能加速孢子形成（林乃铨，2010）。

5. 橘形被毛孢

（1）分类学地位及其地理分布

橘形被毛孢（*Hirsutella citriformis*）隶属于子囊菌门粪壳菌纲肉座菌目麦角菌科被毛孢属，常见于介壳虫、叶蝉、飞虱、木虱、鳞翅目和鞘翅目的昆虫，以及叶螨类等中，可开发为杀虫剂或杀线虫剂的均不具孢梗束。

（2）形态特征

橘形被毛孢在虫尸上多形成由菌丝平行排列聚集成的孢梗束，不分枝或以垂直角度分枝。分生孢子梗垂直产生于孢梗束侧面，不分枝，下部膨大，上部细长，膨大部常突然变尖形成细长颈部，分生孢子多聚生于其端部的黏液团内，单胞，无色，端部尖，纺锤形、肾形或柱状。其菌落生长较慢，产孢细胞直接形成于菌丝上，拟椭圆形，个别筒形，颈部多弯曲，可再育成 2～6 个小颈，大小为 5～17.5μm×2.5～4μm；分生孢子单生或者 2 或 3 个连接成短链，无色或淡绿色，透明，初光滑，后出现明显的疣状物，球形，直径 3～4μm（林乃铨，2010）。

5.3.2　天敌规模化繁育与释放技术

5.3.2.1　寄生蜂的规模化繁育与释放技术

1. 亮腹姬小蜂人工扩繁

（1）工艺流程（五室繁蜂法）

培育室培育九里香植株清洁苗 ⟶ 接种柑橘木虱 ⟶ 柑橘木虱培育 ⟶ 成虫 ⟶ 产卵（2 周）⟶ 若虫 ⟶ 小蜂接种 ⟶ 小蜂黑蛹 ⟶ 柑橘木虱和黑蛹分离 ⟶ 收集黑蛹叶片 ⟶ 室内阴干 ⟶ 制卡 ⟶ 包装 ⟶ 贮存或应用。

（2）操作要点

1）九里香植株清洁苗的培育

九里香植株清洁苗是指未经农药处理且无病虫害的健康九里香植株，九里香培育可采用播种法和扦插法。播种法：2～5 月将成熟的红果采回后取出种子，随即播种，经 30d 以上能发芽。扦插法：在 3～5 月进行，选用二年生枝条，剪成 20～25cm 的插穗，适当剪去叶片，插于疏松的扦插基质中，经常保持基质周围空气湿润，在荫蔽处，经 60d 左右即能生根。待苗高为 10～15cm 时，选取健壮植株，定植花盆中，加强水肥管理，可用粘虫板除去蚜虫、粉虱等可能的害虫，确保不施用农药处理，能使植株清洁健康、无病虫害，去顶芽、剪枝，促使侧芽生长和新梢抽发，待苗高 40～60cm，抽发很多新梢时，可以用于接虫。

2）柑橘木虱接种

在繁蜂前 3 周，应着手柑橘木虱成虫的繁育，繁育柑橘木虱成虫的独立培养间也就是柑橘木虱接种间。接种时，将清洁苗室培育的清洁苗木搬入柑橘木虱接种室，集中接种，夏天接种 8～12h，阴天及秋天接种 24～28h，接种时间集中，有利于下一代柑橘木虱生长同步，接种完毕后立即将新接种的清洁苗搬入消毒室，用药条熏蒸 4h，杀死植株上残留的柑橘木虱成虫，然后再搬入若虫繁育室。

3）柑橘木虱若虫的繁育

保持繁育室 20～27℃、相对湿度 40%～70%，对寄主植物进行适宜的水肥管理，2 周后，若虫发育到四龄或五龄，即可用于小蜂的接种。

4）接种小蜂

将柑橘木虱若虫发育到四龄或五龄的植株搬到小蜂接种室，接种用蜂量以保证每新梢有 1 头亮腹姬小蜂成虫为宜，接种 7～8d，当有小蜂黑蛹零星出现时，即可将植株运出接蜂室（接蜂室实际上也就是成蜂繁育室），然后采用药条熏蒸的方法，除去叶片上残留的亮腹姬小蜂成蜂，以保证小蜂接种的同步性。

5）小蜂和柑橘木虱的分离

当小蜂接种后的寄生率达 90% 以上时，不需要分离，静置 2～3d，使未被寄生的柑橘木虱蛹大量羽化，然后采用熏蒸的方法杀死柑橘木虱成虫，再采收黑蛹叶片。

6）黑蛹叶片的采收

将有黑蛹的叶片采收后，置室内 1～2d 阴干，即可应用或制作蛹卡贮存。

7）蛹卡的制作

当小蜂作为商品时，需制成蛹卡的形式再销售。制作蛹卡时，先用毛刷将叶片上的黑蛹刷下来，然后在特制的卡片上，用有孔的涂胶器对准黏蛹位置，采用稀释 1 倍的普通胶水刷胶；接着在刷胶处均匀地撒一层黑蛹，抖动卡片，抖去多余的黑蛹即成蛹卡，也可用阴干的带蛹叶片，直接平铺、粘贴于纸本内的纸片上，制成本卡，或者直接将黑蛹叶片装入带孔的纸袋内，制成袋卡。卡制成后，待完全晾干即可包装，对于暂时不用的蛹卡，可置于（12±1）℃低温箱内贮存，贮存期可达 20d。取出后，在常温下 5～6d 即羽化，待合适时释放。

2. 亮腹姬小蜂释放应用

印度尼西亚、马来西亚、美国、法属瓜德罗普岛、中国台湾、留尼旺岛等国家或地区先后引进亮腹姬小蜂防治柑橘木虱，且取得了一定的成效（钱景秦等，1988；Hoy et al.，2010）。美国佛罗里达州农业与消费者服务部（FDACS）进行规模化繁育亮腹姬小蜂，并制定了标准操作规程（standard operating procedure，SOP）；厄瓜多尔、墨西哥成功获得亮腹姬小蜂的 H-1 单倍体野生品系，经过 4 年半的时间，在室内成功饲养 136 代，获得了可用于室内规模化饲养的杂交品系，成功地进行了室内规模化生产亮腹姬小蜂，形成成熟的规模化生产技术，产品出售给柑橘种植业者，用于田间人工释放控制柑橘木虱从而防治柑橘黄龙病，取得较大成效。研究人员同时开展了应用技术研究，包括亮腹姬小蜂与真菌和低毒农药（尤其是生物农药）相结合使用等的研究，如巴西用米糕霹雳果（*Annona mucosa*）提取物（ESAM）与亮腹姬小蜂联合控制柑橘木虱，取得良好的防治效果。

5.3.2.2　虫生真菌的生产与应用

1. 虫生真菌发酵工艺与大量生产

发酵技术的优化促进了分生孢子的稳定高产，规模化生产技术的提高仍十分重要。美国密歇根州 Lansing Emerald 生物农业公司生产高浓度的分生孢子蜡蚧霉，每千克原料可生产 2.5×10^{13} 个分生孢子，按 2.5×10^{12} 个分生孢子/hm^2 喷施，可处理 $10hm^2$ 土地。大约 11 个发酵罐可生产分生孢子 1×10^{10} 个/g。在发展控制粉虱的生物技术中，作为菌类杀虫剂产品的活性成分——蜡蚧霉的规模化生产大型分生孢子的潜力与玫烟色棒束孢生产相关。液体培养基已应用于生产高产量的玫烟色棒束孢的抗干化芽生孢子上，可低温保存并对粉虱有很高的致病力。

蜡蚧霉是一种良好的生物防治材料，不仅可以寄生昆虫，还可以作为植物病原菌的寄生菌，同时它还具有不污染环境，对人畜家禽安全，不侵染天敌昆虫，可以和某些杀虫剂、杀菌剂及杀螨剂同时混用等优点。我国学者对蜡蚧霉的研究起步较晚，在剂型的加工方面尚处于探索阶段。根据洪华珠等（2010）的统计结果，英国、美国、荷兰和苏联已注册多种蜡蚧霉产品的商品名，而我国目前却尚未有以蜡蚧霉注册的生物杀虫剂。因此，对蜡蚧霉发酵工艺和制剂的研究亟待加强。下文以蜡蚧霉为例，阐述防治烟粉虱的丝孢类虫生真菌的发酵工艺和大量生产。

（1）菌种筛选

1）菌种分离

目前，国内在科研生产实践中最常用的蜡蚧霉菌种的分离方法还是僵虫法，采用该方法的优点是易于获得高毒力菌株，但缺点是寻找僵虫的工作量大，且受季节限制。另外，利用选择性培养基可直接从土壤中快速分离出蜡蚧霉等微生物，由于蜡蚧霉能适应很宽的 pH 范围，近年来研究人员还利用这一特性制成对蜡蚧霉具有一定选择性的培养基。

2）遗传育种

目前通过遗传和分子手段筛选蜡蚧霉菌株的研究进展顺利，并且已取得了成功。遗传育种的方法包括单孢分离、紫外诱变处理、原生质体融合等。单孢分离法是目前蜡蚧霉遗传育种比较常用的方法之一，通过单孢分离法获得的菌株一般都具有相对稳定的毒力。诱变处理也是蜡蚧霉遗传育种的常规方法，对此国内外均有很多报道，但实际应用中令人满意的诱变株并不多，主要原因是诱变菌株不够稳定，毒力及相关性状易退化（姜荣良，2010）。20 世纪 80 年代以来，利用原生质体融合进行昆虫病原真菌的杂交育种越来越受到重视。利用这一技术既可把具有优良培养性状的因子引入高毒力菌株，还可以改变虫生真菌的寄主谱，具有良好的应用前景。

3）菌种退化及其控制

无论是自然筛选还是诱变处理得到的蜡蚧霉优良菌株，转管一定代数后常常退化，其原因一般认为主要由菌株自身的遗传物质所决定，如异核现象、异质现象、准性循环和核基因突变，但也与培养基成分及培养条件有关。目前相应的控制策略主要是：保持良好的培养条件，定期进行虫体复壮；人工强制形成异核体；筛选稳定的高毒力单孢株；采取生物工程技术，培育出稳定的高毒力菌株。

（2）培养条件

李锋等（2004）研究报道了蜡蚧霉的固体培养条件。结果表明，蜡蚧霉可在多种基质原料上生长和产孢，包括大米、玉米、小米、小麦等，且在 4 种基质上蜡蚧霉的菌丝生长和产孢量差异不显著。

在添加碳源对产孢量的影响方面，在大米中分别添加 1%、2.5%、5%、10% 的葡萄糖作为碳源进行培养，结果发现，随着碳源浓度的增加，菌株产孢量反而逐渐降低，未添加碳源的产孢量最高，达 2.83×10^9 个/g，与 10% 浓度葡萄糖的处理存在显著差异。说明葡萄糖对蜡蚧霉产孢有抑制作用。这可能是因为大米中含有大量的淀粉，蜡蚧霉可利用淀粉分解为葡萄糖，再添加葡萄糖将导致糖浓度过高，反而不利于菌体的生长和产孢。

在添加氮源对产孢量的影响方面，在大米中分别添加 0.5%、1.0%、2.0%、4.0% 的酵母浸粉作为氮源进行培养，结果发现，添加氮源对产孢量有明显的影响，当加入量为 1.0% 时产孢量最高，达 4.17×10^9 个/g，与对照和其他处理差异显著。从经济有效的角度考虑，在大米中加入 1.0% 酵母浸粉最为适宜。

在培养时间对产孢量的影响方面，以大米为培养基质，从接种后第 5 天开始取样测定，结果表明，蜡蚧霉在以大米为培养基上的产孢量随时间的延长而逐渐增加，至第 14 天出现产孢高峰。

在培养温度对产孢量的影响方面，以大米为培养基质，接种后分别置于 20℃、23℃、25℃、28℃条件下进行培养。结果显示，25℃为蜡蚧霉的最适培养温度，产孢量最高，达 3.52×10^9 个/g，而 20℃、28℃时该菌菌丝生长缓慢，产孢量较低。

在培养基含水量对产孢量的影响方面，由于大米颗粒中含水量较少，颗粒表面较硬，不利于蜡蚧霉的生长和产孢，因此需添加一定量的水。通过实验发现，在料水比 1∶0.33 时对蜡蚧霉的生长和产孢最有利，菌体生长迅速，产孢量高，高于或低于此比值均不利于该菌的生长和产孢。

在光照对产孢量的影响方面，以大米为培养基质，接种后置于日光灯下进行光照处理，结果表明，光照对产孢量有促进作用，随光照时间的延长产孢量逐渐增加。光照促进真菌产孢的机制是光线中的紫外线能诱导真菌产生产孢激素，该物质可促使真菌进入生殖生长。

（3）发酵工艺

蜡蚧霉的发酵工艺如下。

1）孢子悬浮液制备

将菌株在斜面培养基上于 25℃条件下培养 6～8d，然后将菌种加到 5mL 0.05% 吐温 80 无菌水中，经过充分振荡便可获得蜡蚧霉的孢子悬浮液。

2）接种

在 250mL 三角瓶中装入 100mL 种子培养基，121℃灭菌 20min 后接种到 1mL 上述孢子悬浮液中，置于 25℃、转速为（200±10）r/min 的恒温振荡摇床上振荡培养 5～6d 便可得到种子液，然后将种子液接种到发酵罐中发酵培养。

3）发酵参数

发酵温度为 25℃，发酵培养基装量控制在 60%，接种量为 5%。发酵罐的 pH 可用 5mol/L NaOH 或 10% HCl 进行调节，维持 pH 在 6.0～6.5，溶解氧维持在 2% 以上（可通过改变通气量和搅拌速率来控制）。

殷华等（2004）研究报道了蜡蚧霉菌株在全自动发酵罐发酵培养过程中生物量、产孢量和营养物质等的代谢变化，并对其动力学特性进行了分析。结果表明，蜡蚧霉在发酵过程中菌体生长可分为延迟期、指数生长期、稳定期和衰退期，菌体生长量与葡萄糖消耗量密切相关，同时芽生孢子产量的发酵动力学特征为部分生长连动型发酵。在发酵初期（0～20h），蜡蚧霉菌体生长缓慢，产孢量较低，葡萄糖、无机磷和氨基氮等物质代谢变化不明显。随着发酵时间的延长（20～28h），菌体迅速生长，生物量明显增加，产孢量也持续增加，葡萄糖和无机磷的消耗量逐渐增加，氨基氮的消耗量较前两者要低一些。在发酵 28～40h 阶段，菌体生长基本停止，处于稳定期，葡萄糖和无机磷的浓度降低到较低的水平，随发酵末期的到来（40h 以后），氨基氮的浓度也较低，产孢量出现高峰期，然后逐渐进入衰退期。

（4）剂型及孢子制剂

评价蜡蚧霉等真菌生防制剂的优劣，除防治效果和成本因素外，主要有两个基本标准：

一是使用是否方便；二是贮存效果及稳定性。如前所述，目前国内外已经注册或正在研发的蜡蚧霉生防制剂基本上都是以气生分生孢子作为有效成分。蜡蚧霉的剂型主要根据靶标害虫的生物学习性和有利于制剂稳定及贮存而进行选择与设计。对于粉虱、蚜虫等叶面为害或暴露性害虫，田间应用主要采取喷雾或喷洒等形式，剂型设计必须考虑配套机具的工作状况，一般采用悬乳剂、可湿性粉剂或油剂等形式。

1）悬乳剂

孢子悬乳剂是指将分生孢子悬浮在由矿物油或植物油与乳化剂等助剂组成的乳液中配制的制剂，可用水稀释成孢子悬浮液喷雾，有利于提高孢子附着率，且与常规用药习惯相符。以惰性矿物油作为蜡蚧霉制剂的主要载体，辅以生物学相容的乳化剂、紫外线保护剂和悬浮稳定剂，在田间试验中对木虱、蚜虫及叶蝉表现出良好的防治效果，持效期可达 20d 甚至更长。

2）可湿性粉剂

蜡蚧霉孢子可湿性粉剂是将分生孢子粉与粉状载体及湿润剂混合而成的一类剂型，也可直接用水悬浮稀释后喷雾使用，优点是适合手动机具喷雾。但是，蜡蚧霉孢子可湿性粉剂在植物叶表的附着力差，在雨水较多的季节防治效果明显不及悬乳剂。

3）油剂

油脂能提高附着性和有助于昆虫体表孢子的扩展，孢子可被油携带进入昆虫寄主微环境和寄主植物中，能耐受风、雨、太阳辐射和其他环境的胁迫。蜡蚧霉孢子油剂是将分生孢子加入矿物油或植物油中制成的油悬液，其中不含任何其他助剂成分。油剂有利于贮存，以及施用后孢子附着于寄主表面，可降低孢子萌发和侵染对环境湿度的依赖而提高田间防效，但油剂的施用主要采用超低容量喷雾的方式，对机具性能要求较高，在我国广大农村的农户责任地中推广使用的难度较大。

4）粉剂

蜡蚧霉孢子粉剂是直接将孢子粉与惰性粉状载体混合而成的产品形式，填充料包括滑石粉、黄土或草炭粉等。其特点是配制简单，不足是该种剂型不能喷雾，选择喷施粉剂时使用量较大。

5）颗粒剂

蜡蚧霉颗粒剂是将分生孢子与载体混合搅拌而成的一种颗粒状制剂，将原菌粉吸入过筛的炉渣或沙子中即可获得简单的颗粒剂。

6）混配剂

蜡蚧霉混配剂是将孢子粉与化学杀虫剂在适宜的载体上按一定比例混合而成的制剂。混配剂可以充分发挥蜡蚧霉与其他杀虫成分的协同作用，达到减少化学杀虫剂用量的目的，在国际生物防治领域也提倡使用。但必须提出的是，并非任何化学杀虫剂都与蜡蚧霉孢子生物学相容，混配前一定要经过慎重的生物学相容性研究。

（5）蜡蚧霉可湿性粉剂生产工艺

蜡蚧霉可湿性粉剂生产工艺流程如图 5-19 所示。

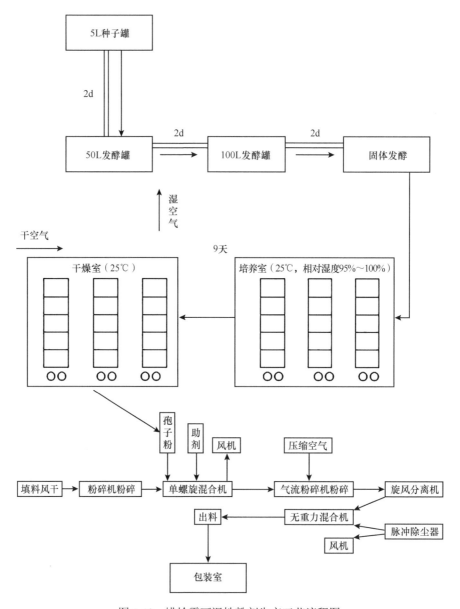

图 5-19 蜡蚧霉可湿性粉剂生产工艺流程图

1）一级斜面菌种培养

将 LFZ0408 菌株接种于 PDA 斜面培养基上，放入 25℃培养箱，培养 7～9d，待菌丝长满斜面并产孢时，转入摇瓶进行液体种子培养。

2）液体种子培养

在 500mL 三角瓶中，装入 200mL 液体种子培养基，以 1.5Pa/kg 高压灭菌 30min，待冷却至（40±1）℃时，在超净工作台内，从斜面菌种中刮取 2 支培养好的一级斜面菌种的孢子粉到无菌的 0.01%（体积浓度）吐温 80 水溶液中，刮取试管的规格为 180mm×15mm，利用高速分散器使孢子分散均匀，然后将该菌悬浮液接入液体培养基中，置于恒温振荡培养箱中（23～25℃、140r/min），培养 5～7d 即可。

3）液体发酵生产

采用三级发酵进行生产。

一级种子罐生产：取 5L 气升式发酵罐，装入 3.5L 液体培养基，温度 95℃，并加入消泡剂泡敌 10.5mL，在 0.15MPa 压力下，保压 25～40min，消毒冷却后将 4 瓶培养好的 500mL 摇瓶种子接入培养，24～26℃，通气量 1∶0.5vvm*，保压 0.05～0.07MPa，经 60～72h 通气培养，达到对数生长期后，接入二级种子罐。

二级种子罐生产：取 100L 气升式发酵罐，装入 50L 液体培养基，温度 95℃，并加入消泡剂泡敌 18mL，在 0.15MPa 压力下，保压 25～40min，消毒冷却后将一级种子罐种子液 35L 全部接入二级种子罐培养，温度 24～26℃，通气量 1∶0.5vvm，保压 0.05～0.07MPa，经 60～72h 通气培养，达到对数生长期后，接入三级种子罐。

三级种子罐生产：取 1000L 气升式发酵罐，装入 100L 液体培养基，pH 6.0～7.2，加入的热水温度 95℃，并加入消泡剂泡敌 210mL，通入蒸汽加热到 121℃，保压 30min，冷却至 24～26℃，将二级种子罐培养好的种子液 70L 全部接入，通气培养，通气量 1∶0.4～0.5vvm，搅拌转速 150r/min，罐压 0.05～0.07MPa，培养时间 72～96h。

放罐时间：当发酵液中出现大量菌丝及液生孢子时，残糖在 1% 以下，发酵液较黏稠，另外镜检菌丝变细、菌丝体中无明显的液泡，发酵液中无明显断裂的菌丝，可放罐。

培养基包括 PDA 斜面培养基、液体种子培养基和气升式发酵罐中的液体培养基。

PDA 斜面培养基：包括马铃薯 200g，蛋白胨 10g，葡萄糖 40g，琼脂 20g，水 1000mL。

液体种子培养基：在 1000mL 培养基中含 40g 葡萄糖、20g 酵母浸膏、0.5g KH_2PO_4，各组分混合后加水补至 1000mL，并用饱和 NaOH 水溶液调 pH 至 6.50。

气升式发酵罐中的液体培养基：包括 6% 麸皮煮汁、25% 葡萄糖、2% 酵母粉、0.05% KH_2PO_4，pH 6.3，即在 1000mL 培养基中含 20g 葡萄糖、20g 酵母粉、0.5g KH_2PO_4，加麸皮煮汁，即在 800mL 水中加麸皮 60g 煮 30min，一层纱布过滤，去除残渣，各组分混合后加水补至 1000mL，并用饱和 NaOH 调 pH 至 6.5。

---

* vvm（air volume/culture volume/min，通气比或通气率）表示每分钟通气量与罐体实际料液体积的比值，发酵罐中的通气量一般以 vvm 计。

消泡剂为泡敌，用量为发酵液总量的 0.03%，即 35L 中加量为 10.5mL，70L 培养料中加量为 21mL，700L 培养料中加量为 210mL。

4）固体发酵

采用生产蘑菇常用的可耐高压灭菌的塑料袋（也称"太空袋"，以聚丙烯较好），以大米为培养基。

5）蜡蚧霉的填料和表面活性剂与辅助剂

蜡蚧霉可湿性粉剂的表面活性剂用吐温 80，孢子保护剂用海藻酸钠，孢子抗紫外线保护剂用甲基绿，稳定剂为石蜡油，填充剂为高岭土，润滑剂为滑石粉。所有固体助剂均过 100 目筛，在混合机中先后加入质量百分含量为 1%～5% 的表面活性剂、质量百分含量为 0.1%～0.2% 的孢子保护剂、质量百分含量为 0.01%～0.02% 的紫外保护剂、质量百分含量为 0.2%～1% 的增效剂、质量百分含量为 3.33%～10% 的崩解剂和质量百分含量为 7.79%～17.58% 的填充剂，充分搅拌混匀 60min，再加入质量百分含量为 0.4%～0.6% 的湿润剂，继续搅拌混匀 30min，制成均匀的湿材，过 20 目筛制成湿颗粒，在 20～22℃相对无菌的条件下干燥 24～48h，至干颗粒含水量为 5%～6%。

2. 虫生真菌应用释放技术

虫生真菌在烟粉虱生物防治应用中存在的问题主要是杀虫效果慢和有限的货架期，以及成本高等限制虫生真菌的应用，还受到环境湿度的影响。高湿是蜡蚧霉、玫烟色棒束孢等虫生真菌孢子萌发、侵入以及孢子形成和流行的必要条件。尤其是蜡蚧霉，最适温度为 15～25℃，相对湿度为 85%～90%，需持续 10～12h 高湿才能保证蜡蚧霉对昆虫的正常侵染与传播。这刚好与许多植物病原真菌生长的适宜条件一致，所以也会对植物病害的发生有利。田间施用过程中菌剂易受紫外线的损伤而影响使用效果的稳定性，紫外线会降低孢子活性。另外，一些杀菌剂、除草剂和化学杀虫剂对蜡蚧霉、球孢白僵菌等产生影响（蒲蛰龙和李增智，1996）。

因此，虫生真菌应用释放技术是提高防治效果的关键。虫生真菌应用释放技术主要有施用无纺布菌剂、利用寄生蜂和捕食螨携带菌粉等释放技术，此外，还可浇灌根施，虫生真菌以内共生菌的方式定植于植株体内，抑制柑橘木虱种群增长。

张艳璇等（2011）利用胡瓜钝绥螨搭载球孢白僵菌控制柑橘木虱，在两者共同作用下柑橘木虱卵和成虫 3d 后的死亡率、患病率分别为 98.4%、98.8%，对低龄若虫的感染率高达 100%。

虫生真菌能从叶片（或灌根施到土壤丛根系）以内共生菌的方式定植于寄主植物植株内，不但对寄主植物不产生危害，反而能促进寄主植物生长。菌丝能侵染柑橘木虱致病，或产生代谢产物（毒素）毒杀柑橘木虱（Bamisile et al.，2019；Keppanan et al.，2019a，2019b）。相比传统的叶面喷施，灌根施到土壤的施用方式拓宽了生防真菌的施用方式，将破解湿度、温度和紫外辐射等环境因子影响生防真菌防治效果而限制生防真菌应用的技术难题。

5.4　基于转基因和基因编辑的抗（耐）病新材料创制

柑橘产业上尚无可利用的优良抗柑橘黄龙病（HLB）品种，柑橘黄龙病菌具韧皮部寄生和韧皮部系统扩散特性（Wang et al.，2017b），而现有的化学农药等表面杀菌剂难以渗入韧皮部，使得防治效果大大降低甚至丧失。植株一旦感染柑橘黄龙病，基本上无药可治，只能采取销毁带病植株甚至整个果园等措施来阻止柑橘黄龙病的扩散，而培育抗病品种不失为解决柑橘黄龙病危害的根本措施之一。过去几十年，基因工程技术在柑橘产业中取得了较大的进展，各种遗传转化技术相继被建立，许多改良柑橘品质和抗性的转基因植株被报道。近年来，CRISPR/Cas9 介导的基因组定点编辑技术已在柑橘分子育种中展现了潜在的巨大价值，在柑橘抗病育种中取得了可喜的成果。在国家重点研发计划等科技项目的支持下，我们利用 CRISPR/Cas9 等技术广泛开展了柑橘抗（耐）柑橘黄龙病功能基因筛选与抗（耐）病新材料创制，取得了一定的进展。

5.4.1　抗（耐）柑橘黄龙病基因研究进展

5.4.1.1　基于抗（耐）品种的功能基因筛选

尽管几乎所有的栽培柑橘品种均会感染柑橘黄龙病，然而不同种类的柑橘对柑橘黄龙病的感病性有着明显的差异。Vand 等（2009）对 18 个柑橘品种嫁接传毒，6 个月后有 15 个品种检测到黄龙病菌，其中甜橙属于重症组，酸橙和某些来檬属于耐病组，'马蜂柑'属于抗病组。Folimonova 等（2009）对 30 种柑橘的耐病性研究发现，'苏坦柠檬''克里曼丁橘''明尼奥拉橘柚'对柑橘黄龙病高度敏感。田间发现柑橘近缘属植物九里香、黄皮高抗柑橘黄龙病。人们进一步通过比较转录组、蛋白质组和代谢组等技术探讨了耐病品种和易感品种应答黄龙病菌侵染的分子基础与响应网络。Albrecht 和 Bowman（2012）研究发现黄龙病菌侵染能诱导感病品种 'Cleopatra' 中许多与寄主防御相关基因的表达，激活寄主免疫系统，但仍然不足以抑制病原菌的繁殖和扩散；而在耐病品种 'US-897' 中，病原菌侵染只诱导少数防御相关基因的表达。在对照组中（健康植株），耐病品种 'US-897' 中许多与防御相关的基因表达水平显著高于感病品种，这些基因的表达独立于病原菌的诱导。结果表明，'US-897' 对柑橘黄龙病的抗性与寄主的基础抗性紧密相关。Wang 等（2016）对耐病品种 'Jackson' 葡萄柚状杂交种和感病品种'Marsh'葡萄柚感染黄龙病菌后进行了比较转录组分析，发现黄龙病菌显著激活或抑制'Marsh'葡萄柚中与基础抗性相关的代谢途径或基因如系统获得抗性（SAR）、生长素、乙烯等。Martinelli 等（2013）分析了黄龙病菌侵染伏令夏橙不同组织和不同时期的转录组，发现黄龙病菌侵染没有充分激活幼嫩叶片的系统获得抗性，甚至抑制了水杨酸（SA）介导的系统获得抗性。幼嫩组织通常被认为是黄龙病菌原初侵染部位。根据以上研究结果推测，耐病品种对柑橘黄龙病的耐病性有遗传基础，且具有较高的基础抗病水平，因此在感染后能够稳定全基因组范围的基因表达，也不会造成寄主代谢紊乱，如韧皮部淀粉、胼胝体过度积累、糖运输受阻、叶绿体遭到破坏等，进而缓解症状。

研究发现，耐柑橘黄龙病品种'酸柚'、'马蜂柑'和'九里香'中水杨酸（SA）及其韧皮部长距离传导关键信号分子水杨酸甲酯（MeSA）含量明显高于易感柑橘黄龙病品种'锦橙'（甜橙），黄龙病菌侵染后，'酸柚'、'马蜂柑'、'九里香'中 SA 和 MeSA 含量明显下降，而'锦橙'中 SA 和 MeSA 含量明显上升（白晓晶等，2017；Zou et al.，2019）。结果表明，提高 SA 和 MeSA 的基础含量可能有利于增强柑橘的系统获得抗性。基于此研究，我们克隆了 SA-MeSA 信号转导途径的重要基因 *CsSAMT1*、*CsSABP2-1*、*CsSABP2-2*、*CsSABP2-3*、*CsSABP2-4*、*CsNPR2*、*CsNPR3*、*CsNPR4*，在'锦橙'中超量表达 MeSA 信号转导关键酶基因 *CsSAMT1*，显著提升了转基因植株 SA 和 MeSA 的含量。

当黄龙病菌侵染植物时，胼胝质会大量沉积从而导致筛管阻塞，防止病原菌进一步入侵。韧皮部蛋白 2（phloem protein 2，PP2）是韧皮部中最丰富的蛋白质之一，有研究表明 PP2 基因可能参与黄龙病菌侵染引起的胼胝质沉积和筛管堵塞（Wang et al.，2017b）。文庆利等（2018）以柑橘黄龙病耐病种'酸柚'和易感病品种'锦橙'为材料，研究柑橘 PP2 基因家族响应 CLas 侵染的表达谱，获得与黄龙病菌侵染紧密相关的 PP2 基因，如 *CsPP2B15*、*CsPP2B2*、*CsPP2A*、*CsPP2B12-1*、*CsPP2B10*、*CsPP2B12-2*，其中 *CsPP2B15* 可能参与 HLB 侵染的早期阶段。

5.4.1.2　基于黄龙病菌致病因子和效应子的功能基因筛选

植物病原菌侵染后通过分泌效应子（effector）激活寄主的抗病基因，从而引起植物的抗病反应（Bogdanove et al.，2010）。抗病基因常常用于植物抗病材料育种，创制抗病品种。同样，病原菌也分泌效应子激活寄主的感病基因，引起寄主感病（Bogdanove et al.，2010）。病原菌之所以能够成功侵染、发育和定植于寄主，感病基因是不可或缺的，当感病基因发生突变后，植物便会获得广谱的抗病性，使感病基因转变成广谱的抗病基因（Li et al.，2012a；McGrann et al.，2014），因此，感病基因的研究对于植物抗病性的改良是一个新的重要思路。几乎所有的柑橘品种均为感病品种，因此通过研究柑橘的感病基因，阐明其感病的分子机制，在此基础上，利用现代分子技术手段修饰感病基因，改良柑橘黄龙病抗性就显得尤为重要和必要。黄龙病菌具有完整的 Sec 分泌系统（secretory pathway），能分泌效应子进入柑橘细胞中，靶向作用于寄主特定蛋白或基因，调控寄主免疫反应，以利于病原菌在韧皮部中的定植和系统扩散。近几年，黄龙病菌 Sec 分泌系统分泌蛋白致病机制的研究已受到广泛的关注。例如，Clark 等（2018）发现黄龙病菌 SED1 效应子靶向木瓜蛋白酶样半胱氨酸蛋白酶（papain-like cysteine protease，PLCP），调控寄主免疫反应。Pang 等（2020）的研究表明 SDE15 靶向 CsACD2（ACCELERATED CELL DEATH 2），在'邓肯葡萄柚'中超量表达 CsACD2 抑制了寄主的免疫防御从而促进了病原菌增殖，但 RNAi 沉默 CsACD2 促进了转基因柑橘细胞的死亡。龙俊宏等（2020）研究发现 SDE70 可能靶向柑橘 RUB2 蛋白，调控寄主泛素化和类泛素化途径，影响植物抗性反应。然而，这些已报道的黄龙病菌作用的靶标基因在柑橘黄龙病抗性育种中的功能和效果仍然有待深入评价。

5.4.2 利用抗菌类蛋白改良柑橘黄龙病抗性

抗菌肽等抗菌类蛋白具有广谱、持久抗性，已被成功用于柑橘抗病基因工程育种。本项目前期针对柑橘黄龙病菌韧皮部限制生长特性，选取柑橘韧皮部特异启动子调控 *cecropin B* 抗菌肽基因的表达。温室抗性评价表明，转 *cecropin B* 抗菌肽基因能显著提高柑橘的黄龙病耐性，且持续接种病原菌 24 个月后的检测结果显示，转基因植株体内病原菌浓度持续显著低于非转基因植株（Zou et al.，2017）。此外，我们将 *cecropin B* 与人溶菌酶基因融合，在'锦橙'中超量表达，24 个月后的抗性评价显示，转基因植株柑橘黄龙病抗性显著增强（未发表）。结果表明，抗菌肽类蛋白在改良柑橘黄龙病抗性中具有良好的应用前景。目前，研究获得的相关转基因植株已进入转基因植株田间释放小试阶段。

5.4.3 柑橘基因组定点编辑技术及其在柑橘抗（耐）柑橘黄龙病育种中的研究进展

CRISPR/Cas9 介导的基因组定点编辑技术已成功用于柑橘分子生物学研究中（Peng et al.，2017）。以柑橘感病基因 *CsLOB1* 为靶标基因，研究构建了一套高效的柑橘基因组编辑载体和技术，能直接从再生植株中获得 100% 同源突变体，彻底突变靶标基因的所有等位基因（Peng et al.，2017）。2018~2020 年，我们利用柑橘的 tRNA 剪切机制，成功构建了一套高效的由 CRISPR/Cas9 介导的柑橘多位点、多基因编辑技术，以此技术为平台，获得了 100% 突变的 *CsLOB1*、*CsPP2B15*、CsWRKY22 等与柑橘黄龙病相关的突变体植株。这些技术为我们深入开展柑橘黄龙病抗病基因工程育种提供了强有力的技术平台。

5.4.4 研究展望

柑橘黄龙病危害已成为世界柑橘产业的"头号敌人"，严重阻碍了柑橘产业的健康可持续发展。采用基因修饰改良柑橘黄龙病抗性已成为世界柑橘产业最为关注的研究领域，但目前依然无可用的优良基因资源。因此，如何从病原菌致病机制和柑橘抗（耐）病机制入手，克服病原菌无法分离培养的局限，综合利用现代分子生物学技术大力挖掘柑橘黄龙病抗性的关键分子机制和关键抗（感）病基因，是解决黄龙病危害的关键。

利用转基因技术创制非转基因产品一直是人们关注的焦点问题。CRISPR/Cas9 基因编辑技术诞生后，攻克该技术瓶颈已成为基因组编辑领域和分子育种的热点，并且在不同的物种中得到成功解决。然而，柑橘基因组高度杂合、珠心胚起源、童期长、遗传转化效率低等问题严重阻碍了 CRISPR/Cas9 基因编辑技术在创制不含任何转基因成分的优良突变体中的有效利用，这已成为柑橘分子育种从研究走向应用的技术瓶颈。因此，如何在利用 CRISPR/Cas9 高效编辑靶标基因的同时，获得不含任何转基因成分的突变体，是未来柑橘基因工程育种技术走向商业化的关键一环，也是未来柑橘抗病分子育种研究的中心问题之一。

5.5 柑橘黄龙病发生区配套栽培技术

5.5.1 深翻培肥改土

1. 幼龄果园改土

定植前未进行改土或改土沟（穴）低于 1.5m 以下的果园，应在柑橘栽植 2～3 年后，在沿植株滴水线或原栽植沟（穴）的位置向外继续扩沟（穴）改土，深度 0.6～0.8m。将深翻的 0.3～0.4m 表土放置在一边，0.4～0.5m 下部的土壤放在另外一边，同时按每立方米土壤 30～50kg（按干重计）有机肥，将其均匀撒在挖出来的土壤表面，酸性土壤区还应同时施入 1～2kg 石灰。另外，磷、钾缺乏的土壤需加施钙镁磷、过磷酸钙或骨粉等。将有机肥、石灰、磷钾肥和表土混匀回填。

2. 成果果园改土

成年柑橘园（一般指 7 年以上结果的柑橘园）多年耕作，往往土壤板结，肥力下降，根系衰老，应进行改土和根系更新。因成年柑橘园根系已布满全园，为避免伤断大根和伤根过多，每年 9～10 月或 2～4 月可在树冠外围进行条沟状或放射沟状深翻改土，应避免全园深翻或挖环状沟，如果在夏季深翻，遇干旱要及时灌水。沟深度 0.6～0.8m，宽度 0.3～0.4m，每年只深翻一方（1m³），不致影响产量。可以隔年、隔行或每株每年轮换位置深翻改土。深翻时将伤、断的粗根和大根进行适当修剪，以便促进新根生长。每次每株施有机肥 30～50kg，饼肥 2～3kg，过磷酸钙或钙镁磷 2～3kg，与表土拌匀后回填。酸性强的土壤需适度施入石灰，强碱性土壤有条件的可加入适量硫黄粉以调节酸碱度。

5.5.2 施肥

1. 幼树施肥

柑橘幼树的施肥主要是根据抽梢（春梢、早夏梢、夏梢和秋梢时期）需肥规律来确定。一般来讲，每次新梢萌芽前和萌芽后都要施一次速效肥，以利于幼树生长又快又壮，加快树冠扩大和培养足够的结果枝组。施肥以氮肥和钾肥为主，春梢、早夏梢、夏梢、秋梢 4 次梢用肥量分别约占全年的 30%、20%、30%、20%，并且 9 月以后一般不再施速效肥，以免促发晚秋梢和冬梢。柑橘幼树施肥的氮、磷、钾比例为 1∶（0.3～0.5）∶（0.6～0.8），1～3 年生幼树分别施纯氮 100～300g，逐年增加。幼树的根还不发达，每次施肥不能太多，要少施多次。有机肥施用方法见 5.5.1 小节。

2. 结果树施肥

结果树施肥是按产量来确定的，以产果 100kg 计算，初结果树施纯氮 1.2～1.5kg，成年树施纯氮 0.8～1.2kg。氮、磷、钾比例为 1∶（0.4～0.6）∶（0.7～1）。一般分为萌芽肥、稳果肥、壮果肥和采果肥 4 次施入，各占全年施用量的 25%～30%、10%～20%、30%～40%、15%～20%。过磷酸钙（用于碱性土）或钙镁磷（用于酸性土）可在夏季一次性沟施。采果肥以有机肥为主，结合深翻培肥改土进行。萌芽肥在 2 月中下旬至 3 月上中旬各施一次。稳果肥在谢花期施用，但要根据树势状况确定施肥量，如果树势较旺，稳果肥可以不施。壮果肥（速效肥）在早秋梢萌发前 10～20d 施入，壮果肥（迟效肥）在早秋梢萌发前 25～35d 施用。施肥量与结果量成正比，果多宜多施，以能促发较多早秋梢为宜。早熟品种采果肥在 10 月以后施用，晚熟品种可以在 9～11 月施一次越冬肥。

5.5.3 枝梢管理

1. 幼树枝梢管理

柑橘幼树主要是利用春梢、早夏梢、夏梢和秋梢时期来加速树冠扩大、培养结果枝组。一般来讲，除春梢抽发比较整齐以外，其他批次梢的抽发都不整齐，因此，如何调控梢的整齐抽发，以便集中用药防控柑橘木虱，是防控柑橘黄龙病的关键。在每次新梢萌芽前施一次速效肥，3～5d后，主要是短截部分上一次抽发老熟的梢、光头枝、徒长枝、下垂枝、衰退枝及在外围挂果太多的枝条等，疏剪交叉重叠枝、隐蔽枝等。在新芽长至2～3cm时及时抹去零星抽发枝梢，等到每株有80%以上的芽萌发，并且全园有80%以上的树萌芽时才统一放梢。

2. 结果树枝梢管理

成年结果树主要是春梢和秋梢作为结果枝或结果母枝，枝梢管理同幼树枝梢管理。早夏梢和夏梢结果不需要抽发，因此，如果有抽发早夏梢或夏梢，可以用人工抹去，或者在第一次生理落果后从5月开始连续喷施2次25%多效唑（400～500倍液）和5%烯效唑（100～150倍液），能有效抑制夏梢的生长，隔15d左右再喷1次。另外，还可以采用杀梢剂（25%乙羧氟草醚）4000～10 000倍液控制夏梢，当夏梢长至5～10cm时喷1次，抽梢不整齐的10～15d再喷一次，能有效杀死新发夏梢。

第6章　柑橘黄龙病防控机制创新

6.1　广西柑橘黄龙病防控机制创新

回顾广西柑橘产业发展历史，可以说是与柑橘黄龙病的斗争史：广西在 20 世纪 30 年代就有柑橘黄龙病的相关报道（广西壮族自治区地方志编纂委员会，2000），其在广西的发生史较长（赵学源和蒋元晖，2015；白先进等，2020）。广西柑橘产业的大规模发展从 20 世纪 80~90 年代开始，而此阶段种苗管理混乱，以及人们对黄龙病危害的认识不足，致使该病迅速蔓延（周启明等，1992），柑橘面积发展到 200 万亩徘徊近 20 年，边种边死、边死边种，全区几乎找不到没有黄龙病的橘园，从 20 世纪 80 年代中期至 2005 年，全区柑橘几乎全部更新一遍，损失超过百亿元。

2005 年，时任广西壮族自治区农业厅（以下简称广西农业厅）厅长张明沛明确指出"抓水果不抓柑橘，就没有抓住重点；抓柑橘不抓黄龙病防控，就没有抓住关键！"他要求在全区实施统一的柑橘黄龙病综合防控工程，经过十余年的柑橘黄龙病综合治理，柑橘产业得以迅速发展（图 6-1）。2015 年广西一跃成为全国柑橘栽培产量最大的省份，2019 年面积达 829.41 万亩，产量达 1124.52 万 t，连续 5 年稳居全国之首（图 6-2）。近年柑橘黄龙病得到有效控制，柑橘产业得以稳定发展，柑橘成为广西乡村振兴的最大宗特色水果，其防控经验值得总结。

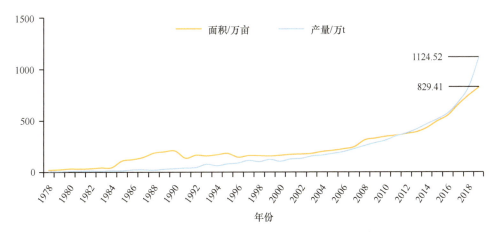

图 6-1　1978~2019 年广西柑橘面积、产量情况

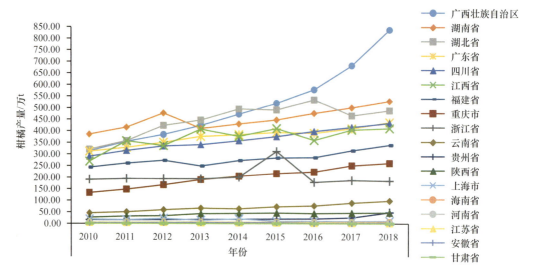

图 6-2　2010～2018 年全国各柑橘生产省（自治区、直辖市）产量变化

6.1.1　政府重视

　　时任广西壮族自治区政府主席韦国清支持曾勉教授建议，于 1965 年成立了广西壮族自治区柑桔研究所，建立了一支柑橘研发队伍。1983 年林孔湘先生从广西讲学回广州后，给时任广西壮族自治区政府主席覃应机写信，呼吁由有关部门组建柑橘无病虫栽培协作攻关领导小组，统一规划各系统的柑橘育苗和果园生产，促进广泛建立柑橘无病虫苗圃，并通过示范，进行与生产相结合的科研协作攻关，解决病虫害问题，以促进柑橘生产迅速发展。覃应机于 1983 年在林孔湘教授的建议上批示：加强黄龙病研究。1984 年广西农牧渔业厅设立专项进行柑橘黄龙病防控研究，为广西柑橘无病毒良繁体系的建立及黄龙病防控人才的培养打下基础。之后，多届自治区党委主要领导都多次过问和关心柑橘黄龙病防控。广西农业厅厅长张明沛上任后高度重视并组织成立柑橘黄龙病领导小组同时兼任组长，于 2005 年 12 月在恭城瑶族自治县召开大型培训会议，启动广西柑橘黄龙病综合治理。2007 年广西以政府名义下发《关于加强柑橘黄龙病综合治理工作的通知》（桂政办电〔2007〕40 号）。2008 年自治区政府主席马飚亲自签批《广西壮族自治区果树种苗管理办法》，规范果树种苗繁育生产，特别规定柑橘苗木必须在网棚内繁育。时任自治区政府主席陈武于 2018 年支持设立柑橘黄龙病重大专项，自治区人大常委会调研、起草并颁布我国首部省级地方性法规《广西壮族自治区柑橘黄龙病防控规定》。广西柑橘产业有今天的业绩，柑橘黄龙病的高效防控离不开党和政府的高度重视与有力领导。

6.1.2　发挥制度优势，管理机制创新

1. 建立地方政府负责制

在 2005 年广西农业厅启动柑橘黄龙病综合治理后，张明沛厅长高度重视并组织成立柑橘黄龙病领导小组同时兼任组长，请示广西壮族自治区政府下发通知要求各市（县、区）政府把柑橘黄龙病综合治理作为为民办实事、办好事的民生工程来抓，建立政府主导的柑橘黄龙病防控工作机制，对造成重大损失的要追究相关人员责任。促成各级柑橘主产市、县、乡镇政府相继都成立了柑橘黄龙病防控领导小组，形成了政府主导、农业部门主抓、有关部门协助的防控机制。为确保工作落到实处，自治区农业厅连年将柑橘黄龙病防控列入农业重大有害生物防控属地目标管理内容，与各市农业局签订责任状，各市农业局与各县农业局签订责任状，层层落实防控工作。部分柑橘主产县实行四家班子领导到乡镇和各部门包村责任制，由督查办或柑橘黄龙病领导小组组织考核，年终计入干部绩效考核总分。

2. 广泛宣传培训，普及防控知识

（1）广泛宣传

广西第一次柑橘黄龙病防控现场会会址因当时县领导处于对柑橘黄龙病完全无知的状态而变更了 3 个县，农技人员、果农大多不认识柑橘黄龙病，不认识柑橘木虱，更不知道如何防控。为了彻底改变这种状态，各地政府利用张贴宣传标语、广播、电视、报纸、信息网络、手机等多种宣传手段开展了广泛宣传。通过充分宣传，各级党委政府充分认识到柑橘黄龙病是可防可控的，防控柑橘黄龙病是社会公益事业，是一项社会工程、民心工程、致富工程；使柑橘产区各级领导认识到抓柑橘不抓柑橘黄龙病防控没有抓到关键；使技术员学会认识柑橘黄龙病症状，熟练掌握柑橘黄龙病防控"三项基本措施"并具有普查、检查、落实能力；使每一个果农能意识到种好柑橘首先必须防控柑橘黄龙病，从认识柑橘黄龙病开始到自觉执行防控"三项基本措施"。

（2）大力培训

针对不同的对象开展不同层次的培训。

通过邀请柑橘黄龙病防控老专家和国家柑橘产业技术体系柑橘黄龙病防控专家到广西开展技术培训和指导、进行学术交流，使得广西的水果产业干部及技术人员了解国内外柑橘黄龙病发生及防控情况，拓宽视野，提升技术水平。

积极开展对技术推广人员、基层农技干部、种植人员的培训交流活动，提升识别柑橘黄

龙病能力,掌握柑橘不同品种黄龙病的发生规律。使技术员学会认识柑橘黄龙病,熟练掌握柑橘黄龙病防控"三项基本措施"并具有普查、检查、落实能力。使专业大户能意识到种好柑橘首先必须防控柑橘黄龙病,了解并抵制不法商贩虚假治疗柑橘黄龙病行为,严格执行科学防控"三项基本措施"。

积极开展柑橘无病毒苗木管理法规、繁育技术培训,规范柑橘无病毒苗木管理及生产标准,把好种苗第一关。

积极开展对分管领导和农业局局长的培训,让每一个柑橘产区管理者(包括市县分管领导、农业局局长、乡镇主要领导)都经过柑橘黄龙病防控培训,让每一个新到岗柑橘产区领导都树立柑橘黄龙病防控意识和了解柑橘黄龙病的科学防控方法,抵制未经科学验证有效的柑橘黄龙病治疗方法及相关产品!

(3)立村规民约,推联防联控

高度重视发挥村民自治组织在柑橘黄龙病防控中的作用,推广把柑橘黄龙病防控"三项基本措施"列入"村规民约"的好办法,实现村民之间相互监督,凡违反者不能享受村集体公益事业服务,促进大家共同防控柑橘黄龙病疫情。同时,积极发挥柑橘专业合作社的作用,推进柑橘黄龙病区域化治理,实行统一管理、统一供药、统一防控。实践证明,"村规民约"和柑橘专业合作社提高了农民在柑橘黄龙病防控方面的自我管理能力,形成群防群治工作局面,能较好地解决农户小果园种植与疫情区域化治理的矛盾。

(4)依法防控,强化管理

从大张旗鼓开始进行柑橘黄龙病防控便始终贯彻依法防控理念,贯彻执行柑橘黄龙病属植物检疫性病害相关规定,同时,为了弥补国家在果树种苗管理法规上的缺陷,2008年广西壮族自治区政府研究出台《广西壮族自治区果树种苗管理办法》(广西壮族自治区人民政府令 第39号),对柑橘苗木的繁育进行了规范,要求柑橘育苗必须到当地农业行政主管部门备案,柑橘育苗必须在网棚等隔离条件下进行,并建立苗木生产档案,载明繁殖材料来源及规范检验检疫等。

柑橘黄龙病防控"三项基本措施"在多年防控实践中取得了明显成效,但各地在执行过程中仍有不少不规范、不法商家坑农害农、清理病树执行难、防控长效机制未形成等问题,为了解决这些难题,2019年9月广西壮族自治区人大常委会调研、起草并通过了国内首部地方性法规《广西壮族自治区柑橘黄龙病防控规定》,规范了柑橘黄龙病防控遵循的方针、原则、责任制度,推行种植无病苗、大面积集中连片联防联控柑橘木虱、及时清除病树的"三项基本措施"防控技术,为科学有效防控广西柑橘黄龙病、保障柑橘产业安全保驾护航。

6.1.3　严格执行"三项基本措施"防控技术

1. 尊重科学，专家支撑

中国是世界上最早研究柑橘黄龙病的国家，早在 20 世纪 70～80 年代已经形成了比较成熟的防控经验，但一路走来一直存在对防控"三项基本措施"的不同看法，为了确保防控治理科学有效，2004 年 6 月，广西壮族自治区水果生产技术指导总站（现广西壮族自治区水果技术指导站）和广西壮族自治区柑桔研究所组织了"广西柑橘无病栽培及无公害栽培技术高级研修班"，邓秀新、周常勇、邓子牛等专家应邀作专题报告。2006 年 6 月，广西农业厅在桂林召开了柑橘黄龙病防控专家论证会，邀请了赵学源、邓秀新、罗志达、王中康、邱柱石、刘宗庆等 8 位专家出席论证，肯定了广西农业厅提出的种植无病苗、大面积集中连片联防联控柑橘木虱、及时清除病树的柑橘黄龙病防控"三项基本措施"科学合理。2008 年 11 月广西壮族自治区水果生产技术指导总站邀请周常勇研究员参加"广西（柳城）蜜橘产业现代化发展论坛"并作了《柑橘无病毒良种苗木繁育体系建设及黄龙病综合防治》专题报告，会后在白先进总农艺师等的陪同下，现场考察了柳城、荔浦、灵川、临桂等地的柑橘园黄龙病防控实况，指出"零成本村规民约"组织机制值得向全国推广。2009 年 6 月和 2010 年 4 月，在周常勇研究员和白先进总农艺师的倡议下，在全国农业技术推广服务中心等部门的大力支持下，在桂林分别召开了"全国柑橘黄龙病联合防控技术研讨会"和"全国柑橘黄龙病联防联控启动仪式"，赵学源研究员应邀亲临指导。

同时，为了解国际上柑橘黄龙病发生防控情况，2006 年 7 月广西农业厅派出时任广西农业厅总农艺师白先进研究员参加在巴西举行的国际柑橘黄龙病工作研讨会，与会的中国代表还有赵学源研究员（特邀嘉宾）、邓晓玲教授，了解到黄龙病在全球传播状况及巴西防控亦是学习采用中国专家提出来的"三项基本措施"原则，当地专家也结合实际在田间调查、病树清理、柑橘木虱防控上有不少创新（Bové，2006）。通过这次交流及会后考察更增强了广西打好防控柑橘黄龙病"歼灭战"的信心。

2014 年 6 月，农业部种植业管理司在桂林召开首届"全国柑橘黄龙病防控现场会"，广西防控经验得到了农业部肯定。2015 年 11 月，广西特色作物研究院邀请周常勇研究员在桂林作《柑橘黄龙病防控现状与种苗管理》专题报告。2019 年 12 月，在桂林召开了国家柑橘优势区域黄龙病综合防控协同创新联盟第二次会议，周常勇理事长作了《柑橘黄龙病防控形势与研究进展》专题报告，广西柑橘黄龙病防控经验进一步得到推广。

2. 大力扶持柑橘无病毒苗木生产

制订广西《柑橘无病毒苗木繁育技术规程》（DB45/T 482—2008），扶持指导各主产县建立柑橘无病毒苗圃，广西农业厅从 2006 年起也设专项扶持各产区市、县建设柑橘无病毒苗圃，累计扶持柑橘无病毒苗木经费达 6000 万元，带动各市、县也投入大笔扶持经费狠抓柑橘无病毒苗木生产。2006 年农业部下达广西壮族自治区柑桔研究所建设"广西桂林柑橘无病毒良种繁育基地"专项，经费为 730 万元，2016 年农业部下达广西壮族自治区柑桔研究所"广西桂林市国家柑橘原种保存及扩繁基地建设"项目 927 万元，为广西柑橘无病毒良繁核心体系建设打下坚实基础。

3. 严防柑橘木虱，统防统治

构建柑橘木虱发生动态监测体系，制订《柑橘木虱测报调查规范》（DB45/T 501—2008）、"柑橘木虱监测与防控方法"，筛选推广高效柑橘木虱防治药剂，推广动力烟雾机、无人飞机等大面积高效防控柑橘木虱的方法。2016～2020 年农业农村部下拨柑橘黄龙病统防统治经费 7400 万元，带动广西各级财政投入防控经费过亿元，为广西柑橘黄龙病防控提供动力。

4. 及时清理病树

制订"柑橘黄龙病调查监测规范""柑橘黄龙病防控技术方案""柑橘黄龙病 PCR 检测方法"等技术方案，通过规模培训，普及柑橘黄龙病防控知识及柑橘黄龙病田间识别技术，争取早发现、早清理。推行谁生产经营、谁防控的责任制度，由生产者随时自查清理病树，重点在秋冬季柑橘黄龙病表现明显时由村民组织、合作社及农业部门组织技术人员调查核实，对未清理的失管果园、残留的病树统一砍伐，不留死角。不少县（区）成立了专业砍伐队伍，专门对失管果园和残存病树进行统一砍伐。在 2008 年大冻害长时间发生时，调查显示柑橘木虱大批死亡，广西农业厅及时安排救灾资金并下发通知，全面普查扑杀残存柑橘木虱，彻底砍除病树，根除病原。

通过严格贯彻执行防控"三项基本措施"，广西的柑橘黄龙病发病率由 2005 年全区统防统控工作开始时的 6.45% 降到 2013 年的 1% 以下，但由于近几年柑橘产业疯狂发展，种苗供不应求，带病种苗再次出现在市场，加上价格下降、失管果园增多，柑橘黄龙病发病率有所回升，柳城县南丰蜜橘、富川县脐橙都受到严重冲击，这些活生生的案例时时刻刻在提醒我们：柑橘黄龙病防控是一场持久战，高度重视才能确保柑橘黄龙病不大面积暴发、柑橘产业持续健康发展。

6.2　江西赣州柑橘黄龙病防控机制创新

赣州位于江西南部，俗称赣南，位于 24.48°N～27.15°N、113.90°E～116.63°E，与广东、

福建接壤，下辖 18 个县（市、区）。赣南是我国脐橙主要产区，是国家"赣南—湘南—桂北优质脐橙带"的核心区。赣南最早于 1978 年在大余县池江镇园艺场发现疑似柑橘黄龙病树，1979～1980 年经中国农业科学院柑桔研究所、华南农业大学和福建省农业科学院专家多次现场调查、取样、诊断确认。1982～1983 年开展了第一次柑橘黄龙病普查，18 个县（市、区）都有不同程度的发生，全市平均病株率为 0.2%，此后，病情扩展蔓延，至 90 年代初，一些国营、集体园艺场的柑橘相继因黄龙病被毁。随着赣南地区脐橙的种植，特别是 2001 年大力发展脐橙产业后，果园效益增加，果园管理得到加强，此后十几年柑橘木虱和柑橘黄龙病均被控制在较低水平（陈慈相等，2015）。受暖冬气候、脐橙价格波动和部分果农不重视冬季清园等因素影响，从 2010 年开始赣南果园柑橘木虱虫量明显增加，柑橘黄龙病的发生程度也随之加重。赣南脐橙产业主要是 2001 年以后发展起来的，大多数果农未经历过柑橘黄龙病的大发生和毁园的危害，对柑橘黄龙病的危害性缺乏认识，防控意识薄弱。到 2012 年，传播媒介柑橘木虱和柑橘黄龙病树均明显增加，在周常勇研究员的倡议下，2012 年 7 月在赣州召开"2012 年柑橘区域性检疫性病害防控协作会"，全市共普查出病树 161.57 万株，且很多人不愿意砍除病树，当时脐橙价格掉入谷底，失管现象严重。2013 年赣南地区柑橘黄龙病出现大暴发，并在一些区域猖獗成灾，其中安远、寻乌、信丰等南部县受灾较重，有的果园发病率超过 30%，2013 年 11 月 7 日赣州市委组织部在安远县召开赣州相关领导干部培训会，邀请周常勇研究员作《柑橘黄龙病与产业兴衰及其防控》专题报告。针对赣南柑橘黄龙病的大暴发，农业部（现农业农村部）多次派出专家组到赣南调研指导。为了尽快控制病情，赣州在充分采纳专家建议和借鉴其他病区防控经验的基础上，创新提出并实施了一系列防控机制和防控技术措施。到 2020 年，赣南柑橘黄龙病基本得到控制，2019 年赣州平均病株率由 2014 年最高的 19.71% 下降到 3.86%，发病率下降了 80.4%，连续 3 年控制在 5% 以下，成效显著，不仅保住了赣南脐橙产业，也保住了果农效益。2015 年 11 月 5～6 日、2016 年 6 月 2～3 日和 2017 年 3 月 28～29 日连续 3 年的全国柑橘黄龙病防控现场会在赣州召开，2017 年 6 月26～27 日在赣州还召开了国家柑橘优势区域黄龙病综合防控协同创新联盟成立大会暨现场观摩交流会。

6.2.1　推行政府主导的柑橘黄龙病防控工作机制

2013 年，面对汹涌的柑橘黄龙病病情，赣州市委、市政府高度重视，市、县、乡（镇）三级政府分别成立柑橘黄龙病防控工作领导小组，精心组织，建立并推行政府主导的柑橘黄龙病防控工作机制，实行政府主导、部门联动、属地管理。

1. 政府每年制定系列工作方案

各级政府每年制定年度柑橘黄龙病防控工作方案，包括宣传、培训、考评、督查和资金保障等工作方案。

2. 分类防控

面对 2014 年全市柑橘黄龙病病情仍在快速扩散的问题，从 2015 年开始根据下辖 18 个县（市、区）的发病程度和防控工作重点，赣州提出分类防控、分类管理方案，把全市柑橘产区分为重病区、中等病区和轻病区三类区域，调整各类区域的工作重点和防控指标，重点控制重病区扩展，保护中等病区和轻病区。2015 年赣州全市柑橘黄龙病发生明显下降，快速扩散蔓延的势头得到遏制，分类防控效果显著。

3. 政府主导大规模规范清理病树

针对果园病树量大、涉及面广且果农不愿主动清理的状况，为了使每年病树清理到位，从 2013 年开始赣州采用"政府主导、属地管理、农户参与、规范操作"的工作机制普查、清理病树。每年秋冬季（9～12 月），县、乡政府组织足够的专业普查队伍对辖区内柑橘类果树按"村不漏组、组不漏户、户不漏园、园不漏株"的要求，逐园逐株开展黄龙病普查，标识病树，建立台账，对普查出的病树动员果农砍除。普查结束后，乡（镇）政府组织专业队，根据台账记录，逐园清理标记的黄龙病树。2013～2019 年全市共砍除病树 5078.26 万株。由于砍除的病树量大，树兜难以处理到位，在病树清理实践中，总结提出一锯、二划、三涂、四包、五埋的病树快速清理"五步法"操作规范。①锯：锯病树，在距地面 5～10cm 处将病树锯断。锯前先喷药防治柑橘木虱，防止病树上的柑橘木虱受惊后迁移到附近柑橘树上。②划：在留下的树桩中央划"十字"。③涂：在留下的树桩上涂草甘膦原药，使树桩腐烂。④包：用塑料袋将涂有草甘膦的树桩包好。⑤埋：在包好的树桩上盖土，将树桩埋入土中。

4. 广泛宣传与培训

市、县、乡、村各级广泛宣传动员，充分利用网络、电视、入园入户、张贴公告、分发资料等形式，全面宣传柑橘黄龙病危害、防控知识，动员广大果农甚至全社会参与柑橘黄龙病防控工作；组织各级技术人员对乡（镇）、村干部和广大果农开展高密度、全覆盖培训，培训各级干部、各级农业技术人员。2013 年以来统一印发"黄龙病识别与防控彩图"宣传贴画 25 万份、柑橘黄龙病防控技术光碟 1.5 万张、《柑橘黄龙病综合防控技术手册》10 万本，2013～2019 年累计培训 120.33 万人次，基本做到每户果农每年至少参加一次培训。赣南 20 多万户果农从 95% 以上不了解柑橘黄龙病到目前 95% 以上能识别柑橘黄龙病、认识其危害性且主动防控，实现了"要我防到我要防"的转变，广大果农的防控技术水平显著提升。

5. 建立督查、调度与考核机制

赣州把柑橘黄龙病防控列为各县（市、区）年度工作考核的主要内容，实行督查、考核。2013～2017 年柑橘黄龙病高发期，市政府每年组织 9 个督查组，在 10 月至翌年 2 月实行一月一督查；2013 年以来实行一年一考核。

6.2.2　建立柑橘黄龙病与柑橘木虱监测机制

为随时掌握赣南各地柑橘黄龙病与柑橘木虱的发生动态，2014 年 7 月，根据柑橘种植面积、主要品种的分布、区域特点和果园生态类型等情况，在赣南各县（市、区）选择正常生产管理的果园并建立了 58 个柑橘黄龙病与柑橘木虱监测点，对每个监测点进行 GPS 定位，规范监测措施，建立监测档案。

对柑橘黄龙病进行监测，依据柑橘黄龙病田间典型症状，定期普查和上报监测点果园黄龙病病株数。普查和上报时间：2～8 月，每月 1 次，为每月 30 日（2 月 28 日）；9 月至翌年 1 月，每月 2 次，分别为每月 15 日、30 日；9～12 月，每月 30 日对周边果园黄龙病发生动态进行一次调查了解，填表上报。

对柑橘木虱进行监测，依据柑橘木虱年度发生情况，定期监测上报柑橘木虱各虫态发生数量。监测点调查和数据上报时间：1～2 月，为每月 15 日和 30 日（2 月 28 日）；3～12 月，每隔 5 天调查和上报 1 次，即每月 5 日、10 日、15 日、20 日、25 日、30 日为调查和数据上报日。柑橘木虱调查观察方法：①柑橘木虱虫口量很低、零星发生和无虫时，全园巡视调查，上报是否发现柑橘木虱和所见虫态、数量。②虫口密度较大时，全园按五点取样法，随机选择 5 株树，每株树按东、南、西、北、顶 5 个方位，各调查 2 枝新芽或新梢上柑橘木虱卵、若虫、成虫数量，填表上报。

6.2.3　建立柑橘无病种苗繁育推广机制

2013 年以来，以赣南柑橘良种繁育场为中心，在赣县、崇义、南康、信丰、龙南、安远、寻乌、会昌、宁都、兴国等地建立了 13 个柑橘无病种苗繁育场。每个繁育场按照柑橘无病种苗繁育规范建设网棚，规范繁育无病种苗，到 2019 年共建设网棚 70.988 万 m²，年繁育种苗能力 700 万株。

为了保证繁育场生产、出圃的苗木真正达到安全、无病的标准，在各良种繁育场对所有繁育材料（砧木、接穗）建立档案记录，做到来源可追溯、去向可跟踪。联合市、县植物检疫机构对赣州市 13 个柑橘苗木繁育场的苗木繁育设施安全性、投入品以及繁育材料、繁育过程进行严格跟踪检查和产地检疫，并委托国家脐橙工程技术研究中心每年对苗圃所有母本树、采穗树按 0.5% 比例抽样、出圃苗木按 0.04% 比例抽样进行柑橘黄龙病 PCR 检测，经检疫合格的苗木由所在地县级植物检疫机构开具产地检疫合格证和苗木调运检疫证。依据《中华人民共和国种子法》《植物检疫条例》等法律法规，每年组织农业、果业、工商、公安等有关单位联合执法，重点监管和查处辖区内大田露天育苗、市场销售未经检疫苗木等违法行为。为全面推广无病种苗，赣州市政府从 2014 年开始实行果苗财政补贴制。

6.2.4　推行柑橘木虱高效精准防治

赣南柑橘木虱以成虫越冬，2 月下旬越冬成虫开始活动，在早春萌发的春芽上产卵。3 月下旬成虫量开始增多，5 月下旬至 6 月中旬有一个发生高峰，从 7 月开始柑橘木虱成虫发生量明显增加，8 月成虫量一直持续较高，是全年发生高峰，9 月后虫量有所下降，但 10 月上旬又出现一个高峰，11～12 月成虫量持续较低。柑橘木虱成虫、卵、若虫全年有 4 个明显高峰，分别为 5 月下旬、7 月上中旬、8 月和 10 月上旬（陈慈相等，2018）。

从全年发生虫量看，前期虫量不高，上半年柑橘木虱发生量相对较少，只在 5 月下旬有一个小高峰；全年虫量高峰集中在 7 月上旬至 10 月上旬，特别是 7 月上中旬、8 月和 10 月上旬为全年的发生高峰期（图 6-3）。根据赣南柑橘木虱田间发生规律、产卵特性和药剂防治试验、示范，赣州提出了柑橘木虱药剂防治抓"冬季、早春和夏梢、秋梢、晚秋梢嫩芽萌发期" 5 个关键期，选用高效药剂精准防治。在冬季、早春各防治 1 次，在夏梢、秋梢、晚秋梢嫩芽萌发期（即柑橘木虱产卵期和低龄若虫期）各防治 2 次，全年基本药剂防治 8 次。

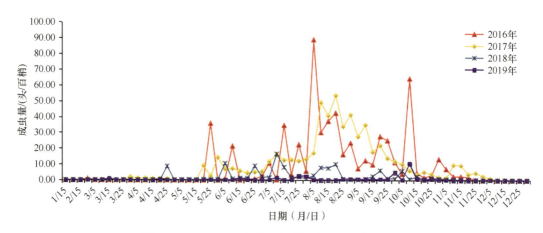

图 6-3　2016～2019 年赣州市柑橘木虱成虫发生动态

6.2.5 全面推广网棚假植大苗补种控病保园技术

柑橘黄龙病防控的基本措施是砍除病树、防控柑橘木虱、种植无病苗。柑橘木虱为害柑橘新梢，幼树和小苗新梢生长次数多、抽梢量大且很不整齐，在赣南一年可抽发 5 或 6 次梢，而成年大树一年以 3 次梢为主。为防控柑橘黄龙病，成年果园推行抹控夏梢和晚秋梢措施，一年一般只有春、秋 2 次梢。长期以来，果农在砍除黄龙病树后直接补种小苗，由于刚出圃小苗幼嫩，种植后抽梢量大，补种后第 3 年才能开始挂果，挂果前抽梢次数和抽梢量与园内大树很不同步；再加上砍除病树后果园空间开阔，光照条件好，有利于柑橘木虱栖息繁殖。赣南自 2012 年柑橘木虱和柑橘黄龙病暴发以来，由于柑橘木虱虫口基数比较高，一些果园砍除黄龙病树后补种的小苗发病率高，往往是后种先黄，补种树感病后又成为果园新的传染源。新补种树感病率高，病情传播仍然较快，因此，广大果农砍病树后不敢补种。在柑橘黄龙病流行区，柑橘木虱和柑橘黄龙病病情短期内难以控制到位，如果果园只砍不补，有效结果树逐年减少，最终失去效益，生产者会放松或放弃管理，进而导致病情短期内快速发展，果园被毁（陈慈相等，2019）。

为解决小苗补种易发病、果农不敢及时补种和病区保园保效益的问题，赣州从 2013 年开始探索果园搭建防虫网棚假植无病大苗补种控病保园技术。通过试验研究，总结出"网棚假植 1.5～2 年安全大苗秋季补种、次年挂果"的补种模式。网棚搭建采用直径 28～32mm、厚度 1.5mm 的镀锌钢管为主材料，网棚顶高 3.2m、肩高 1.8m、宽 8m，长度依据网棚面积而定，外罩 40 目防虫网的拱形钢架网棚。种苗用 40cm×36cm 无纺布营养袋进行假植，假植密度为 3 或 4 株/m²。无病种苗在防虫网棚内用营养袋假植培育 1.5～2 年，使其在网棚内安全度过最易感病期，其树冠大小与 2 年生树相当。赣南秋、冬气温较高，假植大苗在秋季带土移栽补种，补种后翌年挂果，通过挂果控梢，补种树与园内原有大树抽梢期基本同步，有利于防治柑橘木虱，从而降低感染柑橘黄龙病的风险（陈慈相等，2019）。

网棚假植无病大苗补种控病保园效果显著，其感病率显著低于小苗直接补种，3 年可恢复效益。根据试验结果，大苗补种比小苗补种前 5 年感病率可降低 80.51%；补种第 2 年平均每株产量 14.56kg；补种第 3 年平均每株产量 26.15kg；补种第 4 年平均每株产量 38.58kg；补种第 5 年，树冠近 300cm，平均每株产量达 58.13kg，与正常大树基本相当。同时，补种树的感病程度也影响果园大树的感病程度，补种树感病率低，大树感病率也显著下降（陈慈相等，2019）。

网棚假植大苗秋季补种是病区果园砍除病树后保园和恢复生产的安全模式，砍除病树后补种假植大苗，持续加强柑橘木虱防治和病树清理，能够显著降低感病率，保住果园、保住效益。从 2015 年开始，赣南柑橘产区推广"一园一棚"假植大苗秋季补种模式。各地在果园搭建假植网棚，根据果园大小和柑橘黄龙病发生程度，每年在网棚假植果园总株数 10%～20% 的无病苗，假植 1.5～2 年后于 9～10 月补种，第 2 年挂果，第 3 年开始恢复效益。2015～2019 年，全市共推广假植网棚 344.72 万 m²。

6.2.6 推行区域性联防联控和大规模统防统治机制

1. 推行"中心户长制"区域性联防联控机制

柑橘黄龙病可随柑橘木虱在园间、株间传播。柑橘木虱具有发生世代多、繁殖量大、寿命长、终生带菌、传病率高和随风扩散等特性，且赣南果园大多集中连片，因此柑橘木虱和柑橘黄龙病在园间、株间传播扩散的速度非常快。在柑橘黄龙病重发区，传统的一家一户单打独斗防治柑橘木虱的方式难以控制黄龙病的传播蔓延。唯有果农之间联合起来，互相监督砍除病树、统一防控柑橘木虱，才能取得良好的防控效果。2013 年，结合赣南大多为小农户、果园面积不大的实际，参照城市小区综治管理经验，试验探索以村、基地、坑口为单元，建立"中心户长制"区域性联防联控机制：根据果园分布，把相对毗邻、相对集中的果园联合成为一个联防联控区域，推荐其中 1 名有经验、懂技术、有责任心和公益心的果农为柑橘黄龙病防控"中心户长"；户数较多的再按片区划分小组，推荐小组长，每个小组长包干几户果农，构建"中心户长—小组长—果农"的联防联控组织构架；建立防控微信群，制定柑橘黄龙病联防联控规章或公约，区域内果农统一思想认识，每月定期集中交流 1 或 2 次；互相巡查果园，互相监督，及时清理病树，关键时期统一喷药防治柑橘木虱，监督检查防治效果，做到"看得见、管得住、防得实"。这种"中心户长制"联防联控模式因地制宜、简单适用，在信丰、寻乌、龙南等重病区的防控效果特别显著，联防联控区域规模大都控制在 1000 亩以内。据 2018 年 12 月统计，赣南已建立"中心户长制"区域性联防联控基地 613 个，面积为 67.83 万亩。

2018 年 6 月，随机调查信丰、寻乌、瑞金、南康等县（市、区）7 个"中心户长制"联防联控脐橙基地的基本情况和联防联控实施效果，并与周边未参与联防联控果园进行比较，结果如表 6-1 所示。调查的"中心户长制"联防联控区域规模果园数为 4～43 个，面积为 200～800 亩，区域内小组数为 1～5 个。无论是病情较重的信丰、寻乌，还是病情相对较轻的南康、瑞金，联防联控区域内柑橘黄龙病病株率比周边对照区域同期下降 55.6%～71%，防控效果十分显著。在信丰、寻乌重病区，实施了联防联控的区域，果园保护较好；未实施联防联控、仍单家独户防治的区域，很多果园因黄龙病被毁，即使保留下来的病株率也很高。

表 6-1　赣南"中心户长制"联防联控脐橙基地柑橘黄龙病防控效果调查（2018 年 6 月）

联防联控基地	中心户长	小组数/个	果园数/个	联防联控面积/亩	树龄/年	实施联防联控时间	联防联控区累计病株率/%	周边对照区累计病株率/%	联防联控区比周边对照区病株率下降/%
信丰县大塘埠镇长岗村基地	王长生	3	21	213	15	2013~2017 年	31.48	72.6	56.6
信丰县西牛镇红金橙合作社	刘传泉	3	26	650	15	2013~2017 年	26.5	75.3	64.8
寻乌县澄江镇江贝村基地	凌发东	3	17	500	15	2013~2017 年	25.5	70.0	63.6
寻乌县吉潭镇剑溪村基地	刘承添	4	30	408	17	2013~2017 年	20.3	70.0	71.0
瑞金市泽覃乡时利和合作社	朱俊杰	5	29	800	13	2013~2017 年	8.0	18.0	55.6
瑞金市叶坪镇石岗村防控理事会	肖承根	5	43	400	15	2013~2017 年	5.5	14.7	62.6
南康区太窝乡龙潭村脐橙基地	陈慈树	1	4	200	14	2013~2017 年	16.7	38.8	57.0
平均							19.1	51.3	61.6

2. 开展直升机飞防大规模统防统治

为探索赣南山地果园大面积统防统治柑橘木虱，2015 年，通过政府购买服务，在寻乌县和安远县率先开展应用直升机施药防治柑橘木虱试验示范。结果表明，山地果园用直升机施药防治柑橘木虱不仅可行，而且防治效果好。

2016 年 7~9 月夏、秋梢柑橘木虱发生高峰期，在赣县、上犹、崇义、大余、信丰、龙南、定南、安远、寻乌、会昌 10 个县（区）开展直升机施药大面积统防统治柑橘木虱示范，直升机载液量 200~600L，药后 3d 防治效果达 80% 以上，药后 7d 防治效果达 90% 以上，取得了良好效果（何益民等，2018）。同时，直升机施药作业效率高，突击能力强，适合山地果园作业，作业成本低于农民用喷雾器打药，能提高施药质量、减少农药用量，能在短时间内大面积施药作业，对失管果园、隔离带和杂草上的柑橘木虱也能同时防治，解决了一家一户防治时间不统一的问题。只要药剂选择合理，在嫩梢最佳防治时期施药，可以大面积同时减少柑橘木虱虫口基数，起到事半功倍的效果。

2016~2020 年 10 月，赣南在夏、秋梢期应用直升机施药统防统治柑橘木虱累计作业面积 256.4 万亩次（表 6-2）。

表 6-2　2016～2020 年赣南直升机施药统防统治柑橘木虱面积

序号	县（区）	2016 年		2017 年		2018 年		2019 年		2020 年		累计作业面积/万亩
		作业批次	作业面积/万亩	作业批次	作业面积/万亩	作业批次	作业面积/万亩	作业批次	作业面积/万亩	作业批次	作业面积/万亩	
1	赣县区	2	5	—	—	—	—	—	—	—	—	5
2	信丰县	2	12	2	10.32	2	7.5	1	3	1	2	34.82
3	大余县	2	4	—	—	—	—	1	1.4	2	1.5	6.9
4	上犹县	1	1.1	—	—	—	—	—	—	—	—	1.1
5	崇义县	2	3	2	5	—	—	—	—	—	—	8
6	安远县	3	30	2	8.8	3	11.1	1	2.8	—	—	52.7
7	龙南县	2	6.6	—	—	2	4	1	2.17	2	2	14.77
8	定南县	1	2.4	—	—	—	—	—	—	—	—	2.4
9	全南县	—	—	—	—	—	—	—	—	1	1	1
10	宁都县	—	—	—	—	1	1.6	1	2.8	1	1.8	6.2
11	于都县	—	—	1	1.8	1	0.63	1	1.4	1	2.3	6.13
12	兴国县	—	—	2	5.2	—	—	1	2.2	1	2.5	9.9
13	会昌县	2	12	2	7	2	10.9	2	6	2	6	41.9
14	寻乌县	3	36	2	12.5	2	10.58	1	3	1	3.5	65.58
	合计	20	112.1	13	50.62	13	46.31	10	24.77	12	22.6	256.4

注："—"表示没有开展试验，数据缺失

6.2.7　集成推广赣南柑橘黄龙病综合防控技术模式

在总结 2012～2015 年柑橘黄龙病防控各方面技术试验研究成果的基础上，2016 年集成了"以清理病树和种无病苗为基础，以抓住 5 个关键环节高效防控柑橘木虱为重点、以网棚假植大苗补种控病保园为关键、以控梢抹梢和种植杉树隔离为补充、区域性'中心户长制'联防联控相结合"的柑橘黄龙病综合防控技术模式。

在病害高发期，政府对病树清理、繁育种植无病种苗、统防统治柑橘木虱给予一定补贴，在病情控制相对较稳定后逐步转向果农自主实施。抹梢控梢主要是抹控夏梢和晚秋梢，减少夏梢和晚秋梢期农药防治次数，提高控制效果。推行果园周边开壕沟施基肥并种 2 或 3 排杉树的快速成林种植法，以杉树作为防护隔离，可有效减少黄龙病菌和柑橘木虱在园间的扩散传播，效果显著。大区域统防统治可以在短期内大范围降低柑橘木虱种群数量，小区域"中心户长制"联防联控可解决病树清理和柑橘木虱难以统一防控到位的问题，网棚假植大苗补种解决小苗补种发病率高、不安全和只砍不补的问题，是控病保园的关键性措施。为了全面推广这一综合防控技术模式，赣州从 2016 年开始通过建立大量综合防控示范基地、加强技术培训，逐步辐射带动各县（市、区）广泛推广应用。2016～2020 年建立市级防控示范基地 430 个，示范面积 21.03 万亩。2015 年赣州市病情蔓延趋势得以遏制，发病率逐年下降，2017年全市病株率控制在 5% 以下（图 6-4）。

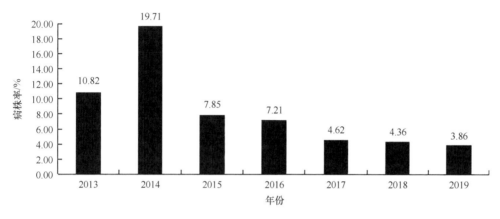

图 6-4　2013～2019 年赣州市柑橘黄龙病发生情况

6.2.8　聘用农民果技员构建防控技术推广体系

赣南柑橘面积为 200 多万亩，柑橘黄龙病防控涉及成千上万的果农，防控技术措施的推广和落实需要一支庞大的技术队伍和一套完善的技术推广体系。然而，各地县、乡（镇）两级农业、果业技术人员严重不足，特别是乡（镇）果业技术人员严重缺乏，难以应对繁重的柑橘黄龙病防控工作。赣南针对基层技术人员严重缺乏，而柑橘黄龙病防控技术须快速推广到位的问题，从 2015 年开始推行了政府聘用农民果技员的工作机制，要求各县（市、区）政府按照每 3000 亩柑橘面积聘用 1 名农民果技员的要求，从当地优秀果农中推荐聘用农民果技员，作为基层柑橘黄龙病防控技术人员，每月工资标准为 1000～1200 元，制定农民果技员聘用、管理与绩效考核工作方案，农民果技员工资列入每年县级柑橘黄龙病防控专项资金预算。据 2020 年初统计，赣南共聘用农民果技员 563 名。赣南依托这批农民果技员开展柑橘黄龙病防控技术培训、技术指导、技术推广等一系列防控工作，解决了防控技术入园、入户问题，构建了完善的赣南柑橘黄龙病防控技术推广体系。

第 7 章 柑橘黄龙病分区防控技术模式构建与应用

7.1 阻截带防控技术模式构建与应用

7.1.1 我国柑橘黄龙病阻截带总体建设方案

柑橘黄龙病是严重影响柑橘生产的毁灭性病害，在我国 11 个省（自治区、直辖市）350 多个县（市、区）发生分布。开展柑橘黄龙病阻截带建设可阻止柑橘黄龙病向未发生区扩散蔓延。为指导各地开展阻截防控，有效控制其危害，全国农业技术推广服务中心于 2020 年 3 月印发了《2020 年柑橘黄龙病阻截防控方案》，要求结合当地实际认真抓好落实，有效遏制疫情扩散危害，全力保障农业生产安全。

1. 防控目标

有效遏制柑橘黄龙病疫情扩散蔓延，将其控制在 29°N 以南，重病区果园病株率控制在 5% 以下，中等发病区病株率控制在 3% 以内，轻度发病区病株率控制在 1% 以内。

2. 防控策略

建立"政府主导、属地责任、联防联控"的防控机制，实行"分类指导、分区治理、标本兼治"的防控策略，加强监测预警、推进综合治理、推广健康种苗、强化检疫监管，构建金沙江沿岸疫情阻截带，持续压低柑橘木虱种群基数，有效遏制柑橘黄龙病的扩散蔓延，全力保障柑橘生产安全。

3. 区域重点

根据柑橘黄龙病目前的地理分布，分 3 个区域，实施分类指导、分区治理。

（1）阻截前沿区

柑橘木虱北移、病害扩散关键或前沿区域，包括黔东南和黔西南扩展前沿区、金沙江流域（四川、云南）阻截带。重点是彻底清除病株，推广健康种苗，推行生态隔离种植模式，建立防控阻截带，重点保护未发生区安全。

（2）发生区

发生区包括广东、广西（大部）、福建柑橘产区和浙江南部柑橘带，以及云南、海南等省局部市（县）。大力推进标准化种植，持续实施综合治理，压低柑橘木虱种群基数，减少发病面积，有效遏制疫情扩散蔓延。

（3）未发生区

未发生区包括长江上中游（湖北秭归以西、四川宜宾以东，以及重庆三峡库区），鄂西—湘西柑橘带，湖北丹江口库区北缘柑橘基地，四川安岳、内江和云南德宏柠檬基地等。重点是加强监测预警，严格检疫监管。

4. 防控措施

（1）加强疫情阻截

在区域上，加强分类指导。守住长江上中游、鄂西—湘西柑橘带等未发生区，加强柑橘黄龙病预防力度，重点在金沙江中下段两岸构建长约 90km 的阻截带，改种其他经济作物，阻断疫情扩散。加强赣南—湘南—桂北和浙南—闽西—粤东等疫情发生区综合防治，控制疫情蔓延。在果园内，推进网格化种植。保护果区生物多样性，减少大规模连片种植，逐步建立以 200～300 亩为一个单元的连片基地，并在单元与单元之间保留或种植一定规模的隔离带，减轻病害发生和蔓延。

（2）加密监测预警

在柑橘优势种植区，加密布设监测网点，及时准确监测病害发生动态，及早发布预警信息，适时开展应急防治和统防统治。组织开展区域间联合监测，做到互联互通、信息畅通。运用"3S"现代信息技术，逐步建立起柑橘黄龙病的电子地图档案。

（3）推进标准化生产

指导按标生产、规范管理，降低柑橘黄龙病的发生概率。推进老果园改造，集成推广精心整园、精细修剪、精准施肥、精确用药的绿色高效技术模式，打造绿色生态果园。发挥新型社会化服务组织的作用，因地制宜地开展统一整园、统一修剪、统一施肥、统一用药等全程技术服务，降低染病风险。

（4）推进综合防控

加快健康种苗推广。建设区域性果树良种繁育基地，提高健康种苗供给能力，努力实现优势产区健康种苗全覆盖。切实降低柑橘木虱基数。大范围推行冬季清园、夏季控梢和春秋两季柑橘木虱统防统治，减少柑橘木虱危害。积极推广天敌生物，控制柑橘木虱种群数量。

及时铲除染病植株。引导农民及时发现病株、坚决砍除病株，减少黄龙病的传播源。鼓励农户在隔离网室集中繁育大苗，及时补种，恢复生产。

（5）严格检疫监管

落实产地检疫和调运检疫制度，确保未经检疫的种苗不得出圃、不得入园，净化柑橘苗木市场。加强柑橘苗木繁育监管，对非法调运、生产、经营感染柑橘黄龙病的柑橘苗木等繁殖材料的，依法严肃处理。

7.1.2　典型案例：四川屏山县柑橘黄龙病阻截带建设

我国各柑橘产区结合当地实际情况，制定了针对性的柑橘黄龙病阻截防控方案。四川屏山县柑橘黄龙病阻截带是农业农村部支持建设的第一个柑橘黄龙病阻截带。在充分利用现有的地理、地形优势，借助山脊、山沟等天然屏障，沿屏山县清平彝族乡至书楼镇约 90km 的金沙江流域，科学设计，分区治理，构建黄龙病阻截带，全力阻截病害和传播媒介的扩散，从而阻止黄龙病向四川柑橘主产区及长江上中游柑橘带扩散蔓延，保护四川、重庆乃至湖北长江流域柑橘产业健康发展。屏山县柑橘黄龙病阻截带主要建设内容如下。

1. 指导思想与目标

根据农业部《重大植物疫情阻截带建设方案》精神，树立"公共植保、绿色植保"理念，贯彻"突出重点、预防为主、科学监测、依法阻截"的工作方针，充分利用阻截带关键区域的地理优势和产业特点，建设柑橘黄龙病阻截带，遏制疫情向四川柑橘主产区以及长江上中游柑橘带扩散蔓延，促进柑橘产业健康持续稳定发展。

2. 阻截带区域划分和功能

金沙江中下段柑橘黄龙病阻截带沿金沙江流域建设，西起屏山县清平彝族乡冒水村，东至书楼镇芭蕉村，终点为向家坝水电站大坝。整个阻截带沿金沙江流域全长约 90km，分为防控区和缓冲区两大区域，分别发挥不同的阻截功能和作用。将来阻截带的两大区域呈动态划分，目前将有柑橘黄龙病发生的上游及邻近区域划为防控区；无柑橘黄龙病发生的下游区域划为缓冲区，根据实时监测情况，一旦发现柑橘木虱或病树，就将相应的范围划入防控区；同样防控区内常年监测未发现带毒柑橘木虱，或根除了病树，也可划入缓冲区，将缓冲区扩大。

（1）防控区

该区域位于阻截带最上游，全长 15km，区域内柑橘种植面积为 3200 亩。包括四川屏山县清平彝族乡冒水村至新市镇寸腰村，区域内已有黄龙病和柑橘木虱发生；该区域功能是前沿截控，强力控制病原和柑橘木虱。

（2）缓冲区

该区域位于阻截带沿金沙江流域直至向家坝水电站，全长 75km，区域内柑橘种植面积为 22 530 亩。包括四川屏山县新市镇何家坪村至书楼镇芭蕉村，目前区域内无黄龙病、有柑橘木虱发生；该区域功能是监测预警，高压处置，严防病害扩散。

3. 阻截带建设内容

根据前期调研，研究提出以下阻截带建设内容：一是开展种苗检疫监管；二是建立信息系统，完善监测预警系统，强化病树和柑橘木虱的监测与调查，适时掌握疫情动态；三是做好防控区建设，严格科学砍除病树，结合其他产业项目逐步改种其他经济作物，逐年缩小柑橘种植面积；四是建立缓冲区，开展综合防控，控制柑橘木虱种群数量，控制柑橘产业发展规模。

（1）种苗检疫监管

带病苗木、接穗和桩头的调运是柑橘黄龙病远距离传播的主要途径。因此，阻截带区域要高度重视苗木的监管工作，严禁从疫情发生区调入苗木等繁殖材料。

1）宣传培训

屏山县农业主管部门和基层乡镇政府通过会议、培训、宣传栏、发放资料等多种形式，开展苗木调入应完备的检疫手续等内容宣传，宣传对象为从事柑橘苗木生产、销售、种植的单位和个人，以及果树生产管理部门。

2）柑橘种苗管理

阻截带区域内不再发展柑橘产业，不再建设柑橘苗木育苗基地，对已建的苗圃、基地，要登记建档、加强管理，督促生产者、经营者如实建立生产和经营档案，并定期核查；疫情发生的乡镇及邻近区域不得有育苗基地。

3）市场和田间巡查

阻截带区域内开展市场和田间巡查，调入的柑橘苗木必须持有调出地农业植物检疫机构签发的《植物检疫证书》，对来源于疫情发生区的苗木要进行复检或集中假植，并在此期间跟踪调查。

4）违法事件查处

植物检疫机构对阻截带区域内违规繁育、调运和销售柑橘苗木接穗的行为要依法严肃查处，坚决销毁带病苗木。

（2）监测预警系统建设

阻截带区域山高路险、交通极为不便，实现远程监测和实时信息管理尤为重要。阻截带监测预警系统由检疫性有害生物监测信息管理系统、检疫性病虫远程实时监测系统和手持监测信息管理系统终端组成。

1）检疫性有害生物监测信息管理系统

系统可实现监测数据、照片管理、统计等功能，以及黄龙病、柑橘木虱的实时远程监控、鉴定等，为防控提供决策支持。

2）检疫性病虫远程实时监测系统

在阻截带区域内设置远程监测点，通过高清摄像头对指示植物九里香监测圃进行实时监测，及时发现柑橘木虱并指导防控。

3）手持监测信息管理系统终端

通过软件实现监测数据、照片、视频的录入和上传等功能。

（3）防控区建设

该区域柑橘种植面积为 3200 亩，柑橘黄龙病发生面积为 450 亩，包括四川屏山县清平彝族乡冒水村、大石村和新市镇寸腰村。建设内容主要包括柑橘种植区全面开展黄龙病和柑橘木虱疫情监测，砍除病树，防治柑橘木虱，逐年逐步将柑橘替换为其他经济作物。

1）柑橘黄龙病、柑橘木虱及带毒情况监测

防控区共设置九里香监测圃 3 个（选择 2 个村安装 2 套远程实时监控系统），果园监测点 9 个。

2）综合防控

综合运用"防虫砍树、健身栽培、冬季清园"的防控技术进行综合防控。一是防治柑橘木虱，在嫩梢萌发关键时期采取喷药防治以及成片果园每亩悬挂 25 张黄板进行防治；二是砍除病树，及时砍除确诊病株，砍除前喷药，防止柑橘木虱逃逸，要求砍除后留下的桩头高度不超过 10cm，用刀十字劈裂树桩后涂抹 10% 草甘膦从而防止新梢抽发；三是健身栽培，通过肥水管理、合理密植等措施增强植株抗性，减少柑橘木虱的发生；四是冬季清园，组织农户开展冬季清园，开展黄龙病疫情复查、砍除病树病枝以及进行柑橘木虱越冬调查和防治工作等。

3）改种其他作物

当病株率大于 30% 时要求全园砍除，并结合其他产业项目改种荔枝、香蕉、砂仁、枇杷、龙眼等经济作物，要求成片改种，不零星插花，改种范围内不留死角。

（4）缓冲区建设

该区域柑橘种植面积为 22 530 亩，包括屏山县新市镇何家坪村、先锋村、凤凰村、沙滩村、大桥村，新安镇红丰村、大坪村、金星村、民主村、胜利村、新开村、龙桥村，锦屏镇盐井村、青年村、六一五村、共和村、平和村、光辉村、桃坪村，书楼镇新柏村、碾米村、辣子村、月坡村、沙坝村、西村村、书楼村、保宁村、石岗村等 28 个村。建设内容主要包括不再继续发展柑橘产业，重点监测、防治柑橘木虱，在柑橘种植区开展综合防控，一旦发现疫情，强力处置。

1）柑橘黄龙病、柑橘木虱及带毒情况监测

缓冲区共设置九里香监测圃 28 个（每村 1 个，选择 4 个村安装 4 套远程实时监控系统），果园监测点 84 个（每村 3 个）。靠近防控区的区域，果园监测点可以设置相对密集一些，九里香监测圃和果园监测点总量保持不变；柑橘木虱带毒情况监测是缓冲区重点工作，既可作为发生区黄龙病扩散的预警指示，又可作为缓冲区加大防控力度的决策依据。

2）综合防控

每年关键时期按照防控区要求开展综合防控；制定应急预案，一旦发现疫情，第一时间强力处置；区域内不再发展柑橘产业，力争逐年减少柑橘种植面积。

7.2　非疫区建设方案

所谓非疫区，即科学证据表明没有特定有害生物发生，并且官方能适时在一定时期保持此状态的地区。联合国粮食及农业组织先后制订了《建立非疫区的要求》（ISPM）第 4 号出版物（1996 年）和《建立非疫产地和非疫生产点的要求》（ISPM）第 10 号出版物（1999 年）两个国际标准，旨在控制有害生物发生、促进农产品国际贸易。

WTO/SPS 协定规定其成员方须承认"非疫区"概念，以利于促进成员方的农产品出口。例如，美国虽然是地中海实蝇的发生区，但由于其在加利福尼亚州、佛罗里达州、得克萨斯州和亚利桑那州建立了地中海实蝇非疫区，促使上述 4 个州的柑橘成功出口到中国等国家和地区。

为了提升柑橘的国际竞争力，突破绿色壁垒，重庆市参照国际标准，借鉴发达国家经验，近年来在检疫性有害生物发生少、产业化水平高、出口潜力大的优势产区建成了我国首个省级柑橘非疫区。建设内容如下。

1. 建设目标

建立疫情拦截屏障、疫情监控体系、疫情信息传递网络、疫情应急扑灭系统，建成符合国际标准的无柑橘溃疡病、柑橘黄龙病、柑橘大实蝇、蜜柑大实蝇、橘小实蝇、地中海实蝇等检疫性有害生物的重庆三峡库区柑橘非疫区，确保柑橘产业可持续发展。

2. 基本原则

（1）突出重点，分类建设

根据重庆市柑橘产业发展规划和疫情传播风险等级，以拦截外来有害生物入侵和铲除零星疫点为重点，分类建设非疫核心区和缓冲区。

（2）统筹规划，分步实施

统筹规划疫情拦截屏障、疫情检测监控体系和疫情应急扑灭系统，根据非疫区建设的关键环节，先外后内，先缓冲区后核心区，分步实施。

（3）资源整合，强化功能

将柑橘非疫区建设纳入植保工程建设范畴，整体推进，同时充分利用已建成的设施设备，强化功能，发挥投资的综合效益。

（4）政府主导，社会参与

非疫区建设以国家投入为主，政府主导，积极引导龙头企业、合作组织、果农等社会力量共同参与建设。

3. 建设区域

根据重庆三峡库区柑橘优势产业带的布局，重点针对柑橘溃疡病、兼顾柑橘大实蝇分布情况及传入途径，发挥三峡库区天然隔离屏障优势，设立非疫核心区和缓冲区。根据库区柑橘分布优势区域状况和疫情情况，选择柑橘主产区的忠县、万州区、奉节县、开州区、长寿区、垫江县、梁平区、永川区、江津区、合川区、涪陵区、丰都县、铜梁区、巴南区、北碚区、九龙坡区、渝北区、璧山区、云阳县等19个县（区）建立非疫核心区。为了阻断疫情侵入，根据库区天然隔离屏障条件和相关县的特殊地理位置，选择巫山县、潼南区、武隆区3个县（区）设立缓冲区。

4. 方案实施

参照有关国际标准和经验，结合重庆市实际，研究制定了三峡库区柑橘非疫区建设及实施方案。

（1）建设柑橘疫情监控和应急扑灭中心

由重庆市植保植检站组织监督疫情普查和日常监测，制定疫情紧急处理预案、突发疫情的应急扑灭和零星疫情的铲除监督，组织专家进行非疫区认证、撤销和恢复，建立疫情实时数据库，报告疫情信息，组织开展技术服务和培训，指导县（区）疫情监测防控等；此外，还承担全市农业有害生物预警与控制任务。

（2）柑橘危险性有害生物检测鉴定

由西南大学柑桔研究所（原中国农业科学院柑桔研究所）下设的柑橘危险性害虫和病害检测鉴定实验室负责建立和完善危险性有害生物的快速高通量检测鉴定技术体系，开展柑橘疫情检测鉴定，制定非疫区有关技术标准规程和有害生物风险评估及防范策略，开展技术指导、培训、咨询和三峡库区柑橘非疫区的认证检查、验收等工作。

（3）柑橘疫情监测与防控

县级疫情监测与防控：由巫山县等 14 个县（区）植保植检站负责辖区内柑橘疫情普查和日常监测，实施产地检疫、调运检疫和市场检疫，并提供辖区内柑橘生产和产后检疫处理技术指导及服务，实施疫情处理紧急预案，收集、汇总和处理疫情。

乡镇疫情监控：在柑橘生产重点乡镇，以原有兼职检疫员为基础，设立疫情监控点 250 个，除宣传植物检疫法规外，及时上报疑似疫情。

设立疫情监测点：按照风险等级要求，在柑橘和蔬菜生产基地、批发市场和苗圃等设立危险性有害生物疫情监测点 2700 个，为疫情的及时发现、应急处理、非疫区的界定和认证提供科学依据。

设立疫情检查站：为建立起完善的疫情拦截体系，在重庆市与周边省交界和市内的部分交通要道（公路和水路）以及水果、蔬菜批发市场等集散地，设立了 68 个柑橘疫情检查站（部分与无规定动物疫病区联合运行），防止外来柑橘检疫性有害生物的入侵和扩散。

7.3 低度流行区防控技术模式构建与应用

7.3.1 低度流行区的界定

黄龙病低度流行区的界定一直以来缺少权威的标准。柑橘黄龙病防控资深专家赵学源研究员在其编著的《柑橘黄龙病防治研究工作回顾》一书中，提出了全面改造病果园的标准，即植株发病率 20%～30% 的结果果园或发病率 10%～20% 的幼龄果园应该全部挖除病树、实行全园改造（赵学源，2017）；在病区遏制黄龙病大发生的目标和方法中提出的防治目标是将柑橘园植株黄龙病年度发病率控制在 3% 以下（赵学源，2017）。

2017 年 6 月底，在西南大学与国家农业科技创新联盟牵头主办的国家柑橘优势区域黄龙病综合防控协同创新联盟启动会上，联盟理事长周常勇研究员表示：联盟致力于将赣南、湘南、桂北等核心示范区和技术辐射区的黄龙病控制在发病率小于 1% 的低度流行状态，首次提出发病率小于 1% 与低度流行状态相挂钩。不过在柑橘黄龙病流行的产区中，由于涉及防控政策差异，不同人的观点也不一样，产区中有人将低于 5% 定为低度流行状态标准，也有人将低于 10% 作为低度流行状态标准。

综合以上的不同标准争议、产业中的实际情况，结合产业在精准扶贫和乡村振兴中的重要性，我们将黄龙病低度流行程度分为 3 个等级：Ⅰ级黄龙病年度平均发病率≤1%，Ⅱ级黄龙病年度平均发病率为 1%～5%，Ⅲ级黄龙病年度平均发病率为 5%～10%。只要黄龙病年度平均发生率在 10% 之内，均可以考虑采用低度流行防控技术模式进行黄龙病防控，不需要全面改造病果园。低度流行程度等级高低决定了防控难度大小。

7.3.2 低度流行区防控技术模式构建

作为黄龙病低度流行区，意味着黄龙病在可控范围内，无须全面改造果园。

黄龙病目前依然处于可防不可治的状态，黄龙病的成功防控仍然离不开"种植无病苗、大面积集中连片联防联控柑橘木虱、及时清除病树"三项基本措施，而其中核心是切断传播途径，即灭杀柑橘木虱或躲避柑橘木虱，保护新梢不被带菌柑橘木虱叮咬而感染黄龙病。灭杀柑橘木虱的关键是高效喷药系统，躲避柑橘木虱的关键是控制新梢抽生和物理隔离。高效喷药系统包括果园规范、合适树形和树冠大小、高效喷药设施、合适药剂和喷药时期几个方面。

目前黄龙病防控过程中面临的问题不是没有方法解决，而是在劳动力不足和老龄化现象严重的情况下，不能将有关技术或措施轻简、经济落实到位。本项目通过研究，构建了"生态隔离、规范果园、新梢控制、高效灭杀柑橘木虱、病树动态清除和补种大苗、轻简优质栽培技术"的低度流行区防控技术模式。

7.3.2.1 生态隔离

大量调查发现，一些发病率比较低的果园除勤用药外，一般与好的生态隔离环境有关，如寻乌县吉潭镇剑溪村柑橘基地、湖南江永县颖群生态农场等。通过综合分析认为，果园处于一个良好的生态隔离的环境，不仅可以有效减缓外来柑橘木虱的飞入，而且可以有效改善果园内生态环境、降低风速、减缓园内柑橘木虱在果园内的扩散速度,有助于防控黄龙病。

作为低度流行区的果园或黄龙病低度流行的果园,在条件允许的情况下,强烈建议在果园外围种植生态防护林、如杉树,而每个种植小区(一般为 5～15 亩)在不影响机械或人工管理的情况下种植 1 或 2 排防风林。新建园则注意选择有山体阻挡或大片森林(1km 以上)阻隔的地区建园,然后每个小区周围在不影响机械或人工管理的情况下种植 1 或 2 排防风林。

7.3.2.2　规范果园

当前果园株行距或树形不规范、树冠高大或果园郁密是导致灭杀柑橘木虱不到位的一个重要原因。果园规范已成为高效灭杀柑橘木虱的重要前提。因此已存在的果园需要对其进行规范化改造:一是密改稀或清理出便于机械或人自由通行的规范作业道;二是大冠改成矮冠(<2.5m)、小冠或扁冠,方便人工或机械管理、提高喷药效率。对于新建园,则建议按照"宽行密株"的模式种植柑橘苗木:一般行距为 3.5～5.0m,保证树冠定型后仍然有 2.5m 的作业道为宜;株距以 1～2m 为宜,建议优先考虑 1.2～1.6m 的株距,以树冠定型后、株间相连、整行变为一个整体为宜。另外,无论是已存在的果园还是新建园,应尽可能安装好经济适用的水肥一体化滴灌系统。

7.3.2.3　新梢控制

柑橘嫩梢或嫩叶是黄龙病传播媒介柑橘木虱的主要食物源,柑橘木虱只有在取食它们后才能产卵,否则就不产卵。柑橘木虱也只是在不停取食嫩梢或嫩叶过程中将黄龙病菌传播到健康部位韧皮部,进而在枝梢或树体之间传播黄龙病。因此,有效控制新梢的抽生或老熟是躲避柑橘木虱或灭杀柑橘木虱的关键措施。

柑橘芽具有早熟性,一年正常情况下可以连续抽梢 3 次,在广东南部和广西南宁及以南的高温地区,甚至可以抽生 6 次以上。如果不对成年结果树的新梢进行控制,那么在新梢抽生至老熟之前需要不停喷药以防止柑橘木虱叮咬,这在树体高大郁密的果园,以及生长季节雨量大的地区,几乎很难做到有效喷药,是灭杀柑橘木虱失败的重要原因。

目前,柑橘新梢控制大概有以下 3 种方式。第一种方式是人工或借助简易器械抹除零星抽生的新梢,然后集中放梢。这种方式在劳动力充足且面积不大的情况下比较有效。第二种方式是采用杀梢剂对不需要的新梢进行杀梢处理,然后集中放梢。该方式可以起到替代人工抹梢的作用,但是对杀梢剂的施用浓度和时间要求比较高,很容易因使用不当出现副作用。另外,与喷施灭杀柑橘木虱药剂一样,需要根据天气施用。在高温天气下,建议在 10:00 之前或 16:00 之后(避开高温时段)喷施杀梢剂。在雨季,抓住降雨间隙施药,一般雨后施药的效果较好。第三种方式是利用水肥和产量相结合控制新梢抽生。这种方式是在合适营养供给、保证产量和品质的前提下,通过土壤水分控制,抑制夏梢甚至秋梢生长,对果园的规范性、田间管理技术要求比较高,是一种绿色可行的控梢模式。

对于低度流行区的柑橘结果园,新梢控制的效果最好是这样:保证春梢充分生长,抑制夏梢生长,抑制或促进秋梢整齐生长,及时剪除冬梢。对于未结果的幼龄树,则需要让每一次新梢充分生长,此时需要采用特殊措施、如灌根内吸性杀虫剂,保护好每一批新梢不受柑橘木虱危害。

7.3.2.4　高效灭杀柑橘木虱

高效的喷药系统不仅包括实用有效的喷药设备、合适的喷药时期、高效的药剂,也包括规范的果园和树形、简易省力的控梢技术等方面。

一般新梢萌发长约 0.5cm 到老熟这个阶段,需要间隔 7d 左右连续喷施 2 或 3 次灭杀柑橘木虱的药剂(杀卵和杀虫的药剂组合使用)。无论如何,每一次要保证尽快完成全园喷药任务。在黄龙病防控中一般需要根据果农的喷药能力决定管理果园的规模:如果靠人工或简易的喷药设备,则一般两人可以管理 20 亩地左右(1d 左右药可以喷施完毕),而采用风送式等高效喷药设备,则每人可以管理 100 亩地左右。

7.3.2.5　病树动态清除和补种大苗

及时清除黄龙病低度流行果园中感染黄龙病的病树,是消除园中感染源的一个重要措施。平时需要随时巡园,一旦发现病株及时做好标记,在合适的时候(一般是秋冬季至萌芽前)进行清除。病树清除后可以立即在旁边补种健康大苗。

清除病树前必须对病树及周边树喷施灭杀柑橘木虱成虫的药剂,如 10% 吡虫啉可湿性粉剂 1000 倍液、40% 毒死蜱乳油 800 倍液、99% 矿物油 200 倍液等药剂。随后连根全株挖除原有病树,或者砍除地上部分(桩高度不要超过 10cm),余留树桩上全面涂抹草甘膦或沥青、柴油等,并尽可能盖黑膜,防止抽发新梢。及时在果园内集中烧毁处理砍除或挖除的病树枝梢、叶片和根,以及园区地面上所有植物等。

动态清除病树和补种大苗必须是在高效灭杀柑橘木虱的基础上进行,否则动态清除病树的结果是全园树被砍光,失去了动态清除的意义。

为了保证及时补充大苗,一般在果园偏僻的边缘建一个简易的网室大棚,培养 1%～5% 的容器大苗。这样可以保证病树清除后,随时可以补充大苗,让果园园相完整。大苗补种时要做好种植穴消毒和改土工作。

7.3.2.6　轻简优质栽培技术

劳动力不足和老龄化是当前柑橘等果树生产过程中遇到的重要问题，是果园生产成本上升、效益下降、管理不到位、品质下降的重要原因。在黄龙病低度流行区，如果能够采取轻简优质栽培技术，降低劳动投入成本，提高管理效率，实现提质增效，那么将大大提高果农的黄龙病管控积极性，从而将黄龙病发生率一直控制在低度流行范围内。

实现轻简优质栽培的要求如下：①果园必须规范，确保合适的农用机械满园跑；②树冠要矮化、扁形化，方便人员进行田间管理；③安装好水肥一体化设施，实现水肥相对精准高效施用；④采用合适高效的打药装备，降低打药劳动投入、提高打药效率等。

7.3.3　低度流行区防控技术模式应用案例

7.3.3.1　湖南江永颖群生态农场

1. 农场基本情况介绍

颖群生态农场位于江永县潇浦镇江丰村，四面环山（图7-1），进入果园有一片很好的隔离林带。农场面积为1200余亩，2015年冬季建园，2016年3月定植2年生的大苗，2017年少部分果树挂果，2018年大部分挂果，主要种植'沃柑''卡拉脐橙''W.默科特'等品种。

图 7-1　颖群生态农场一角

2. 防控模式应用前的现状

由于购买的'沃柑'苗木带毒，以及前期对黄龙病的防控重视程度不够，2018 年 10 月中旬课题组进入该果园进行现场调查时，发现黄龙病感染发生比率接近 5% 左右。

3. 防控模式应用过程

通过与农场主周女士的充分交流，一方面让她意识到加强黄龙病防控的重要性；另一方面共同商量确定了该农场的黄龙病防控策略：集成生态隔离、规范果园、病树动态清除、新梢控制、高效捕杀柑橘木虱、省力优质高效栽培技术的低度流行区防控技术体系。涉及的技术要点如下：①规范果园，春季萌芽前适当压冠、缩冠，清理作业道，方便打药；②安装简易水肥一体化系统、山地果园安装打药系统；③清除病树，补种健康大苗；④夏秋结合水、肥和产量控制夏梢、秋梢生长；⑤简化田间管理，采用省力化技术。

4. 应用效果

通过 2019～2020 年的逐步实施，在产量、水分结合控制夏梢和秋梢生长的基础上，2019 年对试验园（图 7-2）进行随机调查，黄龙病感染率＜1%（主要还是原来带病树表现症状），而其他园的感染率＜3%。黄龙病防控效果、产量和果实品质得到农场主周女士的认可，目前周女士继续按计划全园进行控树冠、通过产量和水肥结合控梢管理。

图 7-2   试验园丰产情况

7.3.3.2 江西南丰明成合作社白舍南丰蜜橘基地

1. 基地基本情况介绍

明成合作社白舍（张家村）南丰蜜橘基地占地约 200 亩，南丰蜜橘有近 20 年的树龄，树体高度＞3m、冠径＞4m，整个果园植株郁密。

2. 防控模式应用前的现状

由于南丰蜜橘高大郁密，加上劳动力不足和老龄化，南丰蜜橘果园管理日渐粗放，品质下降严重，果园整体效益下滑；同时整个南丰出现柑橘木虱、部分果园有感染黄龙病的现象。固定园区定点监测结果表明，南丰县南丰蜜橘 2018 年黄龙病发病率为 4%，2019 年发病率增长至 6%。本试验示范园地可以看到新梢上有柑橘木虱，整个果园中零星发现有黄龙病症状的植株（2%～3%）。

3. 防控模式应用过程

通过多方讨论分析，研究确定了"以树体改造、矮冠控梢为中心，强化冬季清园、高效喷药和交替结果技术相结合"的低度流行区防控技术体系。具体涉及的技术要点如下。

1）南丰蜜橘露骨更新改造

在春季萌发前选留健康、方向分布较好的骨干枝作为树体骨架，其他大枝以及骨干枝上的分枝全部去掉（图 7-3）。

图 7-3 试验园露骨更新改造现场

2）树体改造过程中，浇施内吸性杀虫剂

一般在树体改造后，每株树浇施噻虫嗪 3000～4000 倍液 20～40L，保护萌发抽生的新梢不被柑橘木虱、潜叶蛾等虫害危害。

3）重视冬季清园

要求在采果后全园用石硫合剂、春季萌芽前全园用矿物油 200 倍液+灭杀成虫柑橘木虱的杀虫剂（如甲氰菊酯+三唑磷）进行两次清园。

4）全园安装管道打药设施

保证高效喷药。

5）采用轻简省力的交替结果生产模式

一旦树体露骨更新改造完成后，将采用交替结果生产模式，即果园一年结果、一年不结果。结果的年份通过大量结果，结合合适的水肥管理，控制树体不长夏梢和秋梢，而休闲年份在冬季清园的基础上，结合水肥管理+6 月上旬浇施内吸性杀虫剂，6 月下旬至 7 月上旬进行夏季短截、培养高质量的秋梢结果母枝即可。

4. 应用效果

通过 2019～2020 年的项目实施，目前果园的树体完全变矮，极大地方便了果园管理（图 7-4）。研究人员在培养整齐秋梢过程中（5 月下旬）浇施内吸性杀虫剂噻虫嗪，2020 年 9 月 2 日现场随机调查新梢柑橘木虱情况，整个试验示范园未发现柑橘木虱，亦未发现潜叶蛾和蚜虫危害。另外，2019 年秋季对示范园进行调查，未出现黄龙病感染症状的植株，抽检 200 个叶片样品进行检测，阳性率为 1.5%。

图 7-4　南丰蜜橘树冠改造后休闲年树体抽生秋梢情况

7.4　重度流行区防控技术模式构建与应用

7.4.1　重度流行区的界定

众所周知，广东是柑橘黄龙病重度流行区，肇庆、清远、云浮等主要柑橘种植产区的平均发病率为 12%。对广东各大主产区的商业果园普查的结果表明：常规管理果园的黄龙病发病率超过 10%，第二年同期即可增至 20% 左右，果园很快失去经济价值，不宜再投入农资等生产成本（Zhang et al.，2023）。因此，10%～20% 的发病率可作为划分重度流行区的界定标准，需要采取重度流行区的防治方法，必要时逐步重建果园。

7.4.2　重度流行区防控技术模式构建

作为柑橘黄龙病的重度流行区，大多数果园处于失去经济价值或者被柑橘黄龙病严重威胁的状态，需要在传统的"三项基本措施"，即种植无病苗、大面积集中连片联防联控柑橘木虱、及时清除病树的基础上，增加更加容易落实的措施。经过在重度流行区的多年防治经验，总结出综合防控柑橘黄龙病的"五措并举"技术模式，即"生态隔离种植，无病大苗定植，动态更新病树，快速灭杀柑橘木虱，矮密早丰栽培"。

在重度流行区，一般有两类果园存在：一类是已完全失去经济价值，需要重新建立新果园；另一类是仍具有一定经济价值的果园，需要重点防控黄龙病的进一步扩散蔓延。针对两类果园，特别是已失去经济价值的果园，需要在重建基础上增添细节措施，以免出现重建后再侵染，具体的措施如下。

1. 生态隔离种植

通过在重度流行区的大量调查，研究发现一些发病率相对比较低的果园除了有效的防治措施，还与生态隔离的环境条件密切相关。因此，对于重建果园或者新果园的地址，要选择果园环境相对独立、有山头隔离的园区，从地势上减缓柑橘木虱的迁飞侵入，减轻柑橘木虱的防治压力。同时尽可能种植生态防护林，在园内不适宜种植柑橘的区域、果园的上风口处等均应造林，种植的树种以当地适宜的乔木、灌木为宜，可防治风害、提高空气湿度和土壤含水量。而在整个园区四周种植生态防护林，限制柑橘木虱迁飞、方便防控柑橘黄龙病，建议种植 2～4 行杉木等树种，三角形或隔行间错种植。园内不可种植九里香、黄皮等柑橘木虱的中间寄主植物。选址尽量在交通便利的区域，方便果实、生产资料的运输。地势要相对平坦，方便使用高效的农作机械，根据成本与管理能力确定园区面积大小，适度规模种植，以免出现因人力不足而出现的防治漏洞。

　　针对老果园的重建，需要根据以下步骤清除园区内原有柑橘树和九里香等柑橘木虱的中间寄主植物。清除时期以冬季至柑橘萌芽前为宜，清除原有柑橘树前全园喷施防治柑橘木虱的药剂，如10%吡虫啉可湿性粉剂1000倍液、40%丙溴磷乳油1000倍液、40%毒死蜱乳油800倍液、99%矿物油200倍液、20%双甲脒乳油1000倍液等药剂；另外，需连根全株挖除原有橘树，或者砍除地上部分（树桩高度不要超过10cm），然后余留树桩上全面涂抹草甘膦或沥青、柴油等，并尽可能盖黑膜。及时在果园内集中烧毁处理砍除或挖除的病树枝梢、叶片和根，以及园区地面上所有植物等。而新建的果园若有柑橘、九里香等柑橘木虱寄主植物，也需要按照老果园的清除方式进行清园。

　　新的园区需要提早做好园区规划和道路规划。大型果园要做好分区规划，将园区分割成小型园区（1～2hm²）和大型园区（10～20hm²）。整个园区要做好主干道、支干道与作业道的规划，允许农用机械和大型运输工具的通行。做好排灌系统的规划，特别是广东、广西、福建、海南等高湿多雨地区，做好排水系统，能迅速排水、减缓土壤冲刷，避免产生烂根。在目前劳动力缺乏、劳动成本增加和水资源紧张的情况下，灌溉系统建议采用滴灌或微喷灌系统，对于地形不好的山地果园，结合灌溉系统，同时建议规划打药、施肥系统，形成"水肥"或"水肥药"一体化系统。

2. 无病大苗定植

　　研究已确定柑橘黄龙病病原是一种限于韧皮部、需复杂营养的革兰氏阴性杆菌。带病苗木和接穗是传播柑橘黄龙病菌的主要途径，因此新建果园或重建果园采用无病苗是降低园区病源和黄龙病传播风险的一个关键点。由于幼苗到开始坐果需要较长时间，如果能够采用无病毒容器大苗（2年以上，株高>1m），当年种植第2年即可坐果，这样可以大幅度降低幼苗生长过程中黄龙病防控难度和黄龙病危害风险。无病苗木需来源于具有无病苗木经营资格和检疫证明的种苗场，鉴于柑橘黄龙病菌在柑橘体内具有潜伏时期，最长可达一年，在选购种苗时，应查看当年的病原检测报告。因柑橘黄龙病在秋冬季症状明显，可在秋冬季采购种苗，仔细观察症状后便可在翌年春季萌芽前定植大苗。

3. 动态更新病树

　　不管在新建果园还是仍有价值的老果园，及时清除果园中感染黄龙病的病树，有助于降低园内黄龙病暴发的概率。做好定时巡园，初期根据症状识别病树，做好疑似病树标记，对于无法进行判断的植株，尽量送到具有检疫能力的相关机构单位进行柑橘黄龙病病原检测。一旦确定，要做好病树的管理，剪除带病枝条，控制病树抽梢，在合适的时候（一般是秋、冬季至萌芽前）进行清除。清除病树的方法可参照上文提到的清除方法。

清除后可在树桩旁边补种健康大苗。在园区内避风处或者网室内种植可随时补种的大苗，一般是 1～2 年生的容器大苗。实现动态清除和及时补种，可以保证园区的完整，实现经济价值的最大化。大苗补种时要做好种植穴消毒和改土工作。

4. 快速灭杀柑橘木虱

柑橘木虱是传播黄龙病菌的主要媒介昆虫，喜食嫩芽与嫩梢，一般只在嫩芽与嫩梢上产卵。柑橘木虱在重度流行区，特别是广东、广西地区，只要园内不停有新梢抽生，就有较高概率发生多代且出现世代重叠的现象。鉴于重度流行区冬季短、冬梢易发，并且冬季气温低于 18℃ 的月份较短，在目前的重度流行区需要全年防治柑橘木虱。柑橘木虱的防治主要着重于两个关键时期，即采果后到翌年春梢萌芽前、新梢抽生期。在这两个时期喷药扑杀柑橘木虱，尤其是结合冬季清园扑杀柑橘木虱，往往可以达到事半功倍的作用。另外，柑橘木虱成虫和若虫一旦带毒则可终生传毒，且具有快速传毒的能力，因此扑杀柑橘木虱必须干净彻底。为了达到该目的，在抓住两个关键时期的基础上，我们还必须采用两个关键技术，即高效的喷药技术和可靠的控梢技术。高效的喷药技术需要高效的喷药设备，如风送式喷药机械。另外还需要规范的株行距（宽距密植）以及合适的树形（如扁圆形和主干形），可方便喷药设备通行、提高喷药效率和效果。

在我国南方（如广东、广西及赣南等地）的柑橘产区，由于气候适宜、雨水充足等，生长季节可以连续不断地抽生新梢，一年有 4～6 次。而采用合理的控梢技术，可以减少柑橘木虱种群世代次数，达到农药的减施增效预期目标。采用可靠的控梢技术可以通过控梢、控肥和控水三结合来实现。温州蜜柑交替结果生产年通过大量结果、选择合适的肥料（低氮高钾+有机肥）和适当的用量，以及通过树冠下覆地布控水等措施，可以确保整齐抽生春梢、有效控制夏梢甚至秋梢抽生。如果能够做到橘园一年整齐只抽 1 或 2 次新梢（春梢和秋梢），那么结合高效的喷药技术，完全可以做到干净彻底地扑杀园区柑橘木虱，成功防控黄龙病菌的传播。

5. 矮密早丰栽培

重度流行区的柑橘黄龙病防治也离不开合理的规划和园艺栽培。考虑方便田间管理、劳动力缺乏和劳动成本增加等因素，目前果园种植主张采用宽行密株、小冠栽培模式。因此，可根据当地的柑橘品种，设置株行距为 1～2m×3～4m，每亩种植 80～220 株。优先选择容器大苗，可增加幼苗成活率。在定植前可考虑做好土壤改良，可以采用壕沟改土或作畦改土的方式，做好改土后，运用农家肥或者石灰等偏酸偏碱用料调节土壤酸碱度，施用花生饼肥或者有机肥料作为基肥，增加土壤肥沃度，待肥料充分腐熟渗入土壤后，一般在施用基肥之后的 2～3 个月再进行定植。

在重度流行区，及早实现挂果丰产是降低生产风险的有力措施，这要求四季的树体管理和水肥管理达到合理高效的水平。幼年果树的主要任务是保持果园健康、促进树体生长和培养合适的树体结构，为果园盛果期丰产稳产作准备。而成年果树主要是维持树体健康、合理以果压梢、平衡营养生长和生殖生长，保证果园丰产、稳产、优质。要实现"丰产、稳产、优质"：第一，规划好果园，确保合适的农用机械能进园；第二，树冠要矮化、扁形化，方便人员田间管理；第三，要安装好水肥一体化设施，实现水肥相对精准高效施用；第四，采用合适的生长激素及叶面肥组合和高效的打药装备，降低打药劳动投入、提高打药效率等。

7.4.3　典型案例：江西赣州柑橘黄龙病防控模式构建与应用

1. 防控基本原则

建设江西赣州柑橘黄龙病流行区的基本原则是"政府主导，属地管理，宣传培训，上下联动，协作配合，统防统治"，摸清柑橘黄龙病在当地发生危害的特点和传播规律，依靠科学普查和监测预警体系的基础数据，强化政策扶持，加强指导服务，实施以"清理病树和种植无病苗为基础，抓住 5 个关键环节高效防控柑橘木虱为重点，网棚假植大苗补种控病保园为关键，控梢抹梢和生态隔离防护为补充，大区域统防统治与小区域'中心户长制'联防联控相结合"的柑橘黄龙病综合防控技术体系。

2. 柑橘园规划与建设

（1）果园选址

新建果园地处坡地的，坡度在 25° 以下，最适宜的为缓坡开阔地带；新建果园地处平地的，要回避低洼易受冻地带，地下水位要在 1m 以下。要远离人口居住区，距离乡镇村落生活区 1km 以上，切忌在房前屋后种植。果园内或附近应具备完善的排灌系统，有优质、稳定的灌溉水源。

（2）生态隔离

通过生态隔离的手段防止柑橘木虱的快速传播。利用地形地貌及原生态植被远距离隔离；山地果园留足山顶"戴帽林"，并保留山脊乔木林作为隔离带；柑橘园以 150～200 亩为一个种植单元，单元间种植防护林作为隔离带（宽度＞10m，树冠高度≥树冠）；果园主干道、机耕道两侧绿化，改善果园生态环境；选用速生、树冠高大、直立且与柑橘属植物无共同病虫害的树种，如杉树、马甲子等乔木、灌木相结合。

（3）适度规模

新建果园或重建果园的种植面积要求达到一定规模，以利于产生规模效益，个体家庭式种植以 50～200 亩/户为宜，切忌零散种植；规模化农场式种植 1000 亩以上的，要注意划分种植单元（150～200 亩）进行分区管理，种植单元间必须种植防护林作为隔离带。

（4）种植柑橘品种及砧木选择

新建果园或重建果园的种植必须选择抗病、优质、丰产、商品性好的品种。同一标准果园内的主栽品种不能太多，以 1～3 个为宜，不同品种间要划分区域或单元进行种植，同一品种抽梢整齐才有利于柑橘木虱防控，柑橘种苗均选用无病毒苗木定植或用无病毒接穗嫁接生成，品种纯度不得低于 95%。主栽品种苗木所用的砧木要求与主栽品种嫁接亲和力好，能让该品种的品质得以完全表现。江西赣南多为酸性红壤，宜选择耐酸、抗病性好的枳或枳橙作为砧木。

（5）网棚假植大苗补种，防病保园

对于柑橘黄龙病流行区，果园"一园一棚"用于假植大苗的模式应该是果园标配，即出圃的无病柑橘苗木，在 40 目及以上防虫网棚内，用假植营养袋培育 1.5～2 年，使其在网棚内安全度过最易感病期，树冠大小与 2 年生树相当。假植大苗在秋季带土移栽补种，翌年挂果，通过挂果控梢，补种树与园内原有大树抽梢期基本同步，有利于防治柑橘木虱，降低感染柑橘黄龙病的风险，3 年可恢复效益。按照这种模式，如果每年砍除 10% 的病树，果园始终能保持 70% 的有效结果树，果园产量不会明显减少，因此，保住了果园、保住了种植效益。

3. 柑橘园黄龙病树清查和病树清除

（1）柑橘黄龙病树清查

全年经常观测与秋冬季定期观测相结合，发现疑似柑橘黄龙病树，不能进行田间判定时要及时采样送至第三方检测机构进行柑橘黄龙病菌核酸检测，确定为感病植株后应及时清除整株病树，切忌采用只锯半边枝干的办法。

每年秋冬季是柑橘黄龙病田间症状最易识别的最佳时机，由政府统一组织部署，或种植合作社、地方果业会统一组织，开展集中病树普查与清理工作，按照"乡不漏村、村不漏组、组不漏片、片不漏园、园不漏株"的要求，对属地柑橘园逐园、逐行、逐株开展病树普查，并建立信息详细的黄龙病防控台账。根据防控台账，按砍树前先灭杀柑橘木虱、砍树后规范处理树蔸的要求全面彻底清除整株病树。

（2）清除病树"五步法"规范操作技术

清除柑橘黄龙病树前应全园喷药灭杀柑橘木虱，病树树兜快速处理"五步法"，即"一锯、二划、三涂、四包、五埋"。第一步，锯病树，在距离地面3～7cm处锯断病树；第二步，在残留树兜的切面上划十字；第三步，在残留树兜表面涂草甘膦原药；第四步，用薄膜包住涂好草甘膦原药的树兜；第五步，覆土埋住处理好的树兜。

4. 防控柑橘木虱

柑橘木虱是果园内和果园间传播柑橘黄龙病的主要媒介昆虫，防控好柑橘木虱（灭杀柑橘木虱），就切断了柑橘黄龙病的传播蔓延途径。因此，防控好柑橘木虱能够起到事半功倍的效果，也是柑橘黄龙病防控的关键环节。抓住冬季、早春和夏梢、秋梢、晚秋梢嫩芽萌发期5个关键时期，安排专业技术人员分片区深入田间地头进行实地指导防控，选用高效药剂（组合）防治柑橘木虱，在冬季、早春各防治1次，或者在采果后和春芽萌动前各喷药1次，用于防治越冬成虫；春梢期，春梢长0.5～2cm时喷药1次，夏梢、秋梢、晚秋梢嫩芽萌发期（梢长0.5～1cm），各防治2或3次，每次新梢期用药1～3次结合防治其他病虫害，全年用药防治9～12次。

复配高效防杀药剂组合4个：25%联苯菊酯EC 2000倍液+70%噻嗪酮WG 5000倍液，24%螺虫乙酯EC 4000倍液+4.5%高效氯氰菊酯EC 2000倍液，48%毒死蜱EC 1000倍液+25%噻虫嗪WG 4000倍液，10%吡虫啉WP 1500倍液+48%毒死蜱EC 1000倍液。

5. 上下联动，协作配合，统防统控

（1）小区域"中心户长制"

以村、基地、坑口为单元，实行"中心户长制"区域性联防联控，即根据果园分布，把相对毗邻、相对集中的果园联合起来，推荐一名有经验、懂技术、有责任心和公益心的果农为柑橘黄龙病防控中心户长，户数较多的再按片区划分小组，推荐小组长，每个小组长包干几户果农，构建"中心户长—小组长—果农"联防联控组织构架。

制定柑橘黄龙病联防联控制度，统一思想认识，统一防控措施，统一时间喷药防治柑橘木虱，果农在每个月定期集中交流1次，并互相巡查果园，做到互相监督、及时清理病树，按柑橘物候期和柑橘木虱发生规律，在冬季清园、早春及春梢、夏梢、秋梢和晚秋梢嫩芽萌发期等柑橘木虱防控关键期统一喷药防治，监督检查柑橘木虱防治效果，做到"看得见、管得住、防得实"。

这种联防联控模式因地制宜、简单、适用，在信丰、寻乌等重病区，联防联控区域病株

率相较周边对照区域同比下降 55.6%～71%。经过近几年的摸索和实践，赣南已建立"中心户长制"区域性联防联控基地 613 个，面积为 67.83 万亩，区域规模大都控制在 1000 亩以内。

（2）大区域统防统控

在果园集中连片面积 1000 亩以上的区域，推广统防统治模式，专业防治组织按照合同约定应用直升机和植保无人飞机等高效植保机械在规定时间内实施统防统治。2016～2018 年，赣南在夏、秋梢期推广飞机施药统防统治柑橘木虱 209.03 万亩次。

6. 无病苗木培育

完善建设柑橘种质资源圃、品种储备中心、品种展示园和砧木采种园，政府果业和植保部门协调，严格管控全市或属地的柑橘无病苗木扩繁场（公司），实现标准化生产无病苗木，执行种苗产地检疫，强化苗木市场监管，坚决取缔无证育苗、大田露天育苗，通过"先买后补"的政策，确保无病苗木推广。

（1）网棚内扩繁无病苗木

在黄龙病疫区繁育安全无病的柑橘（脐橙）种苗，应在 40 目尼龙网覆盖钢架结构的网棚内扩繁，有效阻隔柑橘木虱在苗期传播柑橘黄龙病，加强网棚内柑橘病虫害监测和苗木检疫检验。自 2013 年以来，在赣南建设（扩建）了以赣南柑橘良种苗木繁育有限公司的无病种苗扩繁场 13 个，按照脱毒苗繁育规范要求建设网棚（含玻璃温室）70.988 万 m^2，无病苗木年生产能力达到 1000 万株。

（2）出圃苗木检疫检测

省、市、县植物检疫机构严格对赣州市 13 个柑橘苗木繁育场的苗木繁育设施安全性、投入品以及繁育材料进行检查，督促指导各良种繁育场建立所有苗木繁育材料（砧木、接穗）的档案记录，做到可追溯跟踪。委托第三方对出圃前的苗木按照 0.04% 的标准进行抽样检测，采用国标检测标准，主要检测苗木是否感染黄龙病、碎叶病、裂皮病等病害。经检疫合格、取得苗圃所在植物检疫机构开具的产地检疫合格证的苗木，方可出圃、销售和种植。规范苗木检疫监管，坚决杜绝在疫区繁殖露地苗，坚决杜绝从疫区调入苗木或繁殖材料，确保出圃、种植或假植的柑橘苗木 100% 经过产地检疫合格。

7. 柑橘黄龙病防控的重要保障措施

（1）强化组织领导，严肃问责

在推进柑橘黄龙病防控工作中，要强化行政推动，这是有效开展柑橘黄龙病防控的根本保证。江西的做法是省委、省政府高度重视柑橘黄龙病防控工作并给予大力支持，市政府专门成立了由市政府主要领导担任组长的黄龙病防控工作领导小组，市、县、乡层层立下军令状，对柑橘黄龙病防控工作实行"属地管理"和"一把手工程"的党政一把手负责制，对工作不力的坚决问责，把防控责任落实到县、乡，防控要求落实到村、户，防控措施落实到片、园。市委、市政府每年下发柑橘黄龙病防控工作方案、督查方案和考评方案，生产季节一季一督查、9~12月集中防控时期一月一督查。针对督查存在的问题，由市两办督查室向各县（市、区）发出督办函，限期整改到位，对工作不力、存在较多问题、成效差的县（市、区）领导进行约谈和问责。

（2）保障防控专项资金，强化指导服务

落实防控专项资金，各级政府保证柑橘黄龙病防控的专项资金，做到专款专用。专项资金做好使用计划，明确资金的具体用途和占比，及时落实到位，主要用于病树普查与清理、果农砍树补偿、统防统治药剂、监测网络建设、柑橘木虱飞防补助、无病苗木补贴、苗木检疫与监管、假植网棚、标准果园建设、防控技术试验与推广、技术服务体系、技术培训和防控示范园建设等。

辖区果业部门和植保植检机构以及科研院所充分发挥技术优势，加大工作力度，推进柑橘黄龙病的科学防控。一是加强监测预警，准确掌握柑橘木虱的消长动态，在最佳防控时期提前发布预警信息；二是明确黄龙病防控技术要求，引导不同时期选择适合的高效低风险农药，确保科学用药。

（3）加强宣传培训

市政府抽调市农业局、果业局和植保局以及驻地科研院所等单位技术骨干组成多个市级培训指导专家组，采用分片包干的形式常年分赴各县（市、区）开展防控指导、技术培训，对县、乡技术人员和果农进行黄龙病田间症状的识别、普查方法、砍树要求和柑橘木虱防除措施等方面知识的培训。采取分级培训、专家指导、现场观摩、广泛宣传等方式，普及柑橘黄龙病和柑橘木虱的基本知识与防控技术，确保每户果农每年接受培训1次。充分利用广播、电视、报刊、互联网等媒体，大力宣传黄龙病疫情防控技术和检疫法规知识，引导社会化服务组织参与植物疫情防控公益服务，增强果农的科学防控意识，营造柑橘黄龙病疫情联防联控、统防统治、群防群治的良好氛围。

参 考 文 献

白先进, 赵小龙, 娄兵海, 等. 2020. 回顾广西柑橘黄龙病防控（1982—2020）. 南方园艺, 31(6): 5-16.

白晓晶, 许兰珍, 贾瑞瑞, 等. 2017. 柑橘黄龙病相关水杨酸羧基甲基转移酶基因 *CsSAMT-1* 的克隆与表达分析. 园艺学报, 44(12): 2265-2274.

曹继容. 2014. 柑橘叶片离子组及其对黄龙病病原菌侵染的响应. 重庆: 西南大学硕士学位论文.

陈慈相, 胡燕, 袁水秀, 等. 2019. 果园网棚假植安全大苗补种防控柑桔黄龙病与保园效果研究. 中国南方果树, 48(2): 1-4.

陈慈相, 谢金招, 胡燕, 等. 2018. 赣南地区柑桔木虱田间发生规律研究. 中国南方果树, 47(2): 54-56.

陈慈相, 张倩, 谢金招, 等. 2015. 赣南地区柑桔黄龙病发生规律研究. 中国南方果树, 44(6): 43-45.

陈润田, 陈育汉, 黄明度. 1987. 亚飞草蛉的生物学及其对柑橘木虱潜叶蛾幼虫的捕食效应研究. 生态学报, (1): 57-64.

陈巍巍, 冯明光. 1999a. 玫烟色拟青霉的研究与应用现状. 昆虫天敌, 21(3): 104-144.

陈巍巍, 冯明光. 1999b. 四株玫烟色拟青霉作为桃蚜微生物防治因子的潜力评价. 浙江大学学报（农业与生命科学版）, (6): 4-9.

陈宜涛, 冯明光. 2003. 适于玫烟色棒束孢液相发酵生产的培养基和初始接种量及 pH. 浙江大学学报（农业与生命科学版）, 29(1): 39-43.

陈祝安, 曹光照, 许益伟, 等. 1985. 柑桔害虫病原真菌资源的考察和生测. 微生物学通报, 12(5): 194-198.

褚丽萍, 郑正, 邓晓玲. 2016. 定量分析柑桔黄龙病菌在沙糖桔中的分布. 中国南方果树, 45(6): 42-43.

崔丽, 夏长秀, 王立, 等. 2020. 成虫玻璃管药膜法测定柑橘木虱田间种群对 6 种杀虫剂的敏感性. 农药学学报, 22(6): 1094-1098.

崔宗胤, 韩鹏, 夏长秀, 等. 2020. 乙氧氟草醚对脐橙的杀梢效果及对柑橘木虱栖息分布的影响. 农药学学报, 22(5): 759-768.

代晓彦, 李翌菌, 沈祖乐, 等. 2017. 球孢白僵菌与玫烟色棒束孢制剂对柑橘木虱的防治. 华南农业大学学报, 38(1): 63-68.

代晓彦, 任素丽, 周雅婷, 等. 2014. 黄龙病媒介昆虫柑橘木虱生物防治新进展. 中国生物防治学报, 30(3): 414-419.

董宏平, 袁生. 1999. 球孢白僵菌代谢产物的研究概况. 生物技术, 9(4): 34-37.

董望成, 肖德琴, 赵荣泽, 等. 2019. 基于物联网的柑桔黄龙病监测防控技术研究. 现代农业装备, 40(3): 50-55.

杜丹超, 鹿连明, 张利平, 等. 2011. 柑橘木虱的防治技术研究进展. 中国农学通报, 27(25): 178-181.

樊晶. 2010. 柑橘宿主对黄龙病病原菌侵染的应答机制. 重庆: 重庆大学博士学位论文.

范国成, 刘波, 吴如健, 等. 2009. 中国柑橘黄龙病研究 30 年. 福建农业科学, 24(2): 183-190.

冯晓东, 吴一江. 2014. 柑橘黄龙病发生及防控措施探讨. 中国植保导刊, 34(8): 69-71.

傅致君. 2018. 柑橘黄龙病病原菌在柑橘木虱体内的侵染循回规律研究. 福州: 福建农林大学硕士学位论文.

管冠, 李倩磊, 刘淑雅, 等. 2018. 柑桔黄龙病对纽荷尔脐橙叶片营养元素及土壤微生物群落的影响. 中国南方果树, 47(4): 13-18.

广西壮族自治区地方志编纂委员会. 2000. 广西通志: 生物志. 南宁: 广西人民出版社.

郭亨玉, 罗小玲, 李桃, 等. 2020. 柑橘黄龙病菌在染病贡柑枝条和果实橘络内的分布规律. 植物病理学报, 50(5): 543-548.

韩鹏. 2020. 植保无人飞机山地柑橘园智能作业模式研究. 北京: 中国农业大学硕士学位论文.

韩鹏, 崔宗胤, 闫晓静, 等. 2020. 三类喷雾助剂在植保无人飞机精准果树作业模式下对丘陵柑橘雾滴沉积分布的影响. 农药学报, 22(6): 1076-1084.

何畏冷. 1937. 柑橘之病害（14）柑橘根腐病（广州号鸡头黄, 潮汕称黄龙病）. 岭南学报, 6(1): 183-188.

何益民, 李蔚明, 马春平, 等. 2018. 赣南脐橙产区直升机施药防治柑桔木虱初报. 中国南方果树, 47(2): 57-63.

洪华珠, 喻子牛, 李增智. 2010. 生物农药. 武汉: 华中师范大学出版社: 127-188.

胡丰林, 李增智. 2007. 虫草及相关真菌的次生代谢产物及其活性. 菌物学报, 26(4): 607-632.

胡燕, 王雪峰, 周常勇. 2016. 柑橘黄龙病菌亚洲种、虫媒及植物寄主互作研究进展. 园艺学报, 43(9): 1688-1698.

黄金萍, 黄建邦, 高娃, 等. 2015. 柑橘木虱取食黄龙病柑橘部位与获菌效率的关系. 华南农业大学学报, 36(1): 71-74.

姜荣良. 2010. 蜡蚧轮枝菌抗逆菌株的筛选及杀虫活性的测定. 福州: 福建农林大学硕士学位论文.

李锋, 殷华, 蒋继宏. 2004. Logistic 方程在蜡蚧轮枝菌液体发酵中的应用. 南京林业大学学报, 28(6): 73-75.

李嘉慧, 郑正, 邓晓玲. 2019. 基于原噬菌体类型的我国柑橘黄龙病菌种群遗传结构分析. 植物病理学报, 49(3): 334-342.

李忠, 刘寿章, 刘爱英, 等. 2004. 玫烟色拟青霉营养需求及培养条件研究. 贵州农业科学, (5): 15-16.

林妙蓓, 莫锦夏, 肖志沛, 等. 2020. 7 种挥发性化合物对柑橘木虱引诱效果的评价. 植物保护, 46(3): 198-203.

林乃铨. 2010. 害虫生物防治. 北京: 科学出版社: 232-257.

龙俊宏, 赵珂, 杜美霞, 等. 2020. 柑橘中黄龙病菌效应子 SDE70 的表达特征及寄主互作蛋白解析. 园艺学报, 47(8): 1451-1462.

陆庆光. 1988. 天敌引进的历史及规章制度 // 包建中, 古德祥. 中国生物防治. 北京: 科学出版社: 306-308.

孟翔, 欧阳革成, Xia YL, 等. 2013. 基于柑橘木虱 *COI* 基因的捕食性天敌捕食作用评估. 生态学报, 33(23): 7430-7436.

庞虹. 1991. 三种瓢虫对木虱成虫的捕食量观察. 昆虫天敌, 13(4): 186-188.

蒲蛰龙, 李增智. 1996. 昆虫真菌学. 合肥: 安徽科学技术出版社: 76-361.

钱景秦, 邱瑞珍, 古琇芷. 1988. 柑橘木虱之生物防治 1. 亮腹釉小蜂（*Tamarixia radiata*）之引进繁殖与释放试验. 中华农业研究, 4: 430-439.

钱景秦, 朱耀沂, 古琇芷. 1991. 亮腹釉小蜂（*Tamarixia radiata*）之形态、生活史及其寄生策略. 中华昆虫, 11(4): 264-281.

钱艳杰, 刘敏, 欧阳立力, 等. 2017. 利用 Gateway 技术筛选 *Candidatus* Liberibacter asiaticus 致病相关基因研究. 植物病理学报, 47(6): 816-823.

任顺祥, 郭振中. 1990. 柑桔害虫天敌及其利用. 贵州: 贵州科技出版社: 147-161.

任素丽, 郭长飞, 欧达, 等. 2018. 黄龙病病菌在柑橘木虱体内的分布及感染动态. 应用昆虫学报, 55(4): 595-601.

阮传清, 陈建利, 刘波, 等. 2012. 柑橘木虱主要形态与成虫行为习性观察. 中国农学通报, 28(31): 186-190.

石莹, 刘园, 陈嘉景, 等. 2020. 黄龙病病菌侵染对茶枝柑果实类黄酮和挥发性物质的影响. 华中农业大学学报（自然科学版）, 39(1): 24-33.

宋晓兵, 彭埃天, 程保平, 等. 2016. 利用虫生真菌生物防治柑橘木虱的研究进展. 生物安全学报, 25(4): 255-260.

宋晓兵, 彭埃天, 程保平, 等. 2017. 一株侵染柑橘木虱的球孢白僵菌的分离及鉴定. 植物保护, 43(4): 139-144.

宋晓兵, 彭埃天, 崔一平, 等. 2018. 球孢白僵菌诱导的柑橘木虱免疫应答转录组分析. 应用昆虫学报, 55(4): 636-645.

宋杨, 罗育发. 2017. 亚洲柑橘木虱传播黄龙病菌的特性与机制研究进展. 环境昆虫学报, 39(4): 955-962.

王成树, 李农昌, 汤坚, 等. 1998. 球孢白僵菌混合制剂的加工研究. 植物保护, 24(3): 5-8.

王飞凤, 王也, 陈雨晨, 等. 2020. 柑橘木虱成虫趋光行为反应. 环境昆虫学报, 42(1): 187-192.

王吉锋, 刘喆, 陶磊, 等. 2019. 13 种常用农药对柑橘木虱田间种群防治效果室内评价. 植物保护, 45(3): 249-253.

王磊, 沈祖乐, 张利荷, 等. 2018. 亮腹釉小蜂低温贮藏适宜龄期与温度的优化筛选. 应用昆虫学报, 55(4): 622-628.

王联德, 黄建, 尤民生, 等. 2007. 昆虫真菌素的研究与应用. 中国农学通报, 3（增刊）: 268-274.

王联德, 尤民生, 黄建, 等. 2010. 虫生真菌多样性及其在害虫生物防治中的作用. 江西农业大学学报, 32(5): 920-927.

王竹红, 李鹏雷, 葛均青, 等. 2019. 柑橘木虱寄生性天敌调查及一新种记述. 中国生物防治学报, 35(4): 504-516, 547.

韦欣, 罗丽娟, 严翔, 等. 2019. 黄龙病对柑桔果实品质及矿质元素的影响. 中国南方果树, 48(3): 11-14.

文庆利, 谢竹, 吴柳, 等. 2018. 柑橘响应黄龙病侵染的韧皮部蛋白 2 基因 *CsPP2B15* 的克隆与表达分析. 园艺学报, 45(12): 2347-2357.

乌天宇, 张旭颖, Beattie G, 等. 2020. 亚洲柑橘木虱成虫和 5 龄若虫在感染黄龙病的柑橘上的取食行为及获菌效率比较. 昆虫学报, 63(2): 166-173.

吴定尧. 1980. 柑桔木虱的习性与黄龙病发生的关系. 中国柑桔, 17(2): 33-34.

吴丰年, 梁广文, Chen JC, 等. 2013a. 亚洲柑桔木虱若虫在寄主上的转移和扩散研究. 环境昆虫学报, 35(5): 578-584.

吴丰年, 梁广文, 岑伊静, 等. 2013b. 亚洲柑桔木虱体色变化规律的研究. 应用昆虫学报, 50(4): 1085-1093.

吴伟, 邓建华, 庄辉, 等. 2004. 玫烟色拟青霉培养性状与产孢特性初步研究. 西南林学院学报, 24(2): 30-33.

吴越, 苏华楠, 黄爱军, 等. 2015. 柑橘黄龙病菌侵染对甜橙叶片糖代谢的影响. 中国农业科学, 48(1): 63-72.

吴振强. 2006. 固态发酵技术与应用. 北京: 化学工业出版社: 263.

夏雨华. 1988. 国外引进柑橘木虱寄生蜂在实验室繁殖成功. 福建农业科技, (5): 4.

谢佩华, 苏朝安, 林自国. 1988a. 柑桔木虱耐寒性研究. 植物保护, 14(1): 5-7.

谢佩华, 苏朝安, 林自国. 1988b. 柑桔木虱寄生菌: 蜡蚧头孢菌初步研究. 生物防治通报, 4(2): 92.

徐金汉, 汤玉清. 1993. 柑桔木虱姬小蜂的幼期发育及其形态. 福建农林大学学报（自然科学版）, 22(3): 311-316.

许长藩, 夏雨华, 柯冲. 1994. 柑桔木虱生物学特性及防治研究. 植物保护学报, 21(1): 53-56.

许巧玲. 2007. 柑橘黄龙病及其防治. 现代农业科技, (11): 76-78.

杨爱国, 谭育莲, 杨昌伟, 等. 2019. 利用虫生真菌生物防治柑橘木虱的效果研究. 农业科技与信息, (10): 85-86.

杨成良, 岑伊静, 梁广文, 等. 2011. 亚洲柑橘木虱的刺吸电位图谱研究. 华南农业大学学报, 32(1): 49-52.

杨玉枝, 徐迪, 岑伊静. 2015. 健康和感染黄龙病沙糖桔嫩梢挥发性成分的分析. 环境昆虫学报, 37(2): 328-333.

殷凤鸣, 陈权才, 陈亚广. 1986. 用不同包装材料贮存白僵菌孢子粉的试验. 广东林业科技, 2(3): 30, 35-36.

殷华, 李锋, 蒋继宏. 2004. 蜡蚧轮枝菌液体发酵的代谢动力学. 安徽农业大学学报, 31(3): 340-343.

余继华, 黄振东, 张敏荣, 等. 2017. 亚洲柑橘木虱带菌率的周年变化动态. 浙江大学学报（农业与生命科学版）, 43(1): 89-94.

喻子牛. 2000. 微生物农药及其产业化. 北京: 科学出版社: 1-121.

袁会珠. 2011. 农药使用技术指南. 北京: 化学工业出版社: 271-278.

袁会珠, 李卫国. 2013. 现代农药应用技术图解. 北京: 中国农业科学技术出版社: 34-66.

袁会珠, 王国宾. 2015. 雾滴大小和覆盖密度与农药防治效果的关系. 植物保护, 41(6): 9-16.

袁楷, 陈祯, 杨婷婷, 等. 2020. 光谱和光强度对柑橘木虱成虫趋光行为的影响. 云南农业大学学报（自然科学）, 35(5): 750-755, 884.

詹兴堆. 2019. 不同柑橘木虱种群对 6 种常用杀虫剂的抗药性测定. 南方农业学报, 50(12): 2713-2719.

张明沛. 2006. 下真功夫防治黄龙病　促进柑桔产业大发展: 在全区成功防治柑桔黄龙病交流培训会上的讲话. 广西园艺, (1): 7-9.

张盼, 吕强, 易时来, 等. 2016. 小型无人机对柑橘园的喷雾效果研究. 果树学报, 33(1): 34-42.

张旭颖, 岑伊静. 2020. 亚洲柑橘木虱与柑橘黄龙病菌互作的研究进展. 环境昆虫学报, 42(3): 630-637.

张艳璇, 孙莉, 林坚贞, 等. 2011. 利用捕食螨搭载白僵菌控制柑橘木虱的研究. 福建农业科技, (6): 72-75, 117.

章玉苹, 李敦松, 黄少华, 等. 2009. 柑橘木虱的生物防治研究进展. 中国生物防治, 25(2): 160-164.

赵学源. 2008. 重温广东杨村华侨柑桔场遏制黄龙病大发生经验的现实意义. 中国南方果树, 37(1): 25-28.

赵学源. 2017. 柑橘黄龙病防治研究工作回顾. 北京: 中国农业出版社: 1-32.

赵学源, 蒋元晖. 2015. 回顾广西柑橘黄龙病防治研究二十年（1963—1982）. 南方园艺, 26(6): 12-14, 21.

郑朝武, 虞国跃. 2013. 广东曲江区柑橘园天敌瓢虫种类调查及食性观察（鞘翅目：瓢虫科）. 环境昆虫学报, 35(1): 77-84.

周春娜, 吴仕豪, 曹俐. 2015. 广东柑橘黄龙病发生情况与防控对策浅析. 中国植保导刊, 35(1): 68-69.

周启明, 邱柱石, 全金城. 1992. 广西柑桔黄龙病发生动态及分析. 中国柑桔, 21(2): 32-33.

周燚, 王中康, 喻子牛. 2006. 微生物农药研发与应用. 北京: 化学工业出版社.

Achor D, Etxeberria E, Wang N, et al. 2010. Sequence of anatomical symptom observations in citrus affected with Huanglongbing disease. Plant Pathology Journal, 9(2): 56-64.

Achor D, Welker S, Ben-Mahmoud S, et al. 2020. Dynamics of *Candidatus* Liberibacter asiaticus movement and sieve-pore plugging in citrus sink cells. Plant Physiology, 182(2): 882-891.

Albrecht U, Bowman KD. 2012. Transcriptional response of susceptible and tolerant citrus to infection with *Candidatus* Liberibacter asiaticus. Plant Science, 185-186: 118-130.

Ammar E, Shatters RG, Lynch CA, et al. 2011. Detection and relative titer of *Candidatus* Liberibacter asiaticus in the salivary glands and alimentary canal of *Diaphorina citri* (Hemiptera: Psyllidae) vector of Citrus Huanglongbing disease. Annals of the Entomological Society of America, 104(3): 526-533.

Andrade M, Pang Z, Achor D, et al. 2020. The flagella of 'Candidatus Liberibacter asiaticus' and its movement in planta. Molecular Plant Pathology, 21(1): 109-123.

Arce-Leal ÁP, Bautista R, Rodríguez-Negrete EA, et al. 2020. Gene expression profile of Mexican lime (*Citrus aurantifolia*) trees in response to Huanglongbing disease caused by *Candidatus* Liberibacter asiaticus. Microorganisms, 8(4): 528.

Aritua V, Achor D, Gmitter FG, et al. 2013. Transcriptional and microscopic analyses of citrus stem and root responses to *Candidatus* Liberibacter asiaticus infection. PLOS ONE, 8(9): e73742.

Aubert B. 1987. *Trioza erytreae* Del Guercio and *Diaphorina citri* Kuwayama (Homoptera: Psylloidea), the two vectors of citrus greening disease: biological aspects and possible control strategies. Fruits, 42: 149-162.

Aubert B, Quilici S. 1983. New biological equilibrium in populations of psyllids observed in Reunion after the establishment of hymenopterous chalcids. The Journal of Urology, 191(4): 4026-4033.

Avery PB, Wekesa VW, Hunter WB, et al. 2011. Effects of the fungus *Isaria fumosorosea* (Hypocreales: Cordycipitaceae) on reduced feeding and mortality of the Asian citrus psyllid, *Diaphorina citri* (Hemiptera: Psyllidae). Biocontrol Science and Technology, 21(9): 1065-1078.

Balakrishnan S, Nene YL. 1980. A note on the mode of penetration of the fungus *Paecilomyces farinosus* (Dickson ex Fries) Brown and Smith into the whitefly *Bemisia tabaci* Gennadius. Science and Culture, 46(6): 231-232.

Baldwin EA, Plotto A, Manthey JA, et al. 2010. Effect of *Liberibacter* infection (Huanglongbing disease) of citrus on orange fruit physiology and fruit/fruit juice quality: chemical and physical analyses. Journal of Agricultural and Food Chemistry, 58(2): 1247-1262.

Bamisile BS, Dash CK, Akutse KS, et al. 2019. Endophytic *Beauveria bassiana* in foliar-treated *Citrus limon* plants acting as a growth suppressor to three successive generations of *Diaphorina citri* Kuwayama (Hemiptera: Liviidae). Insects, 10(6): 176.

Bao M, Zheng Z, Sun X, et al. 2020. Enhancing PCR capacity co detect '*Candidatus* Liberibacter asiaticus' utilizing whole genome sequence information. Plant Disease, 104(2): 527-532.

Ben-Ze'ev IS. 1993. Check-list of fungi pathogenic to insects and mites in Israel, updated through 1992. Phytoparasitica, 21(3): 213-237.

Ben-Ze'ev IS, Gindin G, Barash I, et al. 1994. Entomopathogenic fungi attacking *Bemisia tabaci* in Israel. Bemisia Newslett, 8: 36.

Ben-Ze'ev IS, Kenneth R G, Bitton S, et al. 1981. The entomophthorales of Israel and their arthropod hosts. Phytoparasitica, 9(1): 43-50.

Bistline-East A, Hoddle MS. 2014. *Chartocerus* sp. (Hymenoptera: Signiphoridae) and *Pachyneuron crassiculme* (Hymenoptera: Pteromalidae) are obligate hyperparasitoids of *Diaphorencyrtus aligarhensis* (Hymenoptera: Encyrtidae) and possibly *Tamarixia radiata* (Hymenoptera: Eulophidae). Florida Entomologist, 97(2): 562-566.

Bistline-East A, Hoddle MS. 2016. Biology of *Psyllaphycus diaphorinae* (Hymenoptera: Encyrtidae), a hyperparasitoid of *Diaphorencyrtus aligarhensis* (Hymenoptera: Encyrtidae) and *Tamarixia radiata* (Hymenoptera: Eulophidae). Annals of the Entomological Society of America, 109(1): 22-28.

Bogdanove AJ, Schornack S, Lahaye T. 2010. TAL effectors: finding plant genes for disease and defense. Current Opinion in Plant Biology, 13(4): 394-401.

Bonani JP, Fereres A, Garzo E, et al. 2010. Characterization of electrical penetration graphs of the Asian citrus psyllid, *Diaphorina citri*, in sweet orange seedlings. Entomologia Experimentalis et Applicata, 134(1): 35-49.

Bové JM. 2006. Huanglongbing: a destructive, newly-emerging, century-old disease of citrus. Journal of Plant Pathology, 88: 7-37.

Bové JM. 2014. Huanglongbing or yellow shoot, a disease of Gondwanan origin: Will it destroy *Citrus* worldwide? Phytoparasitica, 42(5): 579-583.

Bové JM, Garnier M. 1984. Citrus greening and psylla vectors of the disease in the Arabian Peninsula. Proceedings of the 9th Conference of IOCV, Riverside: 109-114.

Boykin LM, Bagnall RA, Frohlich DR, et al. 2007. Twelve polymorphic microsatellite loci from the Asian citrus psyllid, *Diaphorina citri* Kuwayama, the vector for citrus greening disease, Huanglongbing. Molecular Ecology Resources, 7(6): 1202-1204.

Boykin LM, De Barro P, Hall DG, et al. 2012. Overview of worldwide diversity of *Diaphorina citri* Kuwayama mitochondrial cytochrome oxidase 1 haplotypes: two old world lineages and a new world invasion. Bulletin of Entomological Research, 102(5): 573-582.

Carruthers RI, Larkin TS, Firstencel H, et al. 1992. Influence of thermal ecology on the mycosis of a rangeland grasshopper. Ecology, 73(1): 190-204.

Carruthers RI, Wraight SP, Jones WA. 1993. An overview of biological control of the sweetpotato whitefly, *Bemisia tabaci* // Herber DJ, Richter DA. Proceedings of the Beltwide Cotton Production Research Conference. Memphis: National Cotton Council: 680-685.

Castineiras A. 1995. Natural enemies of *Bemisia tabaci* (Homoptera: Aleyrodidae) in Cuba. Florida Entomologist, 78(3): 538-540.

Cen Y, Yang C, Holford P, et al. 2012. Feeding behaviour of the asiatic citrus psyllid, *Diaphorina citri*, on healthy and Huanglongbing-infected citrus. Entomologia Experimentalis et Applicata, 143(1): 13-22.

Chen CP. 1943. A report of a study on Yellow shoot disease of citrus in Chaoshan. New Agricultural Quarter Bull, 3(3-4): 142-175.

Chen X, Stansly PA. 2014. Biology of *Tamarixia radiata* (Hymenoptera: Eulophidae), parasitoid of the citrus greening disease vector *Diaphorina citri* (Hemiptera: Psylloidea): a mini review. Florida Entomologist, 97(4): 1404-1413.

Clark K, Franco JY, Schwizer S, et al. 2018. An effector from the Huanglongbing-associated pathogen targets citrus proteases. Nature Communications, 9(1): 1718.

Cong Q, Kinch LN, Kim BH, et al. 2012. Predictive sequence analysis of the *Candidatus* Liberibacter asiaticus proteome. PLOS ONE, 7(7): e41071.

Coy MR, Stelinski LL. 2015. Great variability in the infection rate of 'Candidatus Liberibacter asiaticus' in field populations of *Diaphorina citri* (Hemiptera: Liviidae) in Florida. Florida Entomologist, 98(1): 356-357.

Cui X, Liu K, Atta S, et al. 2021. Two unique prophages of 'Candidatus Liberibacter asiaticus' strains from Pakistan. Phytopathology, 111(5): 784-788.

Dagulo L, Danyluk MD, Spann TM, et al. 2010. Chemical characterization of orange juice from trees infected with citrus greening (Huanglongbing). Journal of Food Science, 75(2): C199-C207.

Davis M, Mondal SN, Chen H, et al. 2008. Co-cultivation of 'Candidatus Liberibacter asiaticus' with Actinobacteria from citrus with Huanglongbing. Plant Disease, 92(11): 1547-1550.

de Faria MR, Wraight SP. 2007. Mycoinsecticides and Mycoacaricides: a comprehensive list with worldwide coverage and international classification of formulation types. Biological Control, 43(3): 237-256.

De León JH, Setamou M, Gastaminza GA, et al. 2011. Two separate introductions of Asian citrus psyllid populations found in the American continents. Annals of the Entomological Society of America, 104(6): 1392-1398.

Deng H, Achor D, Eteberria E, et al. 2019. Phloem regeneration is a mechanism for Huanglongbing-tolerance of "Bearss" lemon and "LB8-9" Sugar Belle® mandarin. Frontiers in Plant Science, 10: 277.

Ding F, Duan Y, Paul C, et al. 2015. Localization and distribution of 'Candidatus Liberibacter asiaticus' in citrus and periwinkle by direct tissue blot immuno assay with an anti-OmpA polyclonal antibody. PLOS ONE, 10(5): e0123939.

Ding F, Duan Y, Yuan Q, et al. 2016. Serological detection of 'Candidatus Liberibacter asiaticus' in citrus, and identification by GeLC-MS/MS of a chaperone protein responding to cellular pathogens. Scientific Reports, 6: 29272.

Do Carmo Teixeira D, Danet JL, Eveillard S, et al. 2005. Citrus Huanglongbing in Sao Paulo State, Brazil: PCR detection of the 'Candidatus Liberibacter species' associated with the disease. Molecular and Cellular Probes, 19(3): 173-179.

Driver F, Milner RJ, Trueman JH. 2000. A taxonomic revision of Metarhizium based on a phylogenetic analysis of rDNA sequence data. Mycological Research, 104(2): 134-150.

Drummond J, Heale JB, Gillespie AT. 1987. Germination and effect of reduced humidity on expression of pathogenicity in Verticillium lecanii against the glasshouse whitefly Trialeurodes vaporariorum. Annals of Applied Biology, 111(1): 193-201.

Du J, Wang Q, Shi H, et al. 2023. A prophage-encoded effector from 'Candidatus Liberibacter asiaticus' targets ASCORBATE PEROXIDASE6 in citrus to facilitate bacterial infection. Molecular Plant Pathology, 24: 302-316.

Duan Y, Zhou L, Hall DG, et al. 2009. Complete genome sequence of Citrus Huanglongbing bacterium, 'Candidatus Liberibacter asiaticus' obtained through metagenomics. Molecular Plant-Microbe Interactions, 22(8): 1011-1020.

Etxeberria E, Gonzalez P, Achor D, et al. 2009. Anatomical distribution of abnormally high levels of starch in HLB-affected Valencia orange trees. Physiological and Molecular Plant Pathology, 74(1): 76-83.

Fan J, Chen C, Achor DS, et al. 2013. Differential anatomical responses of tolerant and susceptible citrus species to the infection of 'Candidatus Liberibacter asiaticus'. Physiological and Molecular Plant Pathology, 83: 69-74.

Fan J, Chen C, Yu Q, et al. 2012. Comparative transcriptional and anatomical analyses of tolerant rough lemon and susceptible sweet orange in response to 'Candidatus Liberibacter asiaticus' infection. Molecular Plant-Microbe Interactions, 25(11): 1396-1407.

Ferron P. 1977. Influence of relative humidity on the development of fungal infection caused by Beauveria bassiana (Fungi Imperfecti, Moniliales) in imagines of Acanthoscelides obtectus (Col. Bruchidae). Entomophaga, 22(4): 393-396.

Fleites LA, Jain M, Zhang S, et al. 2014. 'Candidatus Liberibacter asiaticus' prophage late genes may limit host range and culturability. Applied and Environmental Microbiology, 80(19): 6023-6030.

Folimonova SY, Robertson CJ, Garnsey SM, et al. 2009. Examination of the responses of different genotypes of citrus to Huanglongbing (citrus greening) under different conditions. Phytopathology, 99(12): 1346-1354.

Fu S, Liu H, Liu Q, et al. 2019. Detection of 'Candidatus Liberibacter asiaticus' in citrus by concurrent tissue print-based qPCR and immunoassay. Plant Pathology, 68(4): 796-803.

Fu S, Shao J, Zhou C, et al. 2016. Transcriptome analysis of sweet orange trees infected with 'Candidatus Liberibacter asiaticus' and two strains of Citrus tristeza virus. BMC Genomics, 17(1): 349.

Fujiwara K, Iwanami T, Fujikawa T. 2018. Alterations of Candidatus Liberibacter asiaticus-associated microbiota decrease survival of Ca. L. asiaticus in in vitro assays. Frontiers in Microbiology, 9: 3089.

Gams W, Hodge KT, Samson RA. 2005. Proposal to conserve the name Isaria (anamorphic fungi) with a conserved type. TAXON, 54(12): 537.

Gandarilla-Pacheco FL, Galán-Wong LJ, López-Arroyo JI, et al. 2013. Optimization of pathogenicity tests for selection of native isolates of entomopathogenic fungi isolated from citrus growing areas of México on adults of Diaphorina citri Kuwayama (Hemiptera: Liviidae). Florida Entomologist, 96(1): 187-195.

Garnier M, Bové JM. 1976. Structure trilamellaire des deux membranes qui entourent les organismes procaryotes associés à la maladie du "greening" des agrumes. Fruits, 32: 749-752.

Garnier M, Jagoueix-Eveillard S, Cronje PR, et al. 2000. Genomic characterization of a liberibacter present in an ornamental rutaceous tree, Calodendrum capense, in the Western Cape Province of South Africa. Proposal of 'Candidatus Liberibacter africanus subsp. capensis'. International Journal of Systematic and Evolutionary Microbiology, 50: 2119-2125.

George J, Ammar E, Hall DG, et al. 2017. Sclerenchymatous ring as a barrier to phloem feeding by Asian citrus psyllid: evidence from electrical penetration graph and visualization of stylet pathways. PLOS ONE, 12(3): e0173520.

George J, Ammar E, Hall DG, et al. 2018. Prolonged phloem ingestion by Diaphorina citri nymphs compared to adults is correlated with increased acquisition of citrus greening pathogen. Scientific Reports, 8(1): 1-11.

Goettel MS. 1984. A simple method for mass culturing entomopathogenic hyphomycete fungi. Journal of Microbiological Methods, 3(1): 15-20.

Gottwald TR. 2010. Current epidemiological understanding of Citrus Huanglongbing. Annual Review of Phytopathology, 48(1): 119-139.

Grafton-Cardwell EE, Godfrey KE, Rogers ME, et al. 2006. Asian Citrus Psyllid. California: Agriculture and Natural Resources Publications: 8205.

Grafton-Cardwell EE, Stelinski LL, Stansly PA. 2013. Biology and management of Asian citrus psyllid, vector of the Huanglongbing pathogens. Annual Review of Entomology, 58(1): 413-432.

Guizar-Guzman L, Sanchez-Peña R. 2013. Infection by Entomophthora sensu stricto (Entomophthoromycota:

Entomophthorales) in *Diaphorina citri* (Hemiptera: Liviidae) in Veracruz, Mexico. Florida Entomologist, 96(2): 624-627.

Ha P, He R, Killiny N, et al. 2019. Host-free biofilm culture of 'Candidatus Liberibacter asiaticus', the bacterium associated with Huanglongbing. Biofilm, 1: 100005.

Halbert SE, Manjunath KL. 2004. Asian citrus psyllids (Sternorrhyncha: Psyllidae) and greening disease of citrus: a literature review and assessment of risk in Florida. Florida Entomologist, 87(3): 330-353.

Halbert SE, Núñez CA. 2004. Distribution of the Asian citrus psyllid, *Diaphorina citri* Kuwayama (Rhynchota: Psyllidae) in the Caribbean Basin. Florida Entomologist, 87(3): 401-402.

Hall DG, Albrecht U, Bowman KD. 2016. Transmission rates of 'Ca. Liberibacter asiaticus' by Asian citrus psyllid are enhanced by the presence and developmental stage of *Citrus* flush. Journal of Economic Entomology, 109(2): 558-563.

Hall DG, Hentz MG, Meyer JM. 2012. Observations on the entomopathogenic fungus *Hirsutella citriformis* attacking adult *Diaphorina citri* (Hemiptera: Psyllidae) in a managed citrus grove. BioControl, 57(5): 663-675.

Hall DG, Klein EM. 2014. Short-term storage of adult *Tamarixia radiata* (Hymenoptera: Eulophidae) prior to field releases for biological control of Asian citrus psyllid. Florida Entomologist, 97(1): 298-300.

Hall DG, Richardson ML, Ammar ED. 2013. Asian citrus psyllid, *Diaphorina citri* vector of Citrus Huanglongbing disease. Entomologia Experimentalis et Applicata, 146(2): 207-223.

Hall RA, Peterkin D, Ali B. 1994. Fungal control of whitefly, *Thrips palmi* and sugarcane froghopper in Trinidad and Tobago // Proceedings, Ⅵ International Colloquim of Invertebrate Pathology and Microbial Control. Prague: Society for Invertebrate Pathology: 277-282.

Hao G, Ammar D, Duan Y, et al. 2019. Transgenic citrus plants expressing a 'Candidatus Liberibacter asiaticus' prophage protein LasP$_{235}$ display Huanglongbing-like symptoms. Agri Gene, 12: 100085.

Hao G, Boyle MJ, Zhou L, et al. 2013. The intracellular Citrus Huanglongbing bacterium, 'Candidatus Liberibacter asiaticus' encodes two novel autotransporters. PLOS ONE, 8(7): e68921.

Hartung JS, Paul C, Achor D, et al. 2010. Colonization of dodder, *Cuscuta indecora*, by 'Candidatus Liberibacter asiaticus' and 'Ca. L. americanus'. Phytopathology, 100(8): 756-762.

Hayat M, Lin KS. 1988. A new species of *Syrphophagus* from Taiwan, a hyperparasite of *Diaphorencyrtus aligarhensis* (Hymenoptera: Encyrtidae). Journal of Taiwan Museum, 41(1): 99-102.

Hibbett DS, Binder M, Bischoff JF. 2007. A higher-level phylogenetic classification of the Fungi. Mycological Research, 111: 509-547.

Hijaz F, Lu Z, Killiny N. 2016. Effect of host-plant and infection with 'Candidatus Liberibacter asiaticus' on honeydew chemical composition of the Asian citrus psyllid, *Diaphorina citri*. Entomologia Experimentalis et Applicata, 158(1): 34-43.

Hijaz F, Manthey JA, Folimonova SY, et al. 2013. An HPLC-MS characterization of the changes in sweet orange leaf metabolite profile following infection by the bacterial pathogen 'Candidatus Liberibacter asiaticus'. PLOS ONE, 8(11): e79485.

Hoddle CD, Hoddle MS, Triapitsyn SV. 2013. *Marietta leopardina* (Hymenoptera: Aphelinidae) and *Aprostocetus* (*Aprostocetus*) sp. (Hymenoptera: Eulophidae) are obligate hyperparasitoids of *Tamarixia radiata* (Hymenoptera: Eulophidae) and *Diaphorencyrtus aligarhensis* (Hymenoptera: Encyrtidae). Florida Entomologist, 96(2): 643-646.

Hoddle MS. 2012. Foreign exploration for natural enemies of Asian citrus psyllid, *Diaphorina citri* (Hemiptera: Psyllidae), in the Punjab of Pakistan for use in a classical biological control program in California, USA. Pakistan Entomologist, 34(1): 1-5.

Hodge KT, Gams W, Samson RA, et al. 2005. Lectotypification and status of *Isaria* Pers.: Fr. TAXON, 54(2): 485-489.

Hokkanen HMT, Bigler F, Burgio G, et al. 2003. Ecological risk assessment framework for biological control agents. Dordrecht: Kluwer Academic Publishers: 1-14.

Hoy MAS, Singh R, Rogers ME. 2010. Evaluations of a novel isolate of *Isaria fumosorosea* for control of the Asian citrus psyllid, *Diaphorina citri* (Hemiptera: Psyllidae). Florida Entomologist, 93(1): 24-32.

Hu Y, Zhong X, Liu X, et al. 2017. Comparative transcriptome analysis unveils the tolerance mechanisms of *Citrus hystrix* in response to 'Candidatus Liberibacter asiaticus' infection. PLOS ONE, 12(12): e0189229.

Hunter WB, Avery PB, Pick D, et al. 2011. Broad spectrum potential of *Isaria fumosorosea* against insect pests of citrus. Florida Entomologist, 94(4): 1051-1054.

Inoue H, Ohnishi J, Ito T, et al. 2009. Enhanced proliferation and efficient transmission of 'Candidatus Liberibacter asiaticus' by adult *Diaphorina citri* after acquisition feeding in the nymphal stage. Annals of Applied Biology, 155(1): 29-36.

Jagoueix S, Bove JM, Garnier M. 1994. The phloem-limited bacterium of greening disease of citrus is a member of the a subdivision of the Proteobacteria. International Journal of Systematic Bacteriology, 44(3): 379-386.

Jagoueix S, Bove JM, Garnier M. 1997. Comparison of the 16S/23S ribosomal intergenic regions of 'Candidatus Liberobacter asiaticum' and 'Candidatus Liberobacter africanum', the two species associated with Citrus Huanglongbing (greening) disease. International Journal of Systematic Bacteriology, 47(1): 224-227.

Jain M, Fleites LA, Gabriel DW. 2015. Prophage-encoded peroxidase in 'Candidatus Liberibacter asiaticus' is a secreted effector that suppresses plant defenses. Molecular Plant-Microbe Interactions, 28(12): 1330-1337.

Jain M, Munoz-Bodnar A, Zhang S, et al. 2018. A secreted 'Candidatus Liberibacter asiaticus' peroxiredoxin simultaneously suppresses both localized and systemic innate immune responses in planta. Molecular Plant-Microbe Interactions, 31(12): 1312-1322.

Johnson EG, Wu J, Bright DB, et al. 2014. Association of 'Candidatus Liberibacter asiaticus' root infection, but not phloem plugging with root loss on Huanglongbing-affected trees prior to appearance of foliar symptoms. Plant Pathology, 63(2): 290-298.

Kazan K, Lyons R. 2014. intervention of phytohormone pathways by pathogen effectors. The Plant Cell, 26(6): 2285-2309.

Ke C, Lin XJ, Chen H, et al. 1979. Preliminary study on the relation between a rickettsia-like organism and a filamentous virus to citrus yellow shoot disease. Chinese Science Bulletin, 10: 463-466.

Keppanan R, Krutmuang P, Sivaperumal S, et al. 2019a. Synthesis of mycotoxin protein IF$_8$ by the entomopathogenic fungus *Isaria fumosorosea* and its toxic effect against adult *Diaphorina citri*. International Journal of Biological Macromolecules, 125: 1203-1211.

Keppanan R, Sivaperumal S, Hussain M, et al. 2019b. Molecular characterization of pathogenesis involving the GAS 1 gene from entomopathogenic fungus *Lecanicillium lecanii* and its virulence against the insect host *Diaphorina citri*. Pesticide Biochemistry and Physiology, 157: 99-107.

Kiefl J, Kohlenberg B, Hartmann A, et al. 2018. Investigation on key molecules of Huanglongbing (HLB)-induced orange juice off-flavor. Journal of Agricultural and Food Chemistry, 66(10): 2370-2377.

Kim J, Sagaram US, Burns JK, et al. 2009. Response of sweet orange (*Citrus sinensis*) to 'Candidatus Liberibacter asiaticus' infection: microscopy and microarray analyses. Phytopathology, 99(1): 50-57.

Kirk AA, Lacey LA, Roditakis N, et al. 1993. The status of *Bemisia tabaci* (Hom.: Aleyrodidae), *Trialeurodes vaporariorum* (Hom.: Aleyrodidae) and their natural enemies in Crete. Entomophaga, 38(3): 405-410.

Koh EJ, Zhou L, Williams DS, et al. 2012. Callose deposition in the phloem plasmodesmata and inhibition of phloem transport in citrus leaves infected with 'Candidatus Liberibacter asiaticus'. Protoplasma, 249(3): 687-697.

Kruse A, Ramsey JS, Johnson RJ, et al. 2018. 'Candidatus Liberibacter asiaticus' minimally alters expression of immunity and metabolism proteins in hemolymph of *Diaphorina citri*, the insect vector of Huanglongbing. Journal of Proteome Research, 17(9): 2995-3011.

Lacey LA, Fransen JJ, Carruthers R. 1996. Global distribution of a naturally occurring fungi of *Bemisia*, their biologies and use as biological control agents. Annales Anpp: 401-433.

Lacey LA, Kirk AA, Hennessey RD. 1993. Foreign exploration for natural enemies of *Bemisia tabaci* and implementation in integrated control programs in the United States. Annales Anpp: 351-360.

Laflèche D, Bové JM. 1970. Structures de type mycoplasme dans les feuilles d'orangers atteints de la maladie du greening. Comptes Rendus de l'Académie des Sciences Paris, 270: 1915-1917.

Lezama-Gutiérrez R, Molina-Ochoa J, Chávez-Flores, et al. 2012. Use of the entomopathogenic fungi *Metarhizium anisopliae*, *Cordyceps bassiana* and *Isaria fumosorosea* to control *Diaphorina citri* (Hemiptera: Psyllidae) in persian lime under field conditions. International Journal of Tropical Insect Science, 32(1): 39-44.

Li H, Ying X, Shang L, et al. 2020. Heterologous expression of CLIBASIA_03915/CLIBASIA_04250 by *Tobacco mosaic virus* resulted in phloem necrosis in the senescent leaves of *Nicotiana benthamiana*.

International Journal of Molecular Sciences, 21(4): 1414.

Li J, Pang Z, Trivedi P, et al. 2017. 'Candidatus Liberibacter asiaticus' encodes a functional salicylic acid (SA) hydroxylase that degrades SA to suppress plant defenses. Molecular Plant-Microbe Interactions, 30(8): 620-630.

Li T, Liu B, Spalding MH, et al. 2012a. High-efficiency TALEN-based gene editing produces disease-resistant rice. Nature Biotechnology, 30(5): 390-392.

Li W, Cong Q, Pei J, et al. 2012b. The ABC transporters in 'Candidatus Liberibacter asiaticus'. Proteins, 80(11): 2614-2628.

Li W, Hartung JS, Levy L. 2006. Quantitative real-time PCR for detection and identification of 'Candidatus Liberibacter species' associated with Citrus Huanglongbing. Journal of Microbiological Methods, 66(1): 104-115.

Li W, Levy L, Hartung JS. 2009. Quantitative distribution of 'Candidatus Liberibacter asiaticus' in citrus plants with Citrus Huanglongbing. Phytopathology, 99(2): 139-144.

Liao HL, Burns JK. 2012. Gene expression in Citrus sinensis fruit tissues harvested from Huanglongbing-infected trees: comparison with girdled fruit. Journal of Experimental Botany, 63(8): 3307-3319.

Lin H, Lou B, Glynn JM, et al. 2011. The complete genome sequence of 'Candidatus Liberibacter solanacearum', the bacterium associated with potato zebra chip disease. PLOS ONE, 6(4): e19135.

Liu K, Atta S, Cui X, et al. 2020. Genome sequence resources of two 'Candidatus Liberibacter asiaticus' strains from Pakistan. Plant Disease, 104(8): 2048-2050.

Liu X, Fan Y, Zhang C, et al. 2019. Nuclear import of a secreted 'Candidatus Liberibacter asiaticus' protein is temperature dependent and contributes to pathogenicity in Nicotiana benthamiana. Frontiers in Microbiology, 10: 1684.

Liu YH, Tsai JH. 2000. Effects of temperature on biology and life table parameters of the Asian citrus psyllid, Diaphorina citri Kuwayama (Homoptera: Psyllidae). Annals of Applied Biology, 137(3): 201-206.

Lord JC. 2005. From Metchnikoff to Monsanto and beyond: the path of microbial control. Journal of Invertebrate Pathology, 89(1): 19-29.

Lourenção AL, Yuki VA, Alves SB. 1999. Epizootia de Aschersonia cf. goldiana em Bemisia tabaci (Homoptera: Aleyrodidae) biótipo B no estado de São Paulo. Anais Da Sociedade Entomológica Do Brasil, 28(2): 343-345.

Luangsaard JJ, HywelJones NL, Manoch L. 2005. On the relationships of Paecilomyces sect. Isarioidea species. Mycological Research, 109(5): 581-589.

Luo X, Yen AL, Powell KS, et al. 2015. Feeding behavior of Diaphorina citri (Hemiptera: Liviidae) and its acquisition of 'Candidatus Liberibacter asiaticus', on Huanglongbing-infected Citrus reticulata leaves of several maturity stages. Florida Entomologist, 98(1): 186-192.

Mafra V, Martins PK, Francisco CS, et al. 2013. Candidatus Liberibacter americanus induces significant reprogramming of the transcriptome of the susceptible citrus genotype. BMC Genomics, 14(1): 1-15.

Mann RS, Ali JG, Hermann SL, et al. 2012. Induced release of a plant-defense volatile 'deceptively' attracts insect vectors to plants infected with a bacterial pathogen. PLoS Pathogens, 8(3): e1002610.

Mann RS, Pelz-Stelinski KS, Hermann SL, et al. 2011. Sexual transmission of a plant pathogenic bacterium, 'Candidatus Liberibacter asiaticus', between conspecific insect vectors during mating. PLOS ONE, 6(12): e29197.

María Juan-Blasco, Jawwad AQ, Alberto U, et al. 2012. Predatory mite Amblyseius swirskii (Acari: Phytoseiidae), for biological control of Asian citrus psyllid Diaphorina citri (Hemiptera: Psyllidae). Florida Entomologist, 95(3): 543-551.

Martinelli F, Reagan RL, Dolan D, et al. 2016. Proteomic analysis highlights the role of detoxification pathways in increased tolerance to Huanglongbing disease. BMC Plant Biology, 16(1): 167.

Martinelli F, Reagan RL, Uratsu SL, et al. 2013. Gene regulatory networks elucidating Huanglongbing disease mechanisms. PLOS ONE, 8: e74256.

Martinelli F, Uratsu SL, Albrecht U, et al. 2012. Transcriptome profiling of citrus fruit response to Huanglongbing disease. PLOS ONE, 7 (5): e38039.

Martini X, Hoffmann M, Coy MR, et al. 2015. Infection of an insect vector with a bacterial plant pathogen increases its propensity for dispersal. PLOS ONE, 10(6): e0129373.

McFarland CD, Hoy MA. 2001. Survival of Diaphorina citri (Homoptera: Psyllidae), and its two parasitoids, Tamarixia radiata (Hymenoptera: Eulophidae) and Diaphorencyrtus aligarhensis (Hymenoptera: Encyrtidae), under different relative humidities and temperature regimes. The Florida Entomologist, 84(2): 227-233.

McGrann GRD, Stavrinides A, Russell J, et al. 2014. A tradeoff between mlo resistance to powdery mildew and increased susceptibility of barley to a newly important disease, Ramularia leaf spot. Journal of Experimental Botany, 65(4): 1025-1037.

Mead FW. 1977. The asiatic citrus psyllid, Diaphorina citri Kuwayama (Homoptera: Psyllidae). EPPO Bulletin, 10(1): 65-68.

Meng L, Wang Y, Wei WH, et al. 2018. Population genetic structure of Diaphorina citri Kuwayama (Hemiptera: Liviidae): host-driven genetic differentiation in China. Scientific Reports, 8: 1473.

Meyer JM, Hoy MA, Boucias DG. 2007. Morphological and molecular characterization of a Hirsutella species infecting the Asian citrus psyllid, Diaphorina citri Kuwayama (Hemiptera: Psyllidae) in Florida. Journal of Invertebrate Pathology, 95(2): 101-109.

Michaud JP. 1999. Sources of mortality in colonies of brown citrus aphid, Toxoptera citricida. BioControl, 44(3): 347-367.

Michaud JP. 2001. Numerical response of Olla v-nigrum (Coleoptera: Coccinellidae) to infestations of Asian citrus psyllid (Hemiptera: Psyllidae) in Florida. Florida Entomologist, 84(4): 608-612.

Michaud JP. 2004. Natural mortality of Asian citrus psyllid (Homoptera: Psyllidae) in central Florida. Biological Control, 29(2): 260-269.

Michaud JP, Olsen LE. 2004. Suitability of Asian citrus psyllid, *Diaphorina citri* as prey for ladybeetles. BioControl, 49(4): 417-431.

Moghbeli Gharaei A, Ziaaddini M, Jalali M A, et al. 2014. Sex-specific responses of Asian citrus psyllid to volatiles of conspecific and host-plant origin. Journal of Applied Entomology, 138(7): 500-509.

Murray RG, Stackebrandt E. 1995. Taxonomic note: implementation of the provisional status *Candidatus* for incompletely described procaryotes. International Journal of Systematic Bacteriology, 45(1): 186-187.

Naeem A, Afzal MBS, Freed S, et al. 2019. First report of thiamethoxam resistance selection, cross resistance to various insecticides and realized heritability in Asian citrus psyllid *Diaphorina citri* from Pakistan. Crop Protection, 121: 11-17.

Navarrete B, McAuslane A, Deyrup M. 2013. Ants (Hymenoptera: Formicidae) associated with *Diaphorina citri* (Hemiptera: Liviidae) and their role in its biological control. Florida Entomologist, 96(2): 590-597.

Nehela Y, Hijaz F, Elzaawely AA, et al. 2018. Citrus phytohormonal response to 'Candidatus Liberibacter asiaticus' and its vector *Diaphorina citri*. Physiological and Molecular Plant Pathology, 102: 24-35.

Nilanonta C, Isaka M, Kittakoop P, et al. 2002. Precursor-directed biosynthesis of beauvericin analogs by the insect pathogenic fungus *Paecilomyces tenuipes* BCC 1614. Tetrahedron, 58(17): 3355-3360.

Padhi E, Maharaj NN, Lin S, et al. 2019. Metabolome and microbiome signatures in the roots of citrus affected by Huanglongbing. Phytopathology, 109(12): 2022-2032.

Pagliaccia D, Shi J, Pang Z, et al. 2017. A pathogen secreted protein as a detection marker for Citrus Huanglongbing. Frontiers in Microbiology, 8: 2041.

Pang Z, Zhang L, Coaker G, et al. 2020. Citrus CsACD2 is a target of *Candidatus* Liberibacter asiaticus in Huanglongbing disease. Plant Physiology, 184(2): 792-805.

Parker JK, Wisotsky SR, Johnson EG, et al. 2014. Viability of 'Candidatus Liberibacter asiaticus' prolonged by addition of citrus juice to culture medium. Phytopathology, 104(1): 15-26.

Partel V, Nunes L, Stansly P, et al. 2019. Automated vision-based system for monitoring Asian citrus psyllid in orchards utilizing artificial intelligence. Computers and Electronics in Agriculture, 162: 328-336.

Pelzstelinski KS, Brlansky RH, Ebert TA, et al. 2010. Transmission parameters for *Candidatus* Liberibacter asiaticus by Asian citrus psyllid (Hemiptera: Psyllidae). Journal of Economic Entomology, 103(5): 1531-1541.

Pelz-Stelinski KS, Killiny N. 2016. Better together: association with 'Candidatus Liberibacter asiaticus' increases the reproductive fitness of its insect vector, *Diaphorina citri* (Hemiptera: Liviidae). Annals of the Entomological Society of America, 109(3): 371-376.

Peng AH, Chen SC, Lei TG, et al. 2017. Engineering canker-resistant plants through CRISPR/Cas9-targeted editing of the susceptibility gene CsLOB1 promoter in citrus. Plant Biotechnology Journal, 15(12): 1509-1519.

Pitino M, Allen V, Duan Y. 2018. LasΔ5315 effector induces extreme starch accumulation and chlorosis as 'Candidatus Liberibacter asiaticus' infection in Nicotiana benthamiana. Frontiers in Plant Science, 9: 113.

Pitino M, Armstrong CM, Cano LM, et al. 2016. Transient expression of Candidatus Liberibacter asiaticus effector induces cell death in Nicotiana benthamiana. Frontiers in Plant Science, 7: 982.

Pluke RWH, Escribano A, Michaud JP, et al. 2005. Potential impact of lady beetles on Diaphorina citri (Homoptera: Psyllidae) in Puerto Rico. Florida Entomologist, 88(2): 123-128.

Prasad S, Xu J, Zhang Y, et al. 2016. SEC-translocon dependent extracytoplasmic proteins of Candidatus Liberibacter asiaticus. Frontiers in Microbiology, 7: 1989.

Qureshi JA, Rogers ME, Hall DG, et al. 2009. Incidence of invasive Diaphorina citri (Hemiptera: Psyllidae) and its introduced parasitoid Tamarixia radiata (Hymenoptera: Eulophidae) in Florida citrus. Journal of Economic Entomology, 102(1): 247-256.

Qureshi JA, Stansly PA. 2009. Exclusion techniques reveal significant biotic mortality suffered by Asian citrus psyllid Diaphorina citri (Hemiptera: Psyllidae) populations in Florida citrus. Biological Control, 50(2): 129-136.

Ramos Aguila LC, Hussain M, Huang W, et al. 2020. Temperature-dependent demography and population projection of Tamarixia radiata (Hymenoptera: Eulophidea) reared on Diaphorina citri (Hemiptera: Liviidae). Journal of Economic Entomology, 113(1): 55-63.

Reinking OA. 1919. Diseases of economic plants in southern China. Philippine Agriculturist, 8(4): 109-134.

Ren SL, Li YH, Zhou YT, et al. 2016. Effects of Candidatus Liberibacter asiaticus on the fitness of the vector Diaphorina citri. Journal of Applied Microbiology, 121(6): 1718-1726.

Reyes-Rosas MA, López-Arroyo JI, Buck M, et al. 2011. First report of a predaceous wasp attacking nymphs of Diaphorina citri (Hemiptera: Psyllidae), vector of Hlb. Florida Entomologist, 94(4): 1075-1077.

Rivero Aragón A, Grillo Ravelo H. 2000. Natural enemies of Diaphorina citri Kuwayama (Homoptera: Psyllidae) in the central region of Cuba. Centro Agrícola, 27(3): 87-88.

Rosales R, Burns JK. 2011. Phytohormone changes and carbohydrate status in sweet orange fruit from Huanglongbing-infected trees. Journal of Plant Growth Regulation, 30(3): 312-321.

Samson RA. 1974. Paecilomyces and some allied Hyphomycetes. Studies in Mycology, 6: 1-119.

Sechler A, Schuenzel EL, Cooke PH, et al. 2009. Cultivation of 'Candidatus Liberibacter asiaticus', 'Ca. L. africanus', and 'Ca. L. americanus' associated with Huanglongbing. Phytopathology, 99(5): 480-486.

Seo M, Rivera MJ, Stelinski LL, et al. 2018. Ladybird beetle trails reduce host acceptance by Diaphorina citri Kuwayama (Hemiptera: Liviidae). Biological Control, 121: 30-35.

Sétamou M, Sanchez A, Patt JM, et al. 2012. Diurnal patterns of flight activity and effects of light on host finding behavior of the Asian citrus psyllid. Journal of Insect Behavior, 25(3): 264-276.

Shi H, Yang Z, Huang J, et al. 2023a. An effector of 'Candidatus Liberibacter asiaticus' manipulates autophagy to promote bacterial infection. Journal of Experimental Botany, 74: 4670-4684.

Shi J, Gong Y, Shi H, et al. 2023b. 'Candidatus Liberibacter asiaticus' secretory protein SDE3 inhibits host autophagy to promote Huanglongbing disease in citrus. Autophagy, 19: 2558-2574.

Shi Q, Febres VJ, Zhang S, et al. 2018. Identification of gene candidates associated with Huanglongbing tolerance, using 'Candidatus Liberibacter asiaticus' flagellin 22 as a proxy to challenge citrus. Molecular Plant-Microbe Interactions, 31(2): 200-211.

Shi Q, Pitino M, Zhang S, et al. 2019. Temporal and spatial detection of Candidatus Liberibacter asiaticus putative effector transcripts during interaction with Huanglongbing-susceptible, -tolerant, and -resistant citrus hosts. BMC Plant Biology, 19(1): 122.

Slisz AM, Breksa III AP, Mishchuk DO, et al. 2012. Metabolomic analysis of citrus infection by 'Candidatus Liberibacter' reveals insight into pathogenicity. Journal of Proteome Research, 11(8): 4223-4230.

Subandiyah S, Nikoh N, Sato H, et al. 2000. Isolation and characterization of two entomopathogenic fungi attacking Diaphorina citri (Homoptera: Psylloidea) in Indonesia. Mycoscience, 41(5): 509-513.

Sung GH, Hywel-Jones NL, Sung JM, et al. 2007. Phylogenetic classification of Cordyceps and the clavicipitaceous fungi. Studies in Mycology, 57(1): 5-59.

Sung GH, Spatafora JW, Zare R, et al. 2001. A revision of Verticillium sect. Prostrata. II. Phylogenetic analyses of SSU and LSU nuclear rDNA sequences from anamorphs and teleomorphs of the Clavicipitaceae. Nova Hedwigia, 72: 311-328.

Takushi T, Toyozato T, Kawano S, et al. 2007. Scratch method for simple, rapid diagnosis of Citrus Huanglongbing using iodine to detect high accumulation of starch in the citrus leaves. Japanese Journal of Phytopathology, 73(1): 3-8.

Tang T, Zhao MP, Wang P, et al. 2021. Control efficacy and joint toxicity of thiamethoxam mixed with spirotetramat against the Asian citrus psyllid, Diaphorina citri Kuwayama. Pest Management Science, 77(1): 168-176.

Tang YQ, Aubert B. 1990. An illustrated guide to the identification of parasitic wasps associated with Diaphorina citri Kuwayama in the Asian-Pacific region. Rehabilitation of Citrus Industry in the Asia Pacific Region: Proceedings of the 4th International Conference on Citrus Rehabilitation: 228-239.

Tanaka FAO, Coletta-Filho HD, Alves KCS, et al. 2007. Detection of the "Candidatus Liberibacter americanus" in phloem vessels of experimentally infected cataranthus roseus by scanning electron microscopy. Fitopatologia Brasileira, 32(6): 519.

Tatineni S, Sagaram US, Gowda S, et al. 2008. In planta distribution of 'Candidatus Liberibacter asiaticus' as revealed by polymerase chain reaction (PCR) and real-time PCR. Phytopathology, 98(5): 592-599.

Teixeira DDC, Saillard C, Eveillard S, et al. 2005. 'Candidatus Liberibacter americanus', associated with Citrus Huanglongbing (greening disease) in São Paulo State, Brazil. International Journal of Systematic and Evolutionary Microbiology, 55(5): 1857-1862.

Thapa SP, De Francesco A, Trinh J, et al. 2020. Genome-wide analyses of Liberibacter species provides insights into evolution, phylogenetic relationships, and virulence factors. Molecular Plant Pathology, 21(5): 716-731.

Tiwari S, Gondhalekar AD, Mann RS, et al. 2011. Characterization of five CYP4 genes from Asian citrus psyllid and their expression levels in Candidatus Liberibacter asiaticus-infected and uninfected psyllids. Insect Molecular Biology, 20(6): 733-744.

Tran TT, Clark K, Ma W, et al. 2020. Detection of a secreted protein biomarker for Citrus Huanglongbing using a single-walled carbon nanotubes-based chemiresistive biosensor. Biosensors and Bioelectronics, 147: 111766.

Tsai JH, Liu YH. 2000. Biology of Diaphorina citri (Homoptera: Psyllidae) on four host plants. Journal of Economic Entomology, 93(6): 1721-1725.

Tu C. 1932. Notes on diseases of economic plants in South China. Lingnan Scientific Journal, 11(4): 489-503.

Tyler HL, Roesch LF, Gowda S, et al. 2009. Confirmation of the sequence of 'Candidatus Liberibacter asiaticus' and assessment of microbial diversity in Huanglongbing-infected citrus phloem using a metagenomic approach. Molecular Plant-Microbe Interactions, 22(12): 1624-1634.

Ukuda-Hosokawa R, Sadoyama Y, Kishaba M, et al. 2015. Infection density dynamics of the citrus greening bacterium 'Candidatus Liberibacter asiaticus' in field populations of the psyllid Diaphorina citri and its relevance to the efficiency of pathogen transmission to citrus plants. Applied and Environmental Microbiology, 81(11): 3728-3736.

Vand SH, Abdullah TL, Sijam K, et al. 2009. Differential reaction of citrus species in Malaysia to Huanglongbing (HLB) disease using grafting method. American Journal of Agricultural and Biological Sciences, 4(1): 32-38.

Vankosky MA, Hoddle MS. 2016. Biological control of ACP using Diaphorencyrtus aligarhensis. Citrograph, 7: 68-72.

Villechanoux S, Garnier M, Laigret F, et al. 1993. The genome of the non-cultured, bacterial-like organism associated with citrus greening disease contains the nusG-rplKAJL-rpoBC gene cluster and the gene for a bacteriophage type DNA polymerase. Current Microbiology, 26(3): 161-166.

Vyas M, Fisher TW, He R, et al. 2015. Asian citrus psyllid expression profiles suggest Candidatus Liberibacter asiaticus-mediated alteration of adult nutrition and metabolism, and of nymphal development and immunity. PLOS ONE, 10(6): e0130328.

Wang CS, St Leger RJ. 2007. A scorpion neurotoxin increases the potency of a fungal insecticide. Nature Biotechnology, 25(12): 1455-1456.

Wang CS, Wang B. 2017. Insect pathogenic fungi: genomics, molecular interactions, and genetic improvements. Annual Review of Entomology, 62: 73-90.

Wang F, Huang Y, Wu W, et al. 2020. Metabolomics analysis of the peels of different colored citrus fruits (*Citrus reticulata* cv. 'Shatangju') during the maturation period based on UHPLC-QQQ-MS. Molecules, 25(2): 396.

Wang LD, You MS, Wang HH. 2015. Biocontrol of diamondback moth, *Plutella xylostella*, with *Beauveria bassiana* and its metabolites // Sree KS, Varma A. Biocontrol of Lepidopteran Pests: Use of Soil Microbes and their Metabolites. Cham: Springer.

Wang N, Pierson EA, Setubal JC, et al. 2017b. The *Candidatus* Liberibacter-host interface: insights into pathogenesis mechanisms and disease control. Annual Review of Phytopathology, 55: 451-482.

Wang N, Trivedi P. 2013. Citrus Huanglongbing: a newly relevant disease presents unprecedented challenges. Phytopathology, 103(7): 652-665.

Wang Y, Xu C, Tian M, et al. 2017a. Genetic diversity of *Diaphorina citri* and its endosymbionts across east and south-east Asia. Pest Management Science, 73(10): 2090-2099.

Wang Y, Zhou L, Yu X, et al. 2016. Transcriptome profiling of Huanglongbing (HLB) tolerant and susceptible citrus plants reveals the role of basal resistance in HLB tolerance. Frontiers in Plant Science, 7: 933.

Waterston J. 1922. On the chalcidoid parasites of psyllids (Hemiptera, Homoptera). Bulletin of Entomological Research, 13: 41-58.

Wu F, Cen Y, Deng X, et al. 2016b. The complete mitochondrial genome sequence of *Diaphorina citri* (Hemiptera: Psyllidae). Mitochondrial DNA Part B: Resources, 1(1): 239-240.

Wu F, Cen Y, Wallis CM, et al. 2016a. The complete mitochondrial genome sequence of *Bactericera cockerelli* and comparison with three other Psylloidea species. PLOS ONE, 11(5): e0155318.

Wu F, Huang J, Xu M, et al. 2018a. Host and environmental factors influencing '*Candidatus* Liberibacter asiaticus' acquisition in *Diaphorina citri*. Pest Management Science, 74(12): 2738-2746.

Wu F, Kumagai L, Liang G, et al. 2015a. Draft genome sequence of '*Candidatus* Liberibacter asiaticus' from a citrus tree in San Gabriel, California. Genome Announcements, 3(6): e01508-15.

Wu FN, Cen YJ, Deng XL, et al. 2015b. Movement of *Diaphorina citri* (Hemiptera: Liviidae) adults between Huanglongbing-infected and healthy citrus. Florida Entomologist, 98(2): 410-416.

Wu FN, Jiang HY, Beattie GA, et al. 2018b. Population diversity of *Diaphorina citri* (Hemiptera: Liviidae) in China based on whole mitochondrial genome sequences. Pest Management Science, 74(11): 2569-2577.

Wu T, Luo X, Xu C, et al. 2016c. Feeding behavior of *Diaphorina citri* and its transmission of '*Candidatus* Liberibacter asiaticus' to citrus. Entomologia Experimentalis et Applicata, 161(2): 104-111.

Wulff NA, Zhang S, Setubal JC, et al. 2014. The complete genome sequence of '*Candidatus* Liberibacter americanus', associated with Citrus Huanglongbing. Molecular Plant-Microbe Interactions, 27(2): 163-176.

Xu M, Li Y, Zheng Z, et al. 2015. Transcriptional analyses of mandarins seriously infected by 'Candidatus Liberibacter asiaticus'. PLOS ONE, 10(7): e0133652.

Yan Q, Sreedharan A, Wei S, et al. 2013. Global gene expression changes in Candidatus Liberibacter asiaticus during the transmission in distinct hosts between plant and insect. Molecular Plant Pathology, 14(4): 391-404.

Yao L, Yu Q, Huang M, et al. 2019. Proteomic and metabolomic analyses provide insight into the off-flavour of fruits from citrus trees infected with 'Candidatus Liberibacter asiaticus'. Horticulture Research, 6(1): 31.

Yao L, Yu Q, Huang M, et al. 2020. Comparative iTRAQ proteomic profiling of sweet orange fruit on sensitive and tolerant rootstocks infected by 'Candidatus Liberibacter asiaticus'. PLOS ONE, 15(2): e0228876.

Zadjali TS, Ibrahim R, AI-Rawahi AK. 2008. First record of Diaphorina citri Kuwayama (Hemiptera: Psyllidae) from the Sultanate of Oman. Insecta Mundi, 39: 1-3.

Zare R, Gams W. 2000. A revision of Verticillium section Prostrata. IV. The genera Lecanicillium and Simplicillium gen. nov. Nova Hedwigia, 73(1-2): 1-50.

Zhang C, Wang X, Liu X, et al. 2019. A novel 'Candidatus Liberibacter asiaticus'-encoded Sec-dependent secretory protein suppresses programmed cell death in Nicotiana benthamiana. International Journal of Molecular Sciences, 20(22): 5802.

Zhang JT, Liu YY, Gao J, et al. 2023. Current epidemic situation and control status of Citrus Huanglongbing in Guangdong China: the space-time pattern analysis of specific orchards. Life, 13: 749.

Zhang S, Flores-Cruz Z, Zhou L, et al. 2011. 'Ca. Liberibacter asiaticus' carries an excision plasmid prophage and a chromosomally integrated prophage that becomes lytic in plant infections. Molecular Plant-Microbe Interactions, 24(4): 458-468.

Zhao W, Baldwin EA, Bai J, et al. 2019. Comparative analysis of the transcriptomes of the calyx abscission zone of sweet orange insights into the Huanglongbing-associated fruit abscission. Horticulture Research, 6(1): 71.

Zheng Z, Bao M, Wu F, et al. 2016. Predominance of single prophage carrying a CRISPR/Cas system in 'Candidatus Liberibacter asiaticus' strains in southern China. PLOS ONE, 11(1): e0146422.

Zheng Z, Bao M, Wu F, et al. 2018. A type 3 prophage of 'Candidatus Liberibacter asiaticus' carrying a restriction-modification system. Phytopathology, 108(4): 454-461.

Zheng Z, Deng X, Chen J. 2014. Whole-genome sequence of 'Candidatus Liberibacter asiaticus' from Guangdong, China. Genome Announcements, 2: e00273-14.

Zheng Z, Sun X, Deng X, et al. 2015. Whole-genome sequence of 'Candidatus Liberibacter asiaticus' from a Huanglongbing-affected citrus tree in central Florida. Genome Announcements, 3(2): e00169-15.

Zhong X, Liu X, Lou B, et al. 2018. Development of a sensitive and reliable droplet digital PCR assay for the detection of 'Candidatus Liberibacter asiaticus'. Journal of Integrative Agriculture, 17(2): 483-487.

Zhong Y, Cheng C, Jiang B, et al. 2016. Digital gene expression analysis of Ponkan mandarin (Citrus reticulata Blanco) in response to Asia citrus psyllid-vectored Huanglongbing infection. International Journal of

Molecular Sciences, 17(7): 1063.

Zhong Y, Cheng C, Jiang N, et al. 2015. Comparative transcriptome and iTRAQ proteome analyses of citrus root responses to *Candidatus* Liberibacter asiaticus infection. PLOS ONE, 10(6): e0126973.

Zhou L, Powell CA, Hoffman MT, et al. 2011. Diversity and plasticity of the intracellular plant pathogen and insect symbiont 'Candidatus Liberibacter asiaticus' as revealed by hypervariable prophage genes with intragenic tandem repeats. Applied and Environmental Microbiology, 77(18): 6663-6673.

Zou H, Gowda S, Zhou L, et al. 2012. The destructive citrus pathogen, 'Candidatus Liberibacter asiaticus' encodes a functional flagellin characteristic of a pathogen-associated molecular pattern. PLOS ONE, 7(19): e46447.

Zou X, Bai X, Wen Q, et al. 2019. Comparative analysis of tolerant and susceptible citrus reveals the role of methyl salicylate signaling in the response to Huanglongbing. Journal of Plant Growth Regulation, 38(4): 1516-1528.

Zou X, Jiang X, Xu L, et al. 2017. Transgenic citrus expressing synthesized *cecropin B* genes in the phloem exhibits decreased susceptibility to Huanglongbing. Plant Molecular Biology, 93(4-5): 341-353.

附录 I 植保无人飞机防治柑橘树病虫害施药技术指南

1 范围

本文件规定了植保无人飞机作业防治柑橘病虫害施药技术所涉及的术语、一般要求和作业要求。

本文件适用于植保无人飞机防治柑橘病虫害的施药作业。

2 规范性引用文件

下列文件中的内容通过文中的规范性引用而构成本文件必不可少的条款。其中，注日期的引用文件，仅该日期对应的版本适用于本文件；不注日期的引用文件，其最新版本（包括所有的修改单）适用于本文件。

GB/T 8321.1～8321.10 农药合理使用准则（一）至（十）

GB/T 38152—2019 无人驾驶航空器系统术语

GB/T 25415 航空施用农药操作准则

GB/Z 26580 柑橘生产技术规范

MH/T 0017—1998 农业航空技术术语

NY/T 650 喷雾机（器）作业质量

NY/T 1276 农药安全使用规范总则

NY/T 3213 植保无人飞机质量评价技术规范

NY/T 2044 柑橘主要病虫害防治技术规范

T/CCPIA 019 植保无人飞机安全施用农药作业规范

3 术语和定义

GB/T 38152—2019 和 MH/T 0017—1998 界定的以及下列术语和定义适用于本文件。

3.1 作业高度 application altitude

植保无人飞机作业时喷雾喷头与作物冠层顶端的相对距离。

3.2 隔离带 buffer zone

避免周边敏感区域受农药污染而划定的不能进行植保无人飞机喷雾作业的安全间隔地带。

3.3　施药液量 spray volume

在单位农田面积上喷洒的药液体积。

4　一般要求

本文件旨在鼓励植保无人飞机作业人员以负责任、符合标准地安全使用农药，推动植保无人飞机行业健康发展，并不对任何个人、机构或组织产生法律责任。

4.1　基本要求

本文件应符合 T/CCPIA 019 中植保无人飞机安全施用农药作业的天气条件、植保无人飞机服务提供商、作业人员、农药安全科学使用和环境安全要求。

4.2　植保无人飞机

4.2.1　植保无人飞机应符合 NY/T 3213 要求，应维护良好，可以正常作业。并对喷雾系统的喷头压力、喷头流量和喷幅等项目进行调试和校准。

4.2.2　植保无人飞机应优先选择可以在无 4G/5G 网络信号区域正常作业的机型。

4.2.3　植保无人飞机应具备断点续喷和防重喷漏喷功能。

4.2.4　应备有易损配件和必要的修理工具。

4.3　作业人员

4.3.1　作业人员包括飞控手和辅助人员。作业人员中应至少有一人具有柑橘病虫害防治技术及安全用药技能，至少有一人具有应急急救能力。

4.3.2　飞控手应具有无人驾驶航空器系统操作合格证。飞控手酒后 8h 内不得操控植保无人飞机作业。

4.3.3　辅助人员主要负责用药方案、药剂配制和施药安全。

4.3.4　皮肤破损者、儿童、孕妇、哺乳期妇女及对农药有过敏情况者禁止参与植保无人飞机作业。

4.3.5　所有作业活动须严格遵守国家和行业相关的法律、法规和规章。

4.3.6　参与作业人员施药前需要穿戴好防护设备，掌握农药的毒性，会正确地配制及存储农药。了解所喷洒农药的潜在危险性，具有中毒事故应急处理的常识和能力。

4.4　病虫害防治方案制定

4.4.1　病虫害防治适期

根据柑橘病虫害发生程度及药剂本身的性能，并结合病虫害预测预报信息，确定合适的施药时期。柑橘树生育期内主要病虫害防治对象及防治适期，参照 GB/Z 26580 和 NY/T 2044 执行，或参照当地植保部门的推荐或参见附表 1-1。

4.4.2　药剂选择

4.4.2.1　选择高效、低毒、低残留、对环境影响小、对天敌安全、延缓抗性的农药。

4.4.2.2　所选药剂应符合国家相关政策法规及技术标准要求，相关药剂使用应符合 NY/T 1276 和 GB/T 8321.1～8321.10 标准的要求。

4.4.2.3　从已登记于柑橘病虫害防治的药剂中选择，部分常用药剂有效成分参见附表 1-2。

4.4.2.4　选择在低容量航空喷洒作业的稀释倍数下能均匀分散悬浮或乳化且对柑橘树生长无不良影响的药剂，容易产生沉淀、分层、有析出物等堵塞喷头的剂型不应选用。

5　作业要求

5.1　作业前的准备

5.1.1　环境观察

5.1.1.1　作业人员应调查、确定作业区域及边界。确定作业区域是否在有关部门规定的禁飞区域内。

5.1.1.2　观察作业区域和周边是否有影响安全作业的林木、高压线塔、电线杆及其斜拉索、信号塔、风力发电机等障碍物。查看作业区域是否因电磁环境复杂导致卫星定位（GNSS）信号异常的现象。查看并评估飞行作业是否会对周边公园、幼儿园、学校、医院等公共设施存在风险，如存在较大安全隐患，应立即停止作业。

5.1.1.3　调查周边种植作物、养殖（养蜂养蚕区域、鱼虾蟹鳖塘或田特别注意）和人居情况等。明确所喷施药剂对周边作物的药害风险，作业区域外 200m 范围内有鱼塘、养蜂场、养蚕区时，应设定不少于 10m 的隔离带，同时避免喷施对该类生物敏感的药剂。

5.1.2　安全要求

5.1.2.1　植保无人飞机施药时要做好组织工作，提前向周边居民公布作业时间，同时施药区域边缘要有明显的警告牌或设置警戒线，非工作人员不准进入施药区。警示牌上标明药剂名称、类型、毒性、施药时间、安全间隔期、施药人员（公司）等。

5.1.2.2　植保无人飞机应选择空旷平坦、没有或很少有人员经过的区域作为起降点，严禁在公路等有人车通行的区域进行起降。

5.1.2.3　施药前应备有足够的净水、清洗剂、毛巾、急救药品。

5.1.2.4　作业前应事先了解选择药剂对柑橘树的安全性和柑橘病虫害防效，事先进行混配兼容性试验。

5.1.3　气象条件

作业人员应观察天气条件，测定风速和温湿度确定是否适合植保无人飞机作业，适合的天气条件如下。

a）气象：晴朗或多云天气适宜植保无人飞机作业，雾霾天气，应在可见度 500m 以上时作业；预报 6h 之内有降雨不得施药。

b）风速：多旋翼植保无人飞机作业风速≤3.3m/s（二级风）；单旋翼植保无人飞机作业风速≤5.4m/s（三级风）。

c）温度：最适作业气温为 15～30℃，当超过 35℃或低于 0℃时应暂停作业。

d）湿度：作业时适宜湿度为 20%～80%。

5.1.4　植保无人飞机准备

5.1.4.1　选择与地形和果树大小相匹配的植保无人飞机机型，以保证最佳的雾滴沉积和穿透性能。

5.1.4.2　应综合地块、天气、柑橘树病虫害情况等因素合理规划航线。

5.1.5　施药参数

5.1.5.1　喷头选择：作业过程中应使用飞机原厂的喷头，若需要更换，应充分考虑更换喷头对雾滴分布、雾滴穿透力和喷幅等的影响，更换喷头时应按照植保无人飞机厂家建议。植保作业队伍应定期检测喷头的工作状态，如果发现堵塞或者磨损等不适宜工作的情况，应根据情况疏通喷头或者及时更换喷头。

5.1.5.2　施药液量：成年柑橘园推荐施药液量为 2～6L/亩。

5.1.5.3　作业高度：多旋翼植保无人飞机的作业高度为 1.5～2.5m，单旋翼植保无人飞机的作业高度为 3～6m。

5.1.5.4　作业速度：推荐作业速度 2～4m/s。

5.2　作业过程中的要求

5.2.1　植保无人飞机的操作要求

5.2.1.1　植保无人飞机作业操作应符合 GB/T 25415 的相关规定。

5.2.1.2　应按照规划的航线和确定的作业参数进行作业，并上传至管理平台。

5.2.1.3　对于喷雾过程中漏喷区域进行及时补喷。

5.2.1.4　应实时关注植保无人飞机运行状况，观察硬件设备以及喷洒系统是否正常，保证持续正常作业。

5.2.1.5　若作业过程中发生摔机、信号干扰、碰撞障碍物、飞控问题等故障，应检查飞机损坏程度，在满足正常作业的前提下可继续作业；否则，应立即终止作业。

5.2.1.6　施药过程中遇喷头堵塞情况时，应立即停止作业，将飞机停至空旷处，排除故障。

5.2.2　安全保障要求

5.2.2.1　作业区域有人员时应严禁操控作业。

5.2.2.2　多旋翼植保无人飞机起降作业应远离障碍物和人员 10m 以上，单旋翼植保无人飞机起降作业应远离障碍物和人员 15m 以上。

5.2.2.3　作业过程中操作人员应全程佩戴安全帽和其他适宜的个人防护设备。

5.2.2.4　作业时禁止吸烟及饮食。

5.2.2.5　作业人员应避免处在喷雾的下风位，严禁在施药区穿行，农药喷溅到身上要立即清洗，并更换干净衣物。

5.2.2.6　作业人员如有头痛、头昏、恶心、呕吐等中毒症状时应及时采取救治措施，并向医院提供所用农药标签信息。

5.2.3　药剂使用的要求

5.2.3.1　一般情况下，农药药液在混配时按照"先固体后液体"的顺序进行桶混，正确的桶混用药顺序和方法如下。先注入 1/4～1/2 的水，然后按以下顺序加入不同类型的药剂：水溶粉剂 ⟶ 水溶粒剂 ⟶ 水分散粒剂 ⟶ 水基悬浮剂 ⟶ 水溶液剂 ⟶ 悬乳剂 ⟶ 可分散油悬浮剂 ⟶ 乳油 ⟶ 助剂，混配时要采用二次稀释法先将药剂在配药容器内充分混合，在进行下一步之前确保所加入的药剂已充分混匀和分散。配制用水应为中性清洁水。

5.2.3.2　在配制药液时，将药剂包装瓶（袋）中的药剂倒入配药容器后，用完的包装瓶（袋）中加入少量清水冲洗 3 次，冲洗液倒入配药容器。

5.2.3.3　药液应现用现配，放置不得超过 24h，且药液加入植保无人飞机药液箱前应再次搅拌均匀。

5.2.3.4　配制药剂应远离住宅区、养殖场及水源等场地，配药器械及植保无人飞机的清洗也要远离这些区域。

5.3　作业后要求

5.3.1　处置废弃物必须符合当地法律法规要求，严禁将剩余药液、清洗飞机废水随意倾倒，包装废弃物按照要求进行回收处理。

5.3.2　作业后 2h 内降雨，应参照所用药剂的要求，评估是否需要采取补救措施，并根据评估结果及时处理。

5.3.3　作业结束后工作人员要及时清洗身体，更换干净衣物，并确保施药期间使用的衣物和其他衣物分开清洗。

5.3.4　作业结束后应有喷雾记录及用药档案记录，档案记录表必须要在施药当天完成。档案记录表参见附表 1-3。

5.4　作业质量检查

5.4.1　查看作业轨迹及流量数据

作业结束后，应及时查看作业轨迹及流量数据，若发现明显漏喷区域，应及时补喷；评估重喷区域可能风险，必要时采取补救措施。

5.4.2　雾滴密度分布检测

每次施药作业都应进行雾滴沉积密度分布检测。雾滴沉积密度的测量及变异系数的计算参考 NY/T 650，喷雾量偏差的测量与计算参考 NY/T 3213。植保无人飞机喷洒药剂防治柑橘树病虫害的雾滴密度应符合附表 1-4 的规定。

5.4.3　防效评估

作业结束后，应根据病虫害所对应的调查规范进行防效评估。

附表 1-1　柑橘树生育期内主要病虫害及其防治适期

防治对象	防治指标	防治适期
红蜘蛛（又名柑橘全爪螨）	春季高峰期时每叶 5 头、秋季高峰期时每叶 10 头以上或天敌在 0.08 头以下的橘园及时喷药防治	冬季清园至春芽萌发前、春梢期、秋梢转绿期以及 11 月后越冬期
锈壁虱（又名锈螨）	当密度达到平均每视野（10 倍放大镜）2~3 头，或 10% 的叶片果面上可见螨，或开始出现零星的锈皮果，或个别枝梢叶片出现锈斑褐叶	开花前后低温条件下，花后和秋季气温较高时
木虱	春梢、夏梢、秋梢新芽始见，发现有卵块便要防治	嫩梢萌发至 2~5mm 时，花谢 2/3 时
粉虱类（白粉虱、烟粉虱、黑刺粉虱等）	若虫发生高峰，成虫羽化 20% 严重发生，叶片上开始发生煤污病时	4 月、6 月、8 月，各代一龄和二龄若虫盛发期（尤其第一代）
介壳虫（矢尖蚧、吹绵蚧、糠片蚧、褐圆蚧、黑点蚧、红蜡蚧等）	圆蚧类：10% 以上果实有虫 3 头以上；红蜡蚧：多数柑橘树有活幼蚧的叶片超过 5%	4 月下旬至 5 月上旬，第一代若虫盛发期（其中矢尖蚧为第一代若虫初见后 21d）；在果实膨大期和放秋梢期间，防治第二、第三、第四代幼虫
蚜虫	嫩梢上有无翅蚜为害，或新梢有蚜率 25% 以上	5 月上中旬，春梢萌发期和开花期；9 月下旬至 10 月中旬秋梢萌发期
潜叶蛾	嫩叶受害率在 5% 以上，大部分嫩叶长 0.5~2.5cm（夏秋梢 5cm 以下）时施药；成年树重点在秋梢期防治，在梢长 1~1.5cm 时施药	夏梢、秋梢萌发期间，也正值成虫羽化期和低龄幼虫期施药
柑橘尺蠖	一龄和二龄幼虫发生初期	各代幼虫低龄期（4 月初至 5 月中旬、6 月下旬至 7 月上旬、8 月上旬至 9 月上旬、9 月下旬至 11 月初）
柑橘花蕾蛆	成虫开始出土时、成虫产卵前	柑橘花蕾初期，刚开始现白时
实蝇	成虫羽化盛期和产卵前期，发现有未熟先黄的带虫果实时	5 月中旬至 7 月初，幼虫出土期和柑橘花期防治成虫；9~10 月，结果期消灭幼虫
炭疽病	叶片初见病斑，病叶率达到 5% 或出现急性病斑时	春梢、夏梢、秋梢抽生期，芽长 1~2cm 和花谢 2/3 时及果实膨大期前期
树脂病（又名黑点病、砂皮病）	叶片初见病斑，病叶率达到 5% 或出现急性病斑时	冬季清园期，春梢萌发期（1~2mm）和幼果期，谢花后到果实转色期重点防治
黄斑病（又名脂点黄斑病）	病菌在未产生侵入丝前或寄主未形成气孔前，病菌在产生侵入丝后或寄主形成气孔后	结果树在谢花 2/3 时，未结果树在春梢叶片展开后；梅雨之前 2~3d
溃疡病	春梢在叶片转绿期、夏梢和秋梢在梢长 5~7cm、幼果在直径 0.8~1cm 时用药防治，夏秋季遇台风暴雨时做好抢治补治工作	苗木以保梢为主，每次新梢萌芽 2~3cm 和叶片转绿期；成年树以保果为主，一般谢花 10d 后开始防治；台风雨前后及时喷药保护嫩梢和幼果（25~30℃高温多雨时重点防治）

注：部分数据指标参考 NY/T 2044 柑橘主要病虫害防治技术规范

附表 1-2 防治柑橘树主要病虫害药剂有效成分目录

防治对象	有效成分
红蜘蛛	阿维菌素、螺虫乙酯、乙螨唑、四螨嗪、联苯肼酯、螺螨双酯、唑螨酯、联苯菊酯、螺螨酯、哒螨灵、丁醚脲、炔螨特、丙溴磷、甲氰菊酯、毒死蜱、噻螨酮、溴氰菊酯、双甲脒
锈壁虱	阿维菌素、虱螨脲、氟啶胺、除虫脲、唑螨酯、氟虫脲、毒死蜱
木虱	吡虫啉、啶虫脒、氟啶虫胺腈、高效氯氟氰菊酯、吡丙醚、氟吡呋喃酮、联苯菊酯、螺虫乙酯、毒死蜱、噻嗪酮、噻虫嗪、高效氟氯氰菊酯、联苯菊酯、氯氰菊酯、喹硫磷、溴氰菊酯
粉虱类	阿维菌素、螺虫乙酯、噻嗪酮、啶虫脒、吡虫啉、毒死蜱
介壳虫	噻虫胺、噻嗪酮、螺虫乙酯、噻虫嗪、联苯菊酯、松脂酸钠、毒死蜱、阿维菌素、啶虫脒、吡丙醚、吡虫啉、呋虫胺、喹硫磷、氰戊菊酯、稻丰散、双甲脒、氯氰菊酯、亚胺硫磷、苦参碱、硝虫硫磷、溴氰菊酯
蚜虫	啶虫脒、烯啶虫胺、噻虫嗪、高效氯氰菊酯、苦参碱、吡虫啉、辛硫磷、毒死蜱、溴氰菊酯、马拉硫磷、氯噻啉
潜叶蛾	氯氰菊酯、毒死蜱、丙溴磷、苯氧威、虫螨腈、虱螨脲、吡虫啉、阿维菌素、啶虫脒、甲氰菊酯、高效氯氟氰菊酯、联苯菊酯、印楝素、氟虫脲、杀螟丹、杀铃脲、顺式氯氰菊酯、氟啶脲、三唑磷、氰戊菊酯、S-氰戊菊酯、除虫脲、溴氰菊酯
实蝇	吡虫啉、氯氰菊酯、毒死蜱、溴氰菊酯
炭疽病	吡唑醚菌酯、咪鲜胺、咪鲜胺锰盐、二氰蒽醌、苯醚甲环唑、多菌灵、氟硅唑、溴菌腈、代森联、肟菌酯、甲基硫菌灵、氟环唑、戊唑醇、抑霉唑、丙森锌、氟啶胺、双胍三辛烷基苯磺酸盐、苯醚甲环唑、几丁聚糖、腈菌唑、松脂酸铜
树脂病	肟菌酯、戊唑醇、克菌丹、喹啉铜、苯醚甲环唑、吡唑醚菌酯、氟硅唑、氟吡菌酰胺、多菌灵、咪鲜胺、氟环唑、代森锰锌
溃疡病	春雷霉素、中生菌素、噻唑锌、松脂酸铜、噻森铜、络氨铜、琥胶肥酸铜、噻菌铜、噻霉酮、四霉素

注：本表是参照中国农药信息网截至 2020 年 9 月公布的农药登记数据整理而得。对 2020 年 9 月以后登记的农药，以及 2020 年 9 月前已登记但没有列入本表的农药，参照执行

附表 1-3　柑橘园喷雾情况及用药档案记录

作业地点		作业时间	
作业农户姓名		农户电话	
作业公司/人员		飞机型号	
柑橘树生育期		防治对象		

药剂名称	植保无人飞机防治柑橘树病虫害用药名称及使用剂量					
	杀虫（螨）剂	杀菌剂	助剂	其他	总药剂量/（g 或 mL）	施药液量/（L/hm²）
药剂剂量/（mL 或 g）						
施药过程中气象条件（包括温度、湿度、风速、风向、降雨）						
施药后 2h 内气象条件						

邻近作物种植情况		个人防护设备	
喷雾处理的总面积/hm²		飞机喷嘴型号	
飞机作业模式		作业行距/m	
飞机作业速度/(m/s)		飞机作业高度/m	
农户确认			

附表 1-4　防治柑橘树主要病虫害药剂有效成分目录

项目		作业质量指标
雾滴沉积密度/(雾滴数/cm²)	杀虫剂	≥25
	内吸性杀菌剂	≥20
	非内吸性杀菌剂	≥50
喷雾量偏差		≤5%
雾滴分布均匀性（变异系数）		≤45%

附录Ⅱ　防虫网墙隔离栽培柑橘黄龙病绿色防控技术

1　技术概述

1.1　技术基本情况

1.1.1　技术研发推广背景及能够解决的主要问题

柑橘黄龙病是广西柑橘生产中具有毁灭性的病害之一，有效并持续防控柑橘黄龙病才能确保广西柑橘产业健康可持续发展。柑橘黄龙病的防控，往往需要统防统控才能取得较好的防效。但当果园周边有失管果园且短期内难以清理时，往往难以有效防住黄龙病。防虫网墙隔离栽培黄龙病绿色防控技术是广西特色作物研究院柑橘黄龙病可持续防控研究团队历时4年研发的柑橘黄龙病防控新技术，可有效解决上述难题。该技术通过在柑橘园四周搭建防虫网墙（防虫网40～60目，网墙高≥4m），因绝大多数柑橘木虱自然迁飞高度在4m以下，因此可有效阻隔柑橘木虱，由此大幅降低果园黄龙病感染及扩散概率。在广西特色作物研究院试验柑橘园，在使用防虫网墙隔离栽培4年后，网墙内黄龙病发病率为0，而网墙外发病率则达5.09%。此外，防虫网墙对柑橘园光照强度、温度、湿度无显著影响，对产量和品质也无显著影响，因此相比防虫网棚，防虫网墙具有更广泛的应用前景，且其造价成本也远低于防虫网棚，使用杉木作为支撑立柱的防虫网墙造价成本为800～1500元/亩，水泥电线杆作为支撑立柱的防虫网墙造价成本为1500～2500元/亩，镀锌钢管作为支撑立柱的防虫网墙造价成本为3500～4000元/亩。

1.1.2　专利范围及使用情况

本技术申请发明专利1项《一种阻隔柑橘木虱迁飞的简易防虫网墙及其搭建方法》（发明专利受理号202210251116.7），并已获实用新型专利1项《一种隔离柑橘木虱的简易网墙装置及其支撑立柱》（实用新型专利号ZL2023200942267）。上述两项专利主要保护防虫网墙搭建方法，主要用于证明技术的创新性，但均允许广大柑橘种植户和企业免费使用。

1.2　技术示范推广情况

目前该技术在全区处于小范围示范展示，2022年1月以来，已在桂林市市区、全州县、兴安县和灵川县、梧州市的藤县、贺州市的富川瑶族自治县建有示范点7个（附图2-1～附图2-4），示范推广面积近1000亩，技术辐射超过5万亩。此外，富川瑶族自治县人民政府在

2023 年度印发的《富川瑶族自治县人民政府办公室关于印发富川瑶族自治县富川脐橙产业种植扶持政策（暂行）的通知》（富政办发〔2023〕21 号）文件中，已将防虫网墙建设纳入财政补贴，经验收合格的，县财政按当年实际建设使用面积给予一次性补助 5 元/m^2，防虫网墙补助资金上限为 1000 万元。

附图 2-1　广西特色作物研究院防虫网墙隔离栽培黄龙病绿色防控示范基地

附图 2-2　全州老果夫防虫网墙隔离栽培黄龙病绿色防控示范基地

附图 2-3　灵川正鸿防虫网墙隔离栽培黄龙病绿色防控示范基地

附图 2-4　富川立新农场防虫网墙隔离栽培黄龙病绿色防控示范基地

此外，西南大学、中国农业科学院植物保护研究所、华中农业大学、广西特色作物研究院、赣南师范大学等 10 家单位联合承担的"十四五"国家重点研发计划"重大病虫害综合技术研发与示范"重点专项"揭榜挂帅"项目"柑橘黄龙病灾变机制与可持续防控技术研究"（项目编号 2021YFD1400800）也将防虫网墙隔离栽培柑橘黄龙病绿色防控技术遴选为项目主要创新八大技术之一，并在广西、广东、福建、江西、湖南进行示范推广（附图 2-5）。

附图 2-5　福建仙游度尾仙溪防虫网墙隔离栽培黄龙病绿色防控示范基地

1.3 提质增效情况

防虫网墙内外的光照强度、温度、湿度均无显著差异。从产量来看，防虫网墙内、外产量差异不显著。从果实品质来看，防虫网墙内、外果实品质无显著差异。建立防虫网墙后，除了可有效阻隔柑橘木虱迁飞、为害，还可集中灭杀借助大风偶尔飞入网墙内的少量柑橘木虱（无处迁飞），使网墙内柑橘木虱容易被清除干净；同时，网墙内相对隔离的生态小环境有利于柑橘木虱天敌和其他有益天敌种群（如捕食螨类）的扩大；另外，防虫网墙可有效降低风速，大大降低柑橘溃疡病等细菌性病害传播，从而有利于减少农药使用量、开展生物防治、保护生态环境。

2 技术要点

2.1 核心技术

核心技术要点：搭建阻隔柑橘木虱迁飞的简易防虫网墙。防虫网墙的搭建方法如下。

基础装置：①立柱装置；②固定立柱装置；③支撑装置；④出入门口装置；⑤防虫网装置；⑥固定防虫网装置。根据需要搭建离地面高度4～8m、40～60目的闭环型防虫网墙，可有效阻隔柑橘木虱迁飞。

设置支撑装置，搭建材料可选用钢材（附图2-6）、塑钢、水泥柱（附图2-7）、木材（附图2-8）、竹材（附图2-9），材料成本极其低廉。设置固定装置，可以对防虫网进行牢固固定，使用寿命长，维护方便、简单。设置出入口装置，可以用于果农及机械进出，方便对柑橘树

附图2-6　镀锌钢管作为支撑立柱的防虫网墙

进行打理。设置防虫网，可极大减少搭建材料，降低成本，并且网墙由于没有顶棚，非密闭结构，网墙内温度、光照、湿度、空气流动性等与无设施的露天栽培几乎无差异。

附图 2-7　水泥电线杆作为支撑立柱的防虫网墙

附图 2-8　杉木作为支撑立柱的防虫网墙

附图 2-9　竹子作为支撑立柱的防虫网墙

2.2　配套技术

配套技术要点：柑橘控梢、统一放梢、统一防治柑橘木虱。

2.2.1　柑橘统一放梢技术方案

柑橘枝梢生长具有顶端优势，当新梢顶芽刚刚萌发时，抹去顶芽或喷施杀梢素（杀梢素 5000 倍液，对宽皮橘类老叶、幼果安全），杀死顶芽，去除顶端优势，促使侧芽萌发，待 60%～70% 的芽萌发时即可统一放梢。统一放梢时，当新梢抽发 0.5～1.0cm 时，可用矿物油 300～500 倍液 +20% 呋虫胺 2000 倍液（或噻虫嗪、菊酯类轮换使用）喷杀一次，7～10d 内第二次，转绿时结合防病、保梢，可与杀菌剂、叶面肥混合使用。但要注意混配药剂搭配适应性，不可盲目混合造成药害产生。

2.2.2　柑橘控夏梢、冬梢的技术方案

（1）培养中庸树势，平衡营养生长与生殖生长的关系

树势太强，营养生长占主导，控梢难度大；树势太弱，生殖生长占主导，不能持续丰产优质、影响第二年产量。中庸树势示例见附图 2-10。

附图 2-10 中庸树势

（2）以果压梢，修剪疏果放秋梢，使树体营养处于动态平衡状态

通过有效保果措施，确保结果量超过正常产量，养分供应果实发育，使树体暂时处于生殖生长占主导地位，从而抑制营养生长，减少夏梢数量，达到以果控梢的目的。放秋梢前10~15d，结合修剪，剪去超量果（特别是粗皮大果、病虫果、畸形果、花皮果、小果等次果），使树体恢复生殖生长和营养生长的平衡，就可以放出高质量的秋梢，保证第二年的持续丰产。

（3）环割、环剥控梢技术

环割：用0号刀环割2次，第一次环割在谢花后3~5d内进行，如果开花时遇到高温，应在盛花期进行；第二次环割应安排在第二次生理落果前。如果效果不理想，可在第二次环割后隔15d再环割一次。环割一般每年2次，但不能超过3次。根据果树的生长势，旺树可割两圈，弱树不割或割一圈。

环剥：用1号或2号刀环剥1次，在谢花后20d内进行（春梢转绿老熟后）。

环割技术要点：①壮旺树割，弱树不割；②先割主枝，后割主干；③割断树皮（韧皮部），不伤"树心"（木质部）。

（4）以肥控梢，通过施肥调节养分供应控梢

谢花后控氮施肥，谢花后到放秋梢前不施含氮肥料或复合肥，补充磷、钾、镁、钙、硼等营养促进果实膨大。如果谢花后不施肥，虽然可抑制夏梢，但弊端是树势弱、幼果膨大慢、诱发病害等。

（5）药物控梢，调控树体激素平衡关系控梢

通过控梢药物对比试验，从使用安全性和效果确定性考虑，推荐使用已获得国家登记的柑橘控梢氟节胺类药剂（附图2-11）。

（6）柑橘控梢推荐技术方案

培养中庸树势（平衡营养生长与生殖生长关系）+以果压梢（有效保果措施保下足够多的幼果，放秋梢前修剪疏果，减少夏梢抽发量）+以肥控梢（谢花后控氮肥，减少夏梢抽发量）+环割控梢（旺树谢花后环割2~3次或春梢老熟后环剥1次）+药物控梢（春梢、秋梢老熟夏梢、冬梢顶芽萌发2cm以下时，推荐使用安全、稳定性较好的氟节胺类药剂"封梢"500倍液喷树冠外围，间隔20~25d喷施第二次）。

附图 2-11 使用氟节胺控梢效果

2.3　适宜区域

除常年刮大风的特定区域外，全区其他各黄龙病区或临界区柑橘园均适宜。

2.4　注意事项

搭建防虫网墙时，防虫网要求达到 40～60 目、网墙高度在 4m 以上。防虫网墙高度越高，阻隔柑橘木虱、防控柑橘黄龙病的效果越好。

单个防虫网墙果园面积以 20 亩左右为宜；面积过大，防治柑橘木虱效果则会下降。

立柱固定要牢固（可用水泥墩，转角用钢丝牵拉），避免摇晃。

落地防虫网要用泥土埋压，避免漏风。

固定防虫网的钢丝绳的最好设计方案是：将防虫网上边做成双层裤筒状（能穿过钢丝绳即可），安装时将钢丝绳穿过裤筒边；在防虫网中间位置，外侧拉钢丝绳抵住防虫网，内侧安装压膜槽，并用卡扣将钢丝绳固定在卡槽内；这样受力均匀，防虫网不易被风撕烂损坏。

防虫网墙损坏时应迅速修缮。

防虫网墙出入口，在人员或机械出入后，应及时关闭。

防虫网墙可有效阻隔绝大部分柑橘木虱，大幅降低柑橘木虱防治压力，但并不能阻隔所有柑橘木虱，在柑橘每次梢期，还是需要及时喷药防治或预防柑橘木虱。每次防治柑橘木虱时，在柑橘树喷完药后，同时需对防虫网喷施药剂，以消灭逃逸到防虫网上的柑橘木虱。

大风过后及时检查柑橘木虱发生情况，一旦发现立即扑杀。

附录Ⅲ 柑橘木虱绿色防控技术规程

1 范围

本文件规定了柑橘木虱绿色防控技术要求。

本文件适用于柑橘园柑橘木虱的综合防控。

2 规范性引用文件

下列文件中的内容通过文中的规范性引用而构成本文件必不可少的条款。

GB/T 24689.4 植物保护机械 诱虫板

GB/Z 26580 柑橘生产技术规范

GB/T 35333 柑橘黄龙病监测规范

GB/T 35334 柑橘木虱（亚洲种）监测规范

GB 5040 柑桔苗木产地检疫规程

GB/T 8321 （所有部分）农药合理使用准则

NY/T 1276 农药安全使用规范 总则

NY/T 2044 柑橘主要病虫害防治技术规范

NY/T 2920 柑橘黄龙病防控技术规程

NY/T 975 柑橘栽培技术规程

3 术语和定义

下列术语和定义适用于本文。

3.1 绿色防控（green prevention and control）

从农田生态系统整体出发，以农业防治为基础，积极保护利用自然天敌，恶化病虫的生存条件，提高农作物抗虫能力，在必要时合理地使用化学农药，将病虫危害损失降到最低限度。它是持续控制病虫灾害，保障农业生产安全的重要手段。

3.2 生物防治（biological control）

利用一种生物对付另外一种生物的方法。生物防治大致可以分为以虫治虫、以鸟治虫、以菌治虫三大类。它是降低杂草和害虫等有害生物种群密度的一种方法。它利用了生物物种间的相互关系，以一种或一类生物抑制另一种或另一类生物。

4　防控原则

柑橘木虱（*Diaphorina citri*）是柑橘黄龙病的主要传播媒介（形态特征及危害见附录 A，发生规律见附录 B），柑橘木虱的绿色防控技术是综合采用农业防治、物理防治、生物防治以及科学、合理、安全使用农药的技术。

5　农业防治

5.1　栽培管理

应加强肥水管理，合理施肥，增施有机肥，做好冬季清园工作。冬季对徒长枝、细弱枝、荫蔽枝进行修剪，坚持统一放春梢，抹除夏梢与晚秋梢；减少夏秋期间柑橘木虱繁殖和越冬柑橘木虱早期食物来源、产卵繁殖场所。具体按 GB/Z 26580、NY/T 975 的规定执行。

5.2　种植绿肥

提倡生草栽培，可在柑橘园种植扁豆（*Dolichos lablab*）、紫云英（*Astragalus sinicus*）、长柔毛野豌豆（*Vicia villosa*）等绿肥植物，创造有利于柑橘木虱天敌生存、繁衍的生态环境。

5.3　清除其他寄主植物

清除柑橘种植区域内及周边的九里香（*Murraya exotica*）、黄皮（*Clausena lansium*）等芸香科植物，防止柑橘木虱迁移到其他寄主植物上寄居或越冬。

6　物理防治

6.1　安装防虫网

因地制宜，在柑橘园周围安装高 4.0～5.5m、38～50 目聚乙烯防虫网墙，阻止外部柑橘木虱侵入柑橘园，减少虫源。

6.2　色板诱杀

每年 3～9 月可在柑橘园悬挂黄色诱虫板（波长 580～595nm），每亩柑橘园悬挂色板 30～50 片。

7 生物防治

7.1 保护天敌

在自然界，柑橘木虱的天敌主要有捕食性天敌和寄生性天敌，捕食性天敌包括少毛拟前锯绥螨（*Proprioseiopsis asetus*）、南方小花蝽（*Orius similis*）、红肩瓢虫（*Leis dimidiata*）、异色瓢虫（*Harmonia axyridis*）、龟纹瓢虫（*Propylaea japonica*）、丽草蛉（*Chrysopa formosa*）、中华草蛉（*Chrysoperla sinica*）等，寄生性天敌主要有亮腹釉小蜂（*Tamarixia radiate*）、阿里食虱跳小蜂（*Diaphorencyrtus aligarhensis*）。应增强果园生态多样性，减少使用化学农药，为天敌提供庇护场所，增强生态控制潜能。

7.2 释放人工天敌

7.2.1 少毛拟前锯绥螨

在柑橘新梢萌发初期（春梢萌发和秋梢萌发）释放少毛拟前锯绥螨，选择在柑橘树冠靠近新梢的分枝处，一般在阴天或晴天傍晚释放。释放量为500～3000头/株。

7.2.2 南方小花蝽

在春梢、柑橘木虱发生初期，可在早上或傍晚释放南方小花蝽，卵、若虫、成虫释放的适合比例为2∶1∶1。应避免在雨天或大风天气释放。每株柑橘释放5～10头南方小花蝽，每15～20d释放1次，可连续释放2或3次。

7.2.3 红肩瓢虫

在柑橘木虱盛发期释放红肩瓢虫，释放量约为20粒卵/株柑橘树。

7.3 虫生真菌

在柑橘木虱若虫发生高峰期，在温度25～32℃、相对湿度93%以上时，可喷施80亿孢子/mL金龟子绿僵菌可分散油悬浮剂1000～2000倍液防治柑橘木虱。

8 化学防治

8.1 原则

柑橘作物的冬季清园以及春梢、夏梢、秋梢、冬梢等放梢期是柑橘木虱药剂防治的重点时期。在柑橘主产区组建专业化防治队伍，在柑橘各放梢期、采收后冬季清园等关键时期，统一时间和区域开展柑橘木虱药剂防治，有效提高防控率。

8.2 田间监测

每年 2 月初至春梢萌芽前，以及春梢、夏梢和秋梢萌芽转绿期，应调查芸香科柑橘属（*Citrus*）、九里香属（*Murraya*）、黄皮属（*Clausena*）植物上的柑橘木虱卵、若虫及成虫数量。具体按 GB/T 35334 的规定进行。当柑橘新梢长度在 1～10mm 时，加强监测，及时防控。

8.3 药剂种类

防治柑橘木虱的主要药剂见附录 C。

8.4 冬季清园

结合冬季清园，通过喷施药剂，有效降低田间虫口基数。

8.5 梢期防治

梢期是防治柑橘木虱的关键时期，根据柑橘木虱发生情况喷施药剂。

8.6 施药方法

8.6.1 常规喷雾

采用喷雾器喷雾时，应均匀，确保药液覆盖整株柑橘树，以湿润柑橘叶片不流滴为宜，具体按 GB/T 8321 和 NY/T 2920 的规定执行。

8.6.2 无人飞机喷雾

选择适宜无人飞机喷雾的剂型，应选择无风晴朗天气、气温 15～28℃，作业速度 3～5m/s，飞行高度 2.5～4m，喷幅 5～8m。

附录 A 柑橘木虱的形态特征及危害

A.1 卵

芒果状，顶端尖细，末端钝圆，有一短柄（附图 3-1A），长（0.253±0.011）mm、宽（0.104±0.009）mm，初产卵浅黄，较透明，后期变橙黄。卵多产在嫩芽、嫩叶、嫩芽与梗交界处上，一般都是聚生，有时可以看到散产于叶片上颜色深橙色的卵，多为坏死，卵的历期为 3.92d。

附图 3-1 柑橘木虱卵与各龄期若虫形态特征（体视镜下放大 50 倍）
A：卵；B：一龄若虫；C：二龄若虫；D：三龄若虫；E：四龄若虫；F：五龄若虫

A.2 若虫

若虫分 5 龄（附图 3-2B～F），随着龄期增长，若虫体型增大明显。

一龄若虫：历期 2.2～3.2d，体长（0.304±0.022）mm、宽（0.16±0.003）mm（不包含翅芽，下同）扁椭圆形，2 个红色复眼，无翅，单眼不可见。

二龄若虫：历期 2.1～2.6d，体型增大，体长为（0.46±0.035）mm、宽（0.212±0.003）mm，胸部第二节出现翅芽。

三龄若虫：历期 2.1～3.0d，体长（0.675±0.022）mm、宽（0.311±0.030）mm，翅芽明显增大、前缘伸至复眼后缘，后缘至腹部第三节，触角末端变黑，出现单眼，出现尾须。

四龄若虫：历期 2.1～3.5d，体长（1.038±0.004）mm、宽（0.435±0.024）mm，体色变深，复眼变大，翅芽前缘超过复眼，后缘超过腹部第三节，前后翅错位明显，触角末端变黑，尾须增多。

五龄若虫：历期 2.5～4.5d，体长（1.563±0.004）mm、宽（0.56±0.021）mm，体色深，纹理清楚，触角除基节外全部变黑，端部有 2 根清晰刚毛，尾须继续增多变长。部分五龄若虫腹部呈蓝色。柑橘木虱喙着生在前足基节之间，在体视镜下可以看到若虫前足基部之间有一根明显的长 1.0 mm 的喙。

A.3 成虫

在体视显微镜下观察柑橘木虱雌成虫特征，成虫两对翅，前翅革质、有褐色斑纹，后翅膜质、透明，翅脉简单（附图3-2A），属于柑橘木虱科昆虫的特征；柑橘木虱雌成虫尾部具有坚韧的产卵鞘，呈锥状，肛门位于背生殖板上，产卵器包被在两生殖板内（附图3-2B和C），雄成虫尾部背生殖板明显上翘，其内可见明显的阳茎和一对抱握器（附图3-2D和E）；柑橘木虱是细小昆虫，两性卵生，雌雄个体大小差异不明显，体长（从头部到尾部）2.47～2.55mm（附图3-2F）。

附图3-2 柑橘木虱成虫及其生殖器

A：雄成虫整体图；B：雌成虫生殖器（正在产卵）；C：产卵鞘，呈锥状，肛门位于背生殖板上，产卵器包被在背腹两生殖板内；D：雄成虫及生殖器；E：阳茎和抱握器；F：雌雄交配

A.4 柑橘木虱寄主及危害

柑橘木虱主要为害芸香科柑橘属植物，在福建主要为害柑橘属的果树，包括芦柑、温州蜜柑、雪柑、脐橙、柚、福橘、瓯柑、罗浮（金枣）、金弹、柠檬等。此外，柑橘木虱还为害芸香科黄皮属和九里香属植物。柑橘木虱成虫对老叶、嫩叶没有明显取食选择性，以口针刺入寄主植物韧皮部取食汁液，寻到取食位置后一般不转换取食位置；柑橘木虱成虫在寄主植物嫩梢产卵，若虫孵化后多在嫩梢取食，造成新梢凋萎、畸变；柑橘木虱若虫分泌的白色蜜露附着在枝叶上，能够引起煤污病的发生。此外，作为柑橘黄龙病的主要传播媒介，柑橘木虱可以从带菌的芸香科植物携菌并传播到健康的芸香科植株上。

附录 B　福建柑橘木虱发生规律

B.1　发生世代

柑橘木虱在福建的九里香上 1 年发生 9～11 代，在柑橘上 1 年发生 6 或 7 代。田间种群世代重叠明显。成虫将卵产于寄主芽梢嫩叶缝间、叶柄基部、花蕾等处，散生或聚生。在田间条件下，雌成虫一生产卵约 800 粒，最高可达 1100 粒。在福建田间条件下，春季卵期 15d，若虫期 25d，柑橘木虱成虫寿命春季最长 98d，平均 40d；夏季最长 59d，平均 32d；秋季最长 65d，平均 30d。

B.2　生活习性

成虫不喜移动，多停靠在叶背或茎上取食为害，虫体尾部翘起，与叶片呈 45°角。成虫具有明显趋光性。若虫随龄期增长活动能力增强，但未受惊扰情况下一般不移动。

B.3　越冬

11 月中旬羽化的柑橘木虱成虫进入越冬期，自然越冬存活率因冬季气温不同而异。越冬成虫在 3 月初春芽初露时开始交尾产卵。

B.4　柑橘木虱发生动态

B.4.1 柑橘木虱在福建周年可见各个虫态，在柑橘上 1 年发生 6 或 7 代。其中，1 年发生 6 代的每代历期如下。

1）一代：3 月初至 4 月底。

2）二代：4 月底至 6 月底。

3）三代：6 月底至 7 月下旬。

4）四代：7 月下旬至 8 月上旬。

5）五代：8 月上旬至 9 月上旬。

6）六代：9 月上旬见卵，9 月底羽化的成虫进入越冬期。

B.4.2 1 年发生 7 代的每代历期如下。

1）一代：3 月上旬至 5 月上旬。

2）二代：5 月上旬至 6 月下旬。

3）三代：6 月下旬至 7 月中旬。

4）四代：7 月中旬至 8 月上旬。

5）五代：8 月上旬至 9 月上旬。

6）六代：8 月上旬至 10 月上旬。

7）七代：10 月上旬见卵，下旬成虫羽化并进入越冬期。

B.4.3 柑橘木虱在九里香上 1 年发生 9～11 代。其中，1 年发生 9 代的每代历期如下。

1）一代：3 月中旬至 5 月下旬。

2）二代：5 月下旬至 6 月中旬。

3）三代：6 月中旬至 7 月上旬。

4）四代：7 月上旬至 7 月中旬。

5）五代：7 月中旬至 7 月底。

6）六代：7 月底至 8 月中旬。

7）七代：8 月中旬至 9 月中旬。

8）八代：9 月中旬至 10 月中旬。

9）九代：10 月中旬见卵，11 月中旬羽化的成虫进入越冬期。

B.4.4 1 年发生 11 代的每代历期如下。

1）一代：1 月底至 4 月中旬。

2）二代：4 月中旬至 5 月下旬。

3）三代：5 月下旬至 6 月中旬。

4）四代：6 月中旬至 7 月上旬。

5）五代：7 月上旬至 7 月中旬。

6）六代：7 月中旬至 8 月上旬。

7）七代：8 月上旬至 9 月初。

8）八代：9 月初至 9 月下旬。

9）九代：9 月下旬至 10 月中旬。

10）十代：10 月中旬至 11 月中旬。

11）十一代：11 月中旬见卵，12 月下旬羽化成虫进入越冬期。

附录 C　柑橘园防治柑橘木虱的药剂

柑橘园防治柑橘木虱药剂主要种类见附表 3-1。

附表 3-1　柑橘园防治柑橘木虱药剂

药剂	剂量
5% 喹硫磷乳油	1500～2000 倍
51% 高氯·毒死蜱乳油	1000～2000 倍
22.4% 螺虫乙酯悬浮剂	3500～4500 倍
10% 虱螨脲悬浮剂	3000～4000 倍
100g/L 联苯菊酯乳油	1667～3333 倍
21% 噻虫嗪悬浮剂	3360～4200 倍
100g/L 吡丙醚乳油	1000～1500 倍
17% 氟吡呋喃酮可溶液剂	3000～4000 倍
35% 螺虫·噻嗪酮悬浮剂	2000～3000 倍

附录Ⅳ　一种利用 *CsMEKK1-2* 基因提高柑橘耐黄龙病的方法

1　背景

　　柑橘是我国重要的果树树种之一。然而，随着柑橘产业的发展，柑橘黄龙病（Citrus Huanglongbing，HLB）已成为危害柑橘产业发展最严重的病害，柑橘黄龙病病原菌为韧皮部杆菌候选属（*Candidatus* Liberibacter）细菌，包括亚洲种（*Candidatus* Liberibacter asiatium，*C*Las）、非洲种（*Candidatus* Liberibacter africanum，*C*Laf）和美洲种（*Candidatus* Liberibacter americanus，*C*Lam）。其中，*C*Las 是世界范围柑橘产区的主要致病种，为害几乎所有柑橘品种。

　　因此，开展柑橘黄龙病防控技术和抗病育种的研究是非常必要的。然而，柑橘遗传背景高度杂合。另外，① *C*Las 为难培养细菌，迄今无法人工分离培养；②柑橘木虱或接穗嫁接传毒方法无法控制病原菌的含量和纯度，且潜育期和发病周期长，接种成功率低；③病原菌在植株体内分布极不均匀，且受到其他植原体的影响。这些因素严重制约了人们对柑橘黄龙病与寄主互作分子机制的研究，也是目前柑橘黄龙病抗性育种几乎毫无进展的一个主要原因。

　　随着分子生物学技术的发展，利用基因工程技术，将外源基因导入柑橘体内，增强植株抗病性，是目前较为流行的方法。例如，Dutt 等（2015）在易感品种甜橙中超量表达拟南芥 *AtNPR1*，组成型激活 SA 信号转导，激活病程相关蛋白基因 *PR1* 和 *PR2* 的表达，赋予了转基因植株对柑橘黄龙病的耐性；Hao 等（2016）在 *Carrizo* 甜橙中超量表达人工修饰的植物 *thionin* 能同时增强柑橘对黄龙病的耐性；Zou 等（2017）在'锦橙'韧皮部特异表达人工合成抗菌肽基因 *cecropin B* 显著增加了柑橘对黄龙病的耐性。

　　为应对病原菌的入侵，植物进化出了多种抗病途径，如病原体相关分子模式（pathogen-associated molecular pattern，PAMP）触发的免疫反应（PAMP-triggered immunity，PTI）、效应子触发的免疫反应（effector-triggered immunity，ETI）。PTI 是植物免疫的第一道防线，这一过程需要植物的模式识别受体（PRR）。PRR 识别微生物分泌的 PAMPs，并通过丝裂原活化蛋白激酶（MAPK）信号的级联反应，将胞外信号传入核内，最终调控下游防御基因表达。MAPK 级联途径主要由 MP3K（丝裂原活化蛋白激酶激酶激酶）、MP2K（丝裂原活化蛋白激酶激酶）、MAPK（丝裂原活化蛋白激酶）3 种激酶组成。当质膜上的受体受到外界刺激后激活 MP3K，MP3K 的初始活化可以激活下游 MP2K 的磷酸化，进而激活 MAPK，最终调控下游相关基因的表达。已有研究发现，植物 MAPK 级联反应在拟南芥、烟草、水稻、番茄对病原菌的防御反应中扮演着重要角色，如鞭毛蛋白 flg22 能够快速强烈激活拟南芥 *MAPK3/MAPK*、*MAPK4/MAPK* 和 *MAPK6/MAPK*，从而诱导病程相关（PR）蛋白的表达；超量表达拟南芥 *MKK2/MAP2K* 的转基因植株降低了内源 SA 的含量，表现出对 *PstDC3000* 和胡萝卜软腐欧文氏杆菌的抗性。

MAPK 信号途径能够将外界的信号逐级放大并传递至细胞核中，而 MEKK1 作为拟南芥中最早表征的 MAP3Ks 之一，能够被很多的外界信号激活并将信号传递下去，比如，MEKK1 的活化与植物的生长发育、生物胁迫和非生物胁迫等各种响应相关联。研究报道，flg22 是细菌鞭毛蛋白中的一个保守的小肽，通过识别 PRR 蛋白 FLS2 及其共受体 BAK1 引发植物中的先天免疫反应，包括胼胝质沉积、活性氧爆发、PR 基因表达和幼苗生长抑制等诱导发病机制相关的免疫反应。Asai 等（2002）开发了一种基于细菌鞭毛蛋白 flg22 诱导早期防御基因转录的拟南芥叶细胞系统，使用原生质体瞬时表达系统实验鉴定了完整的 MAPK 级联（*MEKK1-MKK4/MKK5-MPK3/MPK6*）和 *WRKY22/WRKY29* 转录因子，它们在鞭毛蛋白受体 FLS2 的下游发挥作用。Ichimura 等（2002）研究发现拟南芥体内还存在另一条 MAPK 级联通路：*MEKK1-MKK1/2-MPK4*，MPK4 的下游底物是 MKS1 和转录因子 WRKY33。综上所述，拟南芥受到 flg22 刺激后会产生 2 条平行的信号通路：flg22-FLS2/BAK1-MEKK1-MKK4/5-MPK3/MPK6-WRKY22/WRKY29 和 flg22-FLS2/BAK1- MEKK1-MKK1/2-MPK4-MKS1/WRKY33 信号通路，前者是 MPK3/6 介导的正调控机制，后者是 MPK4 介导的负调控机制。Nakagami 等（2006）研究发现 MEKK1 激酶活性和蛋白质稳定性受 H_2O_2 以蛋白酶体依赖性方式调节，*mekk1* 植物在 ROS 诱导的 MPK4 激活中受到损伤，证明 MEKK1-MPK4 信号途径是 ROS 代谢过程中必不可少的组分。由此可见，*MEKK1* 可能是病原菌相关基因，参与了植物抵御病原侵害的过程。利用 *MEKK1* 基因进行抗病分子育种具有重大的潜力。目前，尚没有利用 *CsMEKK1-2* 基因提高柑橘对黄龙病抗性的研究和应用。

因此，本研究为提高柑橘对黄龙病的抗性，提供一种利用 *CsMEKK1-2* 基因提高柑橘耐黄龙病的方法，通过采用 RNAi 干扰载体下调 *CsMEKK1-2* 基因在柑橘细胞中的表达水平或者利用 CRISPR/Cas9 基因编辑技术定点突变 *CsMEKK1-2* 基因，能够显著提高柑橘对黄龙病的抗性，并且不影响转基因植株的表型，在柑橘抗黄龙病育种中具有重大的应用价值，可以作为候选基因同多个柑橘黄龙病抗、感病基因进行柑橘黄龙病抗性育种。

2 操作步骤

1）利用在线网址对 *CsMEKK1-2* 基因进行生物信息学分析。

2）对 *CsMEKK1-2* 基因进行表达分析。

3）利用发根农杆菌介导技术对 *CsMEKK1-2* 基因进行‘锦橙’遗传转化。

4）对 *CsMEKK1-2* 转基因毛状根进一步鉴定及柑橘黄龙病抗性评价。

3 应用实例

3.1 实例1 柑橘 *CsMEKK1-2* 基因的生物信息学分析

如附图 4-1 所示，对 *CsMEKK1-2* 进行生物信息学分析，结果表明定位在甜橙基因组 3 号染色体上，*CsMEKK1-2* 基因全长 8900bp，开放阅读框由 10 个外显子组成，长度为 1491bp，编码 496 个氨基酸，Pfam 软件预测发现 6～51 号氨基酸为 Ca-ATP-NAI 结构域，由 45 个氨基酸组成，226～480 号氨基酸为蛋白激酶功能结构域 PKc，由 220 个氨基酸组成。

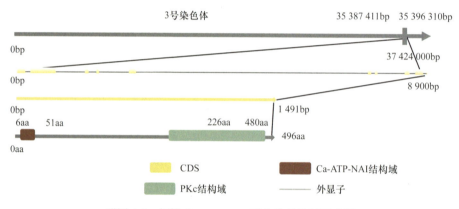

附图 4-1　柑橘 CsMEKK1-2 蛋白的结构域示意图

CsMEKK1-2 基因核苷酸序列 SEQ ID No. 1：

ATGTTTATCGATCCGGAACTTTTTGGTGTAGCGCCATGGATATCTGGACAACCGCC
GGAGGATACCTTGAAACGATGGAAATCTGCATGCAATATCGTCAACAACCGCCGTAGA
AAGTTCCGTATGGTCGCCAATCTCGCCAACCAGGCCGAGACCAGGGTCAACACGTTCA
AGATACAGAATAAGGCTTACAAAGAATTTTATGATGATGATCCGTCAAGTGAATACCTC
GCCAAAGCTGGAATATTTCAAGAATTTTATGATGACATCGAATACGCCTGCAAAGGCCG
TTATGTAGAGTTGCTGAAACGTAAAAAGGCAGTTGTTTTCCCCTGGGAAGAGAGTTCA
TTAAGTTATCCTGTATTGAAGGCAACATCCTATGGTGTATATATTCTCTGTCATCTTGTCT
TCAAAGCATTTTCATCTGTGCGGAATATATTTAGTAATCTTTTGTTGGGGGTCGAATTTG
TACGGCATAAATTTCAATATTATATGTCATTATGTAACTACATTGTGACCGAGGCTGCCAA
AGTTAGAAGAAGGCAAGATTGTCCTAATAATGTAGAATACGTTTCATATCATGATGATGA
TGATTCTAAAGGTCATCCAATTAGCGAAATTATGGAACCGGGTAATAATGTCTCTCCGA
ATGGGAAATTTAGAAGAAGAATAACGTCGTGGCAAAAGGGTGAGCTTTTGGGAAGTG
GGTCATATGGATTTGTGTATGAAGGCCTCACAGATGATGGATTCTTTTTTGCTGTGAAG

GAGGTTTCTTTGCAGGATGAAGGACCCCGGGGAAAGCAGAGCATTCTTCAACTTGAG

CAGGAAATTTCTCTTTTGGGTCAGTTTGAACATGACAACATAGTTCAATATCTCGGCAC

AGACAGGGATGAAAAAAGGCTTTGTATCTTCCTTGAGCTTGTAACGAAGGGTTCACTT

GCAAGTCTTTATCAAAAGTACCACTTGAGTGATTCTCAAGTCTCTTCATACACAAGGCA

GATCCTAAATGGCTTAAAATATCTTCATGAGCAGAATGTGGTTCACAGGGATATCAAAT

GTGCAAATATATTGGTAGATGCTAGTGGATCAGTAAAACTTGCAGATTTTGGGTTGGCA

AAGGCAACTACAATGAATGATGTCAAATCCTGCAAAGGAACAGCATTCTGGATGGCCC

CTGAGGTTGTGAATTTAAAGAAGGACGGCTATGGGCTAACTGCTGATATATGGAGCCT

TGGCTGTACTGTATTGGAGATGTTAACCCGTCGGCATCCCTACTCTCACTTGGAAGGCG

GGCAAGCAATGTTCAAGATAGGCGGGGGCGAACTTCCTCCAGTTCCCAACTCATTATC

GAGAGATGCCCAGGATTTTATTCTTAAATGCTTACAAGTTAACCCAAATGATCGGCCTA

CTGCAGCTCAACTAATGGAGCATCCATTTATAAAGAGGCCACTGCAAACTTCTAGAGG

TAGTCTAGCAGCATCACCAAATTAA

CsMEKK1-2 基因编码的氨基酸序列 SEQ ID No. 2:

MFIDPELFGVAPWISGQPPEDTLKRWKSACNIVNNRRRKFRMVANLANQAETRVNT

FKIQNKAYKEFYDDDPSSEYLAKAGIFQEFYDDIEYACKGRYVELLKRKKAVVFPWEESS

LSYPVLKATSYGVYILCHLVFKAFSSVRNIFSNLLLGVEFVRHKFQYYMSLCNYIVTEAAK

VRRRQDCPNNVEYVSYHDDDDSKGHPISEIMEPGNNVSPNGKFRRRITSWQKGELLGSG

SYGFVYEGLTDDGFFFAVKEVSLQDEGPRGKQSILQLEQEISLLGQFEHDNIVQYLGTDRD

EKRLCIFLELVTKGSLASLYQKYHLSDSQVSSYTRQILNGLKYLHEQNVVHRDIKCANILV

DASGSVKLADFGLAKATTMNDVKSCKGTAFWMAPEVVNLKKDGYGLTADIWSLGCTVL

EMLTRRHPYSHLEGGQAMFKIGGGELPPVPNSLSRDAQDFILKCLQVNPNDRPTAAQLME

HPFIKRPLQTSRGSLAASPN

3.2 实例 2 柑橘 *CsMEKK1-2* 基因的表达分析

3.2.1 柑橘 *CsMEKK1-2* 基因响应柑橘黄龙病在不同抗性品种的表达分析

与'锦橙'相比，'马蜂柑'耐柑橘黄龙病，传毒 4 个月时'马蜂柑'中的 *C*Las 含量显著低于'锦橙'。因此，本实验进一步用 RT-qPCR 比较分析感病 4 个月时 *CsMEKK1-2* 在'锦橙'和'马蜂柑'中的表达特征。如附图 4-2 所示，*CsMEKK1-2* 基因在耐病'马蜂柑'叶肉、主脉、树皮中均显著上调表达，仅在'锦橙'叶肉和树皮中显著上调表达。*CsMEKK1-2* 特异性区域设计 qRT-PCR 实时引物 RT-CsMEKK1-2-F 和 RT-CsMEKK1-2-R，其核苷酸序列分别如 SEQ ID No. 15 和 SEQ ID No. 16 所示。

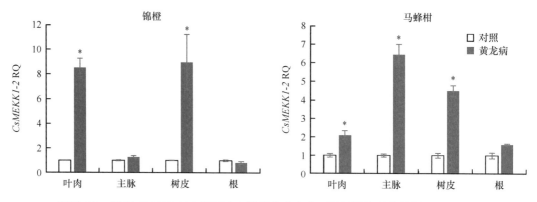

附图 4-2　柑橘 *CsMEKK1-2* 基因响应柑橘黄龙病在不同抗性品种中的差异表达分析

图柱上的星号表示差异显著（*P* < 0.05）

引物 RT- CsMEKK1-2-F 的核苷酸序列 SEQ ID No. 15: TTTGGTGTAGCGCCATGGAT

引物 RT- CsMEKK1-2-R 的核苷酸序列 SEQ ID No. 16: AACGTGTTGACCCTGGTCTC

3.2.2　柑橘 *CsMEKK1-2* 基因响应外源植物激素诱导表达分析

为探究 *CsMEKK1-2* 基因响应外源植物激素诱导的表达情况，以易感品种'锦橙'叶片为试材，通过 RT-qPCR 分析基因表达情况。如附图 4-3 所示，结果表明在'锦橙'叶片中，外施 SA 处理后，与水对照相比，*CsMEKK1-2* 在 24h 和 36h 时极显著下调表达，在 36h 时表达量最低，为对照的 40%，在 48h 时无显著差异。外施 JA 处理后，*CsMEKK1-2* 在 12～48h 时均下调表达，在 48h 时表达量最低，为对照的 40%。外施 ETH 处理后，*CsMEKK1-2* 在 12～48h 时均下调表达，为对照的 36%～63%，在 36h 表达量最低。外施 ABA 处理后，*CsMEKK1-2* 在 12h 时无显著差异，24h 时显著下调表达，36h 时无显著差异，48h 时显著上调表达。综上，*CsMEKK1-2* 响应 SA、JA 和 ETH 诱导下调表达。

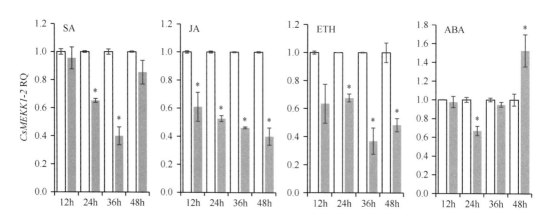

附图 4-3　柑橘 *CsMEKK1-2* 基因响应外源植物激素诱导表达图

图柱上星号表示差异显著（*P* < 0.05）；从左到右分别对应水杨酸 SA、茉莉酸 JA、乙烯 ETH、脱落酸 ABA，

白色柱子为水对照，灰色柱子为实验组

3.2.3 柑橘 *CsMEKK1-2* 基因响应柑橘黄龙病菌鞭毛蛋白小肽 *C*Las-flg22 的诱导表达分析

'锦橙'是柑橘黄龙病易感品种，'马蜂柑'是耐病品种。为了探究病原菌 PAMPs 调控 *CsMEKK1-2* 的表达特征，本研究分析了柑橘黄龙病菌鞭毛蛋白小肽 *C*Las-flg22 诱导下，*CsMEKK1-2* 在'锦橙'和'马蜂柑'中的表达特征。如附图 4-4 所示，活体注射 *C*Las-flg22 后，'锦橙'中 *CsMEKK1-2* 在处理 6h 和 24h 显著下调表达，24h 时表达量最低，为对照的 40%，72h 显著上调表达；'马蜂柑'中 *CsMEKK1-2* 在处理 6h 显著下调表达，在 24h 和 72h 与对照组无表达差异。结果表明，*C*Las-flg22 诱导条件下，*CsMEKK1-2* 在'锦橙'中表达差异显著。结果显示：*CsMEKK1-2* 可能与柑橘黄龙病耐性负相关。

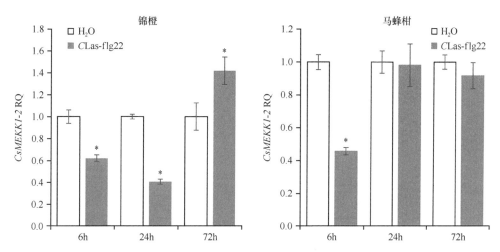

附图 4-4 柑橘 *CsMEKK1-2* 基因响应柑橘黄龙病菌鞭毛蛋白小肽 *C*Las-flg22 的诱导表达分析

图柱上的星号表示差异显著（$P<0.05$）

3.2.4 柑橘 *CsMEKK1-2* 基因的亚细胞定位

Plant-mPLoc 在线软件预测结果表明 *CsMEKK1-2* 定位于细胞质、细胞核和叶绿体中，为进一步确定 *CsMEKK1-2* 在细胞内的定位，本试验利用烟草瞬时表达分析 *CsMEKK1-2* 在植物中的亚细胞定位。将 *CsMEKK1-2* 基因插入报告基因绿色荧光蛋白基因 GFP 的 N 端，构建 pCmYLCV-CsMEKK1-2::GFP 融合蛋白表达载体，瞬时转化烟草，以 pCmYLCV::GFP 融合蛋白为空白对照，H_2B（Liu et al., 2019）作为细胞核标记基因，奥林巴斯激光共聚焦显微镜（FV3000）观察其荧光表达部位，如附图 4-5 所示，Plant-mPLoc 在线软件预测表明 *CsMEKK1-2* 定位于细胞膜、叶绿体和细胞核。

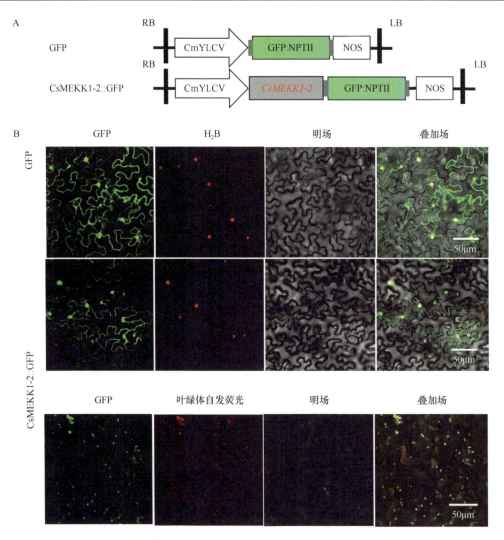

附图 4-5　CsMEKK1-2 蛋白的亚细胞定位

3.3　实例 3　利用发根农杆菌介导 *CsMEKK1-2* 基因遗传转化'锦橙'提高柑橘黄龙病抗性

3.3.1　柑橘 *CsMEKK1-2* 基因克隆

用 RNA 提取试剂盒（艾德莱，CAT：RN09）提取'锦橙'的 RNA。使用重组 DNA 酶Ⅰ（TAKARA）合成 cDNA。使用引物 T-F（SEQ ID No. 3）和引物 T-R（SEQ ID No. 4）从柑橘 cDNA 中扩增获得 *CsMEKK1-2* 片段，长度为 1491bp，序列如 SEQ ID No. 1 所示，扩增的 DNA 片段经测序分析为柑橘 *CsMEKK1-2* 基因编码序列。

引物 T-F 的核苷酸序列 SEQ ID No. 3：ATGTTTATCGATCCGGAACTTTTTG

引物 T-R 的核苷酸序列 SEQ ID No. 4：TTACCTAGAAGTTTGCAGTGGCCTC

扩增体系：10×PCR mix：2.5μL；引物 T-F（5μmol/L）：1μL；引物 T-R（5μmol/L）：1μL；cDNA 约 60ng；加 ddH$_2$O 至 25μL。

扩增程序：94℃，5min；94℃，30s，56℃，30s，72℃，1.5min，35 个循环；72℃延伸 10min。

DNA 片段回收：紫外灯下，用洁净的刀片切下含有目的片段的琼脂糖凝胶块。使用试剂盒（艾德莱）回收片段。

3.3.2　*CsMEKK1-2* 表达载体构建

1. 过表达载体构建

分析 pNG 空载和 *CsMEKK1-2* 基因序列，选择 *Bam*HⅠ/*Sal*Ⅰ作为酶切位点，使用引物 OE-F（SEQ ID No. 15）和 OE-R（SEQ ID No. 16），将 *CsMEKK1-2* 基因片段和超表达载体 pNG 用限制性内切酶 *Sal*Ⅰ和 *Bam*HⅠ双酶切后回收进行连接，连接采用 T4 DNA 连接酶试剂盒（TAKARA）。连接产物转化大肠杆菌 DH5α，阳性克隆提取质粒即得到 *CsMEKK1-2* 的超量表达载体 pNG-CsMEKK1-2。质粒提取采用试剂盒（艾德莱）。

引物 OE-F 的核苷酸序列 SEQ ID No. 17：CGGGATCC ATGTTTATCGATCCGGAACTT TTTG

引物 OE-R 的核苷酸序列 SEQ ID No. 18：GCGTCGAC TTACCTAGAAGTTTGCAGTG GCCTC

取−80℃冰箱保存的 EHA105 农杆菌感受态于手心冰水混合状态，插入冰中直至完全融化。取 1μL 质粒加至 100μL EHA105 感受态细胞底部，轻轻拨动混匀。依次冰上静置 5min、液氮 5min、37℃水浴 5min、冰浴 5min。加入 500μL LB 培养液，28℃恒温摇床 220r/min 振荡 2～3h。将复苏好的菌液 5000g 离心 1min，弃上清，留下 100μL 重悬菌液吸打混匀后涂布于 LK 培养基平板上。28℃倒置培养 2d。挑取菌斑于 LK 培养液振荡培养。筛选阳性克隆保存于−80℃备用。

2. RNAi 干扰载体构建

将 *CsMEKK1-2* 基因的 ORF 序列输入 http://www.genesil.com/siRNAdesign.asp 网站，分析候选结果，选取符合条件且干扰程度最大的 200bp 左右的序列为干扰片段，干扰片段的核苷酸序列如 SEQ ID No. 5 所示，选择 *Asc*Ⅰ/*Swa*Ⅰ和 *Sal*Ⅰ/*Bam*HⅠ作为干扰片段插入位点，所用引物为 RNAi-F 和 RNAi-R，其核苷酸序列分别如 SEQ ID No. 6 和 SEQ ID No. 7 所示。首先，使用 *Asc*Ⅰ/*Swa*Ⅰ限制性内切酶将干扰片段正向连接到 pNG-RNAi 载体内含子上游对应位点，并转化大肠杆菌感受态细胞，验证正确的质粒−20℃保存备用。其次，使用 *Sal*Ⅰ/*Bam*HⅠ限制性内切酶将已正向连接干扰片段的 pNG-RNAi 载体，再反向连接干扰片段 *CsMEKK1-i* 到载体内含子下游对应位点，方法体系同上。最后进行验证，保存菌液，完成 pNG-RNAi-CsMEKK1-2 载体构建。

干扰片段的核苷酸序列 SEQ ID No. 5：

TCAACACGTTCAAGATACAGAATAAGGCTTACAAAGAATTTTATGATGATGATCCGTCAAGTGAATACCTCGCCAAAGCTGGAATATTTCAAGAATTTTATGATGACATCGAATACGCCTGCAAAGGCCGTTATGTAGAGTTGCTGAAACGTAAAAAGGCAGTTGTTTTCCCCTGGGAAGAGAGTTCATTAAGTTATCCTGTATTGAAGGCAACATCCTATGGTGTATATATTCTCTGTCATCTTGTCTTCAAAGCATTTTCATCTGTGCGGAATATATTTAGTAATCTTTTGTTGGGGGTCGAATTTGTACGGCATAAATTTCAATATTATATGTCATTATGTAACTACATTGTGACCGAGGCTGCCAAAG

引物 RNAi-F 的核苷酸序列 SEQ ID No. 6：CGGGATCC ATGTTTATCGATCCGGAACTTT TTG

引物 RNAi-R 的核苷酸序列 SEQ ID No. 7：GCGTCGAC TTACCTAGAAGTTTGCAGTGG CCTC

3. Cas9 载体构建

测序探明柑橘 *CsMEKK1-2* 基因组结构序列的方法：以柑橘基因组为模板，利用 PCR 引物 T-F 和 T-R，扩增 *CsMEKK1-2* 基因组全长序列，测序探明其内含子和外显子序列特征，*CsMEKK1-2* 基因组结构序列如 SEQ ID No. 8 所示。利用在线软件（http://citrus.hzau.edu.cn/crispr/query.php）筛选靶向候选基因外显子的 sgRNA，选择评分较高的 6 条 sgRNA，使用 E369_93-sgRNA Synthesis Kit 进行体外合成，具体合成方法参照说明书。使用 E365-E368_94-Cas9 核酸内切酶进行体外活性分析，具体方法参照说明书，利用 imageJ 软件分析条带的含量，并计算酶切效率，结果表明 sgRNA S1、sgRNA S2、sgRNA S3、sgRNA S4、sgRNA S5、sgRNA S6 介导的酶切效率分别为 85.69%、60.35%、66.27%、68.94%、86.59%、71.02%，选取 S1、S4、S6、S5 进行植物表达载体构建，成功构建 pNG-Cas9-CsMEKK1-2-S1S4 和 pNG-Cas9-CsMEKK1-2-S6S5 植物表达载体，如附图 4-6 所示。

CsMEKK1-2 基因组结构核苷酸序列 SEQ ID No. 8：

ATGTTTATCGATCCGGAACTTTTTGGTGTAGCGCCATGGATATCTGGACAACCGCCGGAGGATACCTTGAAACGATGGAAATCTGCATGCAATATCGTCAACAACCGCCGTAGAAAGTTCCGTATGGTCGCCAATCTCGCCAACCAGGCCGAGACCAGGGTCAACACGTTCAAGATACAGGTCCTATTTTACGCGCTACTCTCAGTCCTTTATTATTTTTCATTGTTGAAA

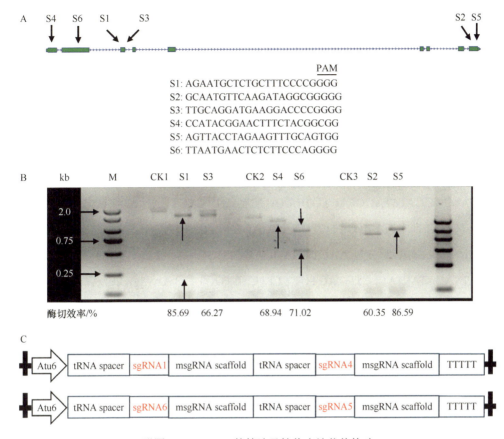

PAM
S1: AGAATGCTCTGCTTTCCCCGGGG
S2: GCAATGTTCAAGATAGGCGGGGG
S3: TTGCAGGATGAAGGACCCCGGGG
S4: CCATACGGAACTTTCTACGGCGG
S5: AGTTACCTAGAAGTTTGCAGTGG
S6: TTAATGAACTCTCTTCCCAGGGG

附图 4-6 sgRNA 的筛选及植物表达载体构建

A：*CsMEKK1-2* 基因的结构及其 sgRNA 序列和位置；B：sgRNA 体外活性检测；

C：用于编辑 *CsMEKK1-2* 的植物表达载体结构示意图；S1～S6：sgRNA；M：DNA 分子 marker；CK：对照

CAGTCTTGTTTTGAACAGAGTGTTAATTCAACTCTTATATTTTCTTTAAGTATAGAATAA

GGCTTACAAAGAATTTTATGATGATGATCCGTCAAGTGAATACCTCGCCAAAGCTGGA

ATATTTCAAGAATTTTATGATGACATCGAATACGCCTGCAAAGGCCGTTATGTAGAGTT

GCTGAAACGTAAAAAGGCAGTTGTTTTCCCCTGGGAAGAGAGTTCATTAAGTTATCCT

GTATTGAAGGCAACATCCTATGGTGTATATATTCTCTGTCATCTTGTCTTCAAAGCATTT

TCATCTGTGCGGAATATATTTAGTAATCTTTTGTTGGGGGTCGAATTTGTACGGCATAAA

TTTCAATATTATATGTCATTATGTAACTACATTGTGACCGAGGCTGCCAAAGTTAGAAGA

AGGCAAGATTGTCCTAATAATGTAGAATACGTTTCATATCATGATGATGATGATTCTAAA

GGTCATCCAATTAGCGAAATTATGGAACCGGGTAATAATGTCTCTCCGAATGGGAAATT

TAGAAGAAGAATAACGTCGTGGCAAAAGGGTGAGCTTTTGGGAAGTGGGTCATATGG

ATTTGTGTATGAAGGCCTCACAGAGTAAGTGAAATCTGTTCCTGTATTAATGTTCTTGG

AATTTGTGAAAAGGAGTTTTATTGTTCTGATTGTATTTCCATACTCATTTGGTTACATAG

CCTTATTGATATGTACCTGCCAAAGGTTTTTAATAAGTTAAAGGATGTACAATGTTGGAT

TAGAAGGAAGTTTCTAGGATCTTACTATTGAATAATTTTTCTGCTTTCTGAGCAATACTA
CAGGAAAAGGATAGACTTCATGATGAGACCTCAATGGGGTTTTGAGTATGCTACTTGT
AAATCTACTCGTCTTATTTCTCAAGATAGTCATCCAAGACGAATTCAATTTCATTTTTGA
AGCAGATAAATTTGGTGATGAGCTAGATTGGATATTCTTTTCATATTCTTACTTGAAACA
ATGGACTTTTGCAACTATTTTACCATTTTCTTCCAAATATTTCTAAGATTTTGAGGTGTAT
TTTATTTGTTTTGCAATGAATCCATTTTCTGAAAGTGGTTAGTATTATATTTATGTGGTCA
GACTTAGAAAGATCAACTCGGCCTTGTGTGCCATCTTTGATATGCATGTTTATGTGCAA
GCATCCATGAGCATATACCTACTGTTTTAGCAACTTCTCTCATGCTTTCCGGTTTGTTTG
CAGTGATGGATTCTTTTTTGCTGTGAAGGAGGTTTCTTTGCAGGATGAAGGACCCCGG
GGAAAGCAGAGCATTCTTCAACTTGAGCAGGTCGGATGATTAGTCTTGTCCTGCTGGT
AGTCCATTACATATTATTCTGTAGTCTTTTTCTCTGCTTTAAATTACAAATCATGCAGATG
CATATTTTTATTCTGCCTCTAAATTGCTACATTACAAGATCATCTTTCTAATAATATGTTTA
TTGGCTCAGGAAATTTCTCTTTTGGGTCAGTTTGAACATGACAACATAGTTCAATATCT
CGGCACAGACAGGGTATGAGTCTGTCCTCAGTGCTTGCATTTTTTACCTTTCATTTCCT
CATGTTAATATTTGTGAAGTGAGAGTCAGAACTGTGTACGTGTAATGACATTTATAGAC
CCCTAACACCTATGATTTTGCTGGAATTTGAAGCACTGTGTATTAATGCATGTTATTGAC
TTTGGCACTATTTGAATTTTTCTTTCTTTTTCTCTTTTAAGTGAAATTATACTGTCATTGT
CCTTATCATTAACATAATCAATTGGATTTAGTAGTCATACTTGACAGGAAATACTTCAGA
ATCAAAGTTTTATGCTACAACTACATCGCCAGTATTCCCAAACTATCCATATACCTGCGG
GGAACTCTATTATTGCCAGCTTTAATTTCTTCCTGCTACATTTAGTTGTGCAATTCATTAT
TATCTGGCATTCCAGTATATATAAACCTATCTCATTTTTTAAAGTGCACAGAGAACAAGG
AACTTCCCACTAGTCCTAAATTTGAGAAAAATGCAGCCCCGTTGCACAGTTTGTGTGG
CATATTTACTAATATTTTGAATTTCTATGGAATTAGTCTCTGTTATATTAAATTGTCCTTTT
ATATCTGGTTGTTTAGGTGTGCTTATTTCATTTCTGGCTCTGTAATTCTAAGTCACCAA
ATGATTTCAGGATGAAAAAAGGCTTTGTATCTTCCTTGAGCTTGTAACGAAGGGTTCA
CTTGCAAGTCTTTATCAAAAGTACCACTTGAGTGATTCTCAAGTCTCTTCATACACAAG
GCAGATCCTAAATGGCTTAAAATATCTTCATGAGCAGAATGTGGTTCACAGGTGAGATA
ATTGATTTGGCTGCTATATTTCAGTTCCTTTTCCTTATCATGATGTGTCCTCTCAGTATTC
TACAATTTATGTCAAGATGTCTCAGTGCAAATAGATGTGGCATTCATGATTGTTTATGCC
AATAGAAAATCAGTTCTTTCTCTTGCTGTTTGTTTGCAATATGTGATGATTTATACATTT
GTTATCTTTCCAAAAATGCAGCTTTTGGAGCTCAATCTTTAAAACTAGTCTAGAAACAT
GCATATTGTTTAGTGTTTCTATTGCTGATACTTCATATATAATTTCCTGATGGTATTAGAA

ATAAGATGTTGTAGAGGAAAGATTGAGAAAATTGGTAGAAACAGAGAGAAAAAAGTT

AAGAGAGTCTAGAAATAACAAAAGAGCATTTAAGGTGGTAGGATGTTTTGTAAACAG

CTAACCATGTTGCATATGCATTGTGCAGAAATAATTGCAATCATAACCATTTGTAGATAG

TTTTATTCCCTCGCAAGGAAAATTACGTTCTCAGTTGCTATAAATCATGGATATTGGTTT

CATTTAAGGTTGAGAAAAATAGTGGGAAGATATTTTTCTTATTCATAGAAGTTGCAATC

TTTACATTATGTACTAGTCTGAGTAGGCTATATAAGGAAGCTATAGGAAACTAGGAAAA

ATAAGTTATACAAGGAAAGGAAATAAATATATGCTATACAAGGAAAAAATGAATACATG

TGCACAAAATTAGGCTATAATCTCTGGCTTTCAACACTCCCCCTCAAGCTGACTCGAA

GATATCTATCATTCCCAGGTTGGAATTCAGTGATTGAAAAACTTGTTTTGATAATCCCTT

GGTGAGAATATCAGCTACTTGCTTTTGAGTAGTAGCATATGGAATGCATATTAGGCCTCT

CTCCGGCTTCTCTTTTATAAAGTGCCTATCAATCTCGATATGTTTTGTCCTATCATGTTGG

ACTGGATTATGAGTAATGCTAATGGCAGCTTTATTATCACAATACAGTCTCATTGATTCA

GCTTTCCACACCTTCAACTCCATTAGAAACATTCTTAGCCACATAAGCTCGCAAATTCC

CAATGCCATTGCTCTAAACTCAGCTTCAGCACCTGATCTTGCAACCACTGGTTGTTTCT

TGCTTCTCCAAGTAACTAGATTTCCCCCAACAAATGTACAATAACCTGATGTTGACTTT

CTATCAACCAATGATCCAGCCCAATCTGCATCTGTATATGCCTCAACCCTTAGGTGATTA

TTCTTAGAGAATAAAATGCCTTTTCCTGGAGATGTCTTCAAATATTTCAGTATCCTAAAC

ACAGCTTCCATGTGCTCTACATTAGGAGAATGCATAAATTGATTCACAACGCCTACTGC

AAATGTAATGTCTGGACGAGTATGACACAAATAGATTAGCTTTCCAACTAATCTTTGGT

ACTATTCCTTATTAACCAAACTGCTTTTAGTAGTTGCCCCAAGTCTATGGTTGGATTCTA

TAGGAACATCGCTATGTTTGCATCCCAACATCCCAGTTTCTTCCAAGAGATCCAAAAT

GTATTCCCTTTGTGACAAAAATATCCCTTTCCGAGACCTAGCCACTTCAATTCCGAGGA

AGTATTTCAGAGAACCTAGGTCTTTAGTTTCAAACTCTTTGGTTAGCAACATCTTGAGT

CTCTCAATTTCATCTCTGTCATTTCCAGTCAAGATGATATCATCCACATACACAATAAGG

ACAGCGAGCTTATCTTCTTTACCATGCTTAAGAAACATGGTATGATCACTATGGCTTTGT

CGATATCCTTCCCCTGAAGAGAGGTTTTGGAGAAATAAGGGTTAATTTAAAAAAAGT

CACATCCATGGTTACAAAATATTTCCTAGTTGGAGGATGAAAACACTTGTACCCTTTTT

GTGTAGGAGAATAACCCACAAACACACACTTAAGAGACCTAGGATCAAGCTTACTTTT

GTTATGATTCTTATCATGAACACATGAACAAAAGCAACACACCCAAAAACCTTAGGAG

GAAGAGAACTAAAGGACCGAGACATGGGATAAAGTTGCTGAAGAAGTTTGATTGGAG

TTTTAAACTTCAAAGTACTGGTAGGCAATCTATTTATGAGATAACAGGCAGTTAAAACT

ACTTCACCCTACAAATAATTTGGTACCCCCATAGTAAACATCAAAGATCGAGCAACTTC

AAGTAAATGTCTGTTTTTTCTTTCTGCAACTCCATTTTGTTGAGGAGTATCAACACAAG

AGGATTGATGAATAATTCCATTCTCAGTCAAATAATTTCCCAACATAGAAGAAAAAAT

TCTTTGCCATTGTCAGTTCAAAACACTTGAATTTTTGCTTGAAATTGGGTTTGAACCAC

TTTGTGGAAGATTTGAAAAGTTTTAGAAACTTCAAATTTTTCTTTTAATAAATACACCC

AACAAACTCGAGTGTGATCATCAATAAAATGACAAACCACTTAGCTCCAAAATTATTG

GGAAAACGGAGAGGACCCCATACATCACTATGTATAAGAGAGAAGGGTTGTGAAACTT

TGTAAGTTTGGGCAGGAAAATGAGTACGATGATGCTTGGACAGTTCACACACTTCACA

TTTAAAATTAATGTCACTTTTATTCTTAAACAATGTCGGGAATAACAACTTCAAATATGA

AAATTTTGGATGTCCTAATCTGAGATGCATCAAACTAATTTCATTCTCACTAGGCCCTTG

AGAAACAATTTTGTCAACTAAGGATAGATTACTCAAAGCTTCAGGCTCTTCGAAATAAT

AAAGTCCATCCACCTCCTTAGCACTGCCAATCTTCTTCCCCGTACACAGGTCCTGAAAT

TCACAATTAGAAGGAGAAAAATTAGCCATACAGTTAAGGTCTTTTGTAAGTTTACTGAC

AGACAAAGATTACAAGACAGATTAGGGACGTGCAACACTGATTTTAAGATCATTGTT

TTAGAAACTGAAATTGAACCTTTTGCTGCAACTGAAGAAAGAGACCCATCAGCAATTT

TCACCTTTTGTTTACCAGAAAGTGGTTTGTAAGTAGAGAATAAGTTGGACAAACCAGT

CATATGATCGGTTGCTCCTGAATCAATGATCCAAGGGCAAGAAGTATTTGAAGAGATGC

TGAAAGCATTTGGAAAATTACCTATTTGGGCTAGATTAGCAGAAGGTGTTTGACTCATG

AACCTGACAAGTTGCTCAAGCTGTTCCTTAGTGAACAGATTTGATCCTTGACTCCTTG

AGTTTGCATTGGCATTATCAGTTGCAACTTGAAAGCCCTTTGAATTTTGTCCAGAAGAC

TTGGTACCCTTCCCTGAGTTTTGTGGCCTTCCTTGGAGCTTCCAACAAAACTCTTTGGT

ATGTCTCGGTTTATGGCAATGATCACACCAAAGTTTATCCTTGTCATCTTTCTTCTTGCT

CATATTCTTTTGTTCACTTACCAAGGCTGAATCAGTAGCACAAGTAATCAAGGCAGAAT

TATCAGTATTAGTGCTATTCATCATTACCCTTTTTCTACTTTCTTCCCTTCTCACATATGCA

TAGACTTCCCTAATTGCGGGAAGAGGTTCTTTGCTTAGTACTCATCCCCTAACTTCATCC

AAATCTGGATTCAATCCAGCCAAAAATTCAAACACCCTCTCCTTCTCCTGTAACTTCTT

AAATCTTTTACTGTCATCTCCACACTTCCATTCTCCATCATAATACAAATCCAATTCTTG

CCATAAGCTATTCATGATATTGTAATATGCAGTCACAGTGTCACTTCTTTGTTTGGTTTC

ATGAATACGGCACTTAAGTTCGTACAACTGTGCAGTATTTCCAAGATCAGAATATGTCT

CTGTGACTGCATCCCATAAATCTCGTGCCGATGGTAAGAAAAGAAACGCCTGACTAAT

GTGAGGATCCATTGAATTAATAAGCCATGACATTACCATAGAGTTCTGTTCATCCTAGAT

TTTATACGAAGGGTCGTCAGCCTCTGGTATGTCTATTGACCCATCAAGATAGCCCATTTT

ACCTTTTCCCTTCACATACAACTTCACAGACTGTGACCACTGCAGAAAATTTTGGCCAT

TCGATTTGTGAGTTGTAATCTGTAATGACGGATTGTCAACAGAATTATTGGCTTGAACA
TGTTTAACGTTGATGCCTGAGCTGGATTCGCTCACATCTGACATTTTAAATCAAAATTT
TTAAAGTCACAGCACAAGATAAAACCCTAAAGGTATTGGCGGCTGAAAATTTGTTGAA
AAACAAAACTGCCCAGAAACCCTAACTTGGGCTCTGATACCATGAGAAAAATAGTGG
GAAGATATTTTTCTTATTCATAGAAGTTGCAATCTTTACATTATATACTAGTCTGACTAGG
CTTTATAAGGAAGCTATAGGAAACTAGGAAAAATAAGCTATACAAGGAAATGAAATAA
ATATATGCTATACAAGGAAAAAAATGAATACATGTGCACAAAATTAGGCTATAATCTCTT
GACTTTCAACAAAGGTTAAACAGAAGATAGCAAAAATGGAGGTTGTTACTTGGAATTG
AGGGAAAGTTTGCTTAACTGTGATCATCTTGCAATTGTTTATCATAACTTAGCAGCTAC
AAAGTTTCAACAGAATAATAATCTGATGTCTTCTCAGTGCATGTACTGGGGATGAATTT
ATAGAGAAGGCGAATCTCAGTTGACGAGAGTAAGAAATTCTTCTCGCAGCAAAATATT
ATAAAAATGCTCATTCAGATAGCTTATTGATTGTTTACAGACTTACAAAAATTGTTAAGA
AGCACGTGGAGATGAATAAATAGCTTGTGTGAATTATTTTTTAAGGAGAAAAAATGAA
ATTGATTTCCTGGCCAGTTATGTAGCTGATCTATTTTTTGGGCTAATATAATTTTGGCAGG
TGAACTTGGCAATGATACATGAAAAGTTGGTTTTTTTATACTATCTTAAGTGTATCTCTT
TTAAATTTTGTTTCTTTTCATTTTCAAGGGATATCAAATGTGCAAATATATTGGTAGATG
CTAGTGGATCAGTAAAACTTGCAGATTTTGGGTTGGCAAAGGTAGTTAATCTCTCCCCT
TCTTTGTAAAACTCATGAATGCTACTGTATTTAATGCAATATATTTGATCTTTTCAGGCA
ACTACAATGAATGATGTCAAATCCTGCAAAGGAACAGCATTCTGGATGGCCCCTGAGG
TTTTCCTCTTCTGTTGTAGTCTGATTTATATAGACAAAATCTGATCTATTTTCTGAATGTC
TATCATTTATAACCGAATTTGCATGGTCTCAAGGTTTAACTGATCTACTTGTTTATAACC
ATTGATATTTTGGTCATTGTCAAATTTGAGAGCTCTGGGCACGTAAAATCTAATTTTTCT
TTTTACACAGCTTAAGTGCAACCTTTTAGCTTGACACGTTTGCTACAGTTTTTAGGAGG
TTAATTTTTGAATTTGACACTACTGTGTTTCTATAGCTTGCCTTTATAGTTTTAAAGATTG
CAAATCAGATCCACTACCTTCTTTCATTTGAGTTTTGAAACATTATCTGCTCCCTTTCAT
TCGAAGTTGATGAGAAAAAGCCTCTCTTTAATTTAGATGTAGTTAATACTAGTCCTATA
GTTGCTATTGGAACACATTCACCAAAAATTATCGCCCAGTATGTAGGACCAAAATTATC
GCCCAGTAAAGAGTAAACCTCTTTTCATATATCATATTGACACATACCAAATATGTTTCT
ATTAGACATTTCAGTTTAACAAGATTAGTATTGCTTTTTAGGTTGTGAATTTAAAGAAG
GACGGCTATGGGCTAACTGCTGATATATGGAGCCTTGGCTGTACTGTATTGGAGATGTT
AACCCGTCGGCATCCCTACTCTCACTTGGAAGGCGTACGTAAAAATTTTTTATATGCCT
GTTTTCTCTTGTCAAACATCTTGTGATTTATAAAAGGCTGCATCAGTTTTGATATGGTTC

TTAGTTGTTGCATAATTTTGTGTGTCGGCAGGGGCAAGCAATGTTCAAGATAGGCGGG
GGCGAACTTCCTCCAGTTCCCAACTCATTATCGAGAGATGCCCAGGATTTTATTCTTAA
ATGCTTACAAGTTAACCCAAATGATCGGCCTACTGCAGCTCAACTAATGGAGCATCCA
TTTATAAAGAGGCCACTGCAAACTTCTAGGTAACTTCCTTCTCATTATAACATCATACA
GTCTTGAAAGTTTCTGATCATCCTTTGGGGTTTATGTATATCTTAGAGGTAGTCTAGCAG
CATCACCAAATTAA

sgRNA S1 核苷酸序列 SEQ ID No. 9:

AGAATGCTCTGCTTTCCCCG**GGG**

sgRNA S2 核苷酸序列 SEQ ID No. 10:

GCAATGTTCAAGATAGGCGG**GGG**

sgRNA S3 核苷酸序列 SEQ ID No. 11:

TTGCAGGATGAAGGACCCCG**GGG**

sgRNA S4 核苷酸序列 SEQ ID No. 12:

CCATACGGAACTTTCTACGG**CGG**

sgRNA S5 核苷酸序列 SEQ ID No. 13:

AGTTACCTAGAAGTTTGCAG**TGG**

sgRNA S6 核苷酸序列 SEQ ID No. 14:

TTAATGAACTCTCTTCCCAG**GGG**

3.3.3 遗传转化柑橘

1. 阳性质粒转化发根农杆菌感受态 K599

将上述构建的 pNG-CsMEKK1-2、pNG-RNAi-CsMEKK1-2、pNG-Cas9-CsMEKK1-2-S1S4 和 pNG-Cas9-CsMEKK1-2-S6S5 植物表达载体转化发根农杆菌感受态 K599，具体转化步骤参照白晓晶（2019），−80℃冰箱保存菌液。

2. 菌液制备

将保存于−80℃的 pNG-CsMEKK1-2、pNG-RNAi-CsMEKK1-2、pNG-Cas9-CsMEKK1-2-S1S4 和 pNG-Cas9-CsMEKK1-2-S6S5 农杆菌菌液用接种环划线于 LK 培养基平板，28℃恒温培养箱培养 2d，挑取单菌落悬浮于 LK 培养液，28℃，220r/min 恒温摇床过夜振荡培养。

3. 外植体制备

采摘温室或者田间柑橘黄龙病显症枝条（直径约 0.5cm，带有 2 或 3 片叶子，至少 1 个结节），冲洗干净，用小刀斜切成 5cm 的茎段，放置于冰上，备用。

4. 转化

（1）菌液的稀释重悬

以 LK 培养液为对照，测定菌液浓度，稀释至 $OD_{600}=0.1$，$V=200mL$，28℃，220r/min 复摇，直至 $OD_{600}=0.5$，将菌液转移至无菌离心管，5000r/min，10min，弃上清，加入等体积、pH=5.8 的 MS 培养液振荡重悬，备用。

（2）菌液侵染

取出预处理外植体茎段，将茎段切口处浸泡在重悬菌液中，真空浸染，30psi，30min。

5. 培养

倒掉菌液，将茎段竖直插入湿润的蛭石中，使结节暴露于空气中，28℃光照培养箱培养，频繁加水保湿。

3.4　实例 4　转基因毛状根鉴定及柑橘黄龙病抗性评价

3.4.1　转基因毛状根鉴定

1. 超量和 RNAi 干扰转基因植株的筛选与鉴定

提取转基因毛状根总 DNA 为模板，设计跨内含子引物，植物表达载体质粒为阳性对照，野生型植株为阴性对照，进行 PCR 验证。提取转基因毛状根的 RNA，反转录为 cDNA，设计定量 PCR 引物，以甜橙 *GAPDH*（Mafra et al.，2012）为内参基因，转空载 pNG 毛状根为对照，实时定量 PCR（RT-qPCR）检测基因表达水平，基因的相对表达量采用 $2^{-\Delta\Delta C_t}$ 计算（Livak et al.，2001）。检测结果见附图 4-7。结果显示，共获得 pNG 空载（EV）、OE-CsMEKK1-2（OE）过表达、RNAi-CsMEKK1-2（RI）干扰转基因毛状根分别为 12 个、10 个、12 个。不同转基因根系表型无明显差异。每类载体的转基因株系分成 3 组（EV1、EV2、EV3，OE1、OE2、OE3，RI1、RI2、RI3），每组由 3 或 4 个根组成。如附图 4-7 基因表达量分析显示，OE 转基因毛状根中 *CsMEKK1-2* 表达量均显著高于 EV 转基因毛状根，其中 OE2 的表达水平最高，约为对照的 8 倍；RI 转基因毛状根中 *CsMEKK1-2* 表达量均显著低于 EV 转基因毛状根，其中 RI1 的表达水平最低，约为对照的 0.3 倍。

2. Cas9 转基因植株的筛选与鉴定

提取转基因植株总 DNA 为模板，Cas9 通用引物进行扩增，植物表达载体质粒为阳性对照，野生型植株为阴性对照，进行 PCR 验证。设计包含 sgRNA 序列的引物进行 T 克隆，

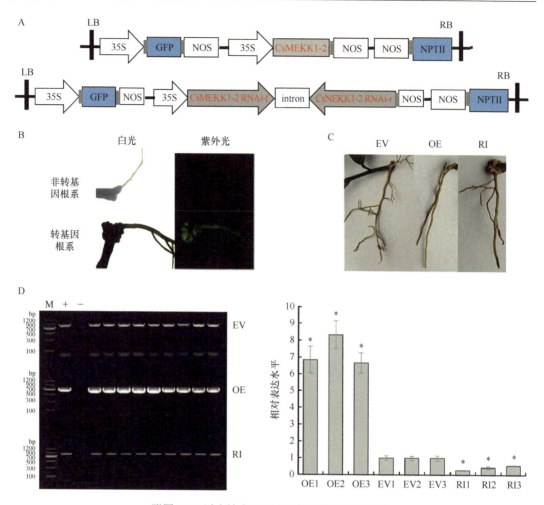

附图4-7　过表达和 RNAi 干扰阳性毛状根鉴定

A：植物表达载体结构示意图；B：转基因毛状根进行 GFP 荧光筛选；C：转基因毛状根表型观察；D：转基因毛状根基因表达 PCR 检测；E：转基因毛状根表达水平分析。M: Marker；EV1～EV3：pNG 空载对照；OE1～OE3：OE-CsMEKK1-2 转基因株系；RI1～RI3：RNAi-CsMEKK1-2 转基因株系；3 株根系提一份 RNA 做技术学重复，EV1～EV3、OE1～OE3、RI1～RI3 各提 3 份 RNA 做生物学重复。* 表示与 EV 对照相比有显著差异（$P<0.05$，t 检验），$n=3$

Sanger 测序，比对测序结果，检测候选基因 sgRNA 位点是否突变。如附图4-8 所示，结果表明共获得 26 个毛状根，PCR 鉴定得到 6 个转基因毛状根，进一步，对转基因毛状根进行 Sanger 测序筛选突变体，共获得 2 种类型（基因型：等位基因的组成类型，即 2 种特定的基因组合）的突变体 3 株（S1S4-1、S1S4-7、S1S4-9）。S1S4-1 株系在 S1 处含有 7 个碱基删除突变，突变率为 100%，在 S4 处含有 A/T、T/C 替换、10 个碱基删除突变，突变率为 46.1%；S1S4-7 和 S1S4-9 株系在 S1 处含有 7 个碱基删除突变，突变率为 100%。

3.4.2　转基因毛状根黄龙病抗性评价

如附图4-9 所示，分别提取转基因毛状根及其对应叶脉的 DNA，qPCR 检测病原菌含量显示，所有叶片材料主脉中的病原菌含量无明显差异；OE 转基因毛状根的病原菌含量均显著高于 EV 转基因毛状根，RI 转基因毛状根的病原菌含量均低于 EV 转基因毛状根，表明 RNAi 沉默 *CsMEKK1-2* 显著增强柑橘黄龙病抗性。

2×MEKK1-2　S1S4-1　(20)　　突变效率

sgRNA-1	(CGGGGAAAGCAGAGCATTCT)	20/20	100%
	CC*CG-------CAGAGCATTCT*	d7*20	
sgRNA-4	(CCGTAGAAAGTTCCGTATGG)	6/13	46.1%
	CG (CCGTAGAAAGTTCCGTATGG)	7*wt	
	CG*CCGTTTAGAAAGTTCCGTATGG*	S1*2	
	CG*CCGCTAGAAAGTTCCGTATGG*	S1*2	
	CG*----------TTCCGTATGG*	d10*2	

2×MEKK1-2　S1S4-7　(22)

sgRNA-1	(CGGGGAAAGCAGAGCATTCT)	22/22	100%
	CC*CG-------CAGAGCATTCT*	d7*22	
sgRNA-4	(CCGTAGAAAGTTCCGTATGG)	20/20	0%

2×MEKK1-2　S1S4-9　(20)

sgRNA-1	(CGGGGAAAGCAGAGCATTCT)	20/20	100%
	CC*CG-------CAGAGCATTCT*	d7*20	
sgRNA-4	(CCGTAGAAAGTTCCGTATGG)	20/20	0%

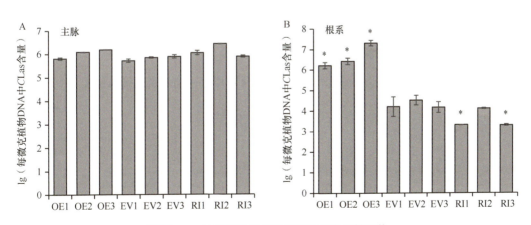

附图 4-8　CRISPR/Cas9 介导的 *CsMEKK1-2* 多位点编辑突变体鉴定

附图 4-9　转基因毛状根的柑橘黄龙病抗性评价

A：OE-CsMEKK1-2 和 RNAi-CsMEKK1-2 叶片主脉中的 *C*Las 含量；B：OE-CsMEKK1-2 和 RNAi-CsMEKK1-2 转基因毛状根中的 *C*Las 含量。EV1～EV3：pNG 空载对照；OE1～OE3：OE-CsMEKK1-2 转基因株系；RI1～RI3：RNAi-CsMEKK1-2 转基因株系；3 株根系提一份 RNA 做技术学重复，EV1～EV3、OE1～OE3、RI1～RI3 各提 3 份 RNA 做生物学重复。* 表示细菌滴度的差异显著（$P<0.05$）

进一步，采用 qPCR 检测突变体毛状根及其对应叶脉 DNA 中的 CLas 含量，如附图 4-10 所示，结果显示所有叶片材料主脉中的病原菌含量无明显差异，与 EV 对照相比，突变体毛状根中的 CLas 含量显著降低，因此，*CsMEKK1-2* 突变显著抑制柑橘黄龙病菌增殖，表明 *CsMEKK1-2* 突变显著增强柑橘黄龙病抗性。

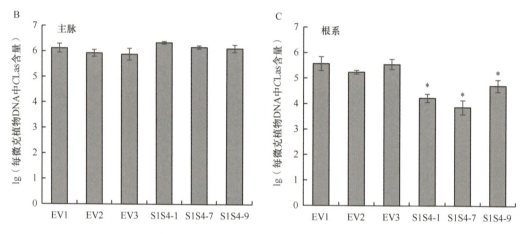

附图 4-10　突变体的柑橘黄龙病抗性评价

A：表型观察；B：叶片主脉的 CLas 含量；C：转基因毛状根的 CLas 含量。EV1～EV3：pNG-Cas9 空载对照；
S1S4-1、S1S4-7、S1S4-9：pNG-Cas9-CsMEKK1-2 突变体。* 表示细菌滴度的差异显著（$P < 0.05$）

上述结果证明沉默和突变 *CsMEKK1-2* 基因均能够增强柑橘对黄龙病的耐性。

4　参考文献

白晓晶. 2019. *CsSAMT-1* 基因在水杨酸信号响应柑橘黄龙病侵染中的功能研究. 重庆: 西南大学硕士学位论文.

Asai T, Tena G, Plotnikova J, et al. 2002. MAP kinase signalling cascade in *Arabidopsis* innate immunity. Nature, 415(6875): 977-983.

Dutt M, Barthe G, Irey M, et al. 2015. Transgenic citrus expressing an *Arabidopsis* NPR1 gene exhibit enhanced resistance against Huanglongbing (HLB; citrus greening). PLOS ONE, 10(9): e0137134.

Hao G, Stover E, Gupta G. 2016. Overexpression of a modified plant thionin enhances disease resistance to Citrus Canker and Huanglongbing (HLB). Front Plant Sci, 7: 1078.

Ichimura K, Shinozaki K, Tena G, et al. 2002. Mitogen-activated protein kinase cascades in plants: a new nomenclature. Trends in Plant Science, 7(7): 301-308.

Livak KJ, Schmittgen TD. 2001. Analysis of relative gene expression data using real-time quantitative PCR and the $2^{-\Delta\Delta C_T}$ method. METHODS, 25: 402-408.

Mafra V, Kubo KS, Alves-Ferreira M, et al. 2012. Reference genes for accurate transcript normalization in citrus genotypes under different experimental conditions. PLOS ONE, 7(2): e31263.

Nakagami H, Soukupová H, Schikora A, et al. 2006. A mitogen-activated protein kinase kinase kinase mediates reactive oxygen species homeostasis in *Arabidopsis*. J Biol Chem, 281(50): 38697-38704.

Zou X, Jiang X, Xu L, et al. 2017. Transgenic citrus expressing synthesized *cecropin B* genes in the phloem exhibits decreased susceptibility to Huanglongbing. Plant Mol Biol, 93(4-5): 341-353.